战略性新兴领域"十四五"高等教育系列教材
纳米材料与技术系列教材　　　　总主编　张跃

材料表征基础

王荣明　孙颖慧　张俊英　王宇航　张留碗　段嗣斌
　　　　　　　　　　　　　　　　　　　　　　　　编
单艾娴　杨圣雪　朱玉辰　叶欢宇　郑辉斌　张师平

机械工业出版社

为了全面获得材料在纳米尺度的结构和特性，国内外科学家发展出了许多高分辨能力的材料表征手段。准确全面地总结纳米材料的先进表征方法，将为我国在纳米科技这个战略性新兴领域的人才培养提供良好基础。本书正是在这样的大背景下应运而生的，旨在为广大材料科技工作者、高校师生以及对纳米科技感兴趣的读者提供一个全面、系统的学习和参考资源。本书主要包括晶体学、X射线衍射、电子光学与电子显微学、扫描电子显微术、透射电子显微术、多功能扫描探针显微术、谱学分析等材料表征基础，书中的实例分析重点引入了近年来材料表征方法在纳米材料微观组织结构表征和分析方面的最新成果。

本书可作为新材料、纳米科技领域相关专业的本科生和研究生教材和教学参考书，也可供物理学、化学、工程等相关专业师生和从事材料研究及分析检测的人员学习参考。

图书在版编目（CIP）数据

材料表征基础 / 王荣明等编. -- 北京 ：机械工业出版社，2024.12. -- (战略性新兴领域"十四五"高等教育系列教材). -- ISBN 978-7-111-77349-8

Ⅰ. TB383

中国国家版本馆 CIP 数据核字第 2024KB4877 号

机械工业出版社（北京市百万庄大街22号　邮政编码100037）
策划编辑：丁昕祯　　　　　　　责任编辑：丁昕祯　周海越
责任校对：梁　园　李　杉　　　封面设计：王　旭
责任印制：任维东
河北京平诚乾印刷有限公司印刷
2024年12月第1版第1次印刷
184mm×260mm・14.75印张・360千字
标准书号：ISBN 978-7-111-77349-8
定价：55.00 元

电话服务　　　　　　　　　　　网络服务
客服电话：010-88361066　　　机　工　官　网：www.cmpbook.com
　　　　　010-88379833　　　机　工　官　博：weibo.com/cmp1952
　　　　　010-68326294　　　金　书　网：www.golden-book.com
封底无防伪标均为盗版　　　机工教育服务网：www.cmpedu.com

编　委　会

序

人才是衡量一个国家综合国力的重要指标。习近平总书记在党的二十大报告中强调："教育、科技、人才是全面建设社会主义现代化国家的基础性、战略性支撑。"在"两个一百年"交汇的关键历史时期，坚持"四个面向"，深入实施新时代人才强国战略，优化高等学校学科设置，创新人才培养模式，提高人才自主培养水平和质量，加快建设世界重要人才中心和创新高地，为2035年基本实现社会主义现代化提供人才支撑，为2050年全面建成社会主义现代化强国打好人才基础是新时期党和国家赋予高等教育的重要使命。

当前，世界百年未有之大变局加速演进，新一轮科技革命和产业变革深入推进，要在激烈的国际竞争中抢占主动权和制高点，实现科技自立自强，关键在于聚焦国际科技前沿、服务国家战略需求，培养"向极宏观拓展、向极微观深入、向极端条件迈进、向极综合交叉发力"的交叉型、复合型、创新型人才。纳米科学与工程学科具有典型的学科交叉属性，与材料科学、物理学、化学、生物学、信息科学、集成电路、能源环境等多个学科深入交叉融合，不断探索各个领域的四"极"认知边界，产生对人类发展具有重大影响的科技创新成果。

经过数十年的建设和发展，我国在纳米科学与工程领域的科学研究和人才培养方面积累了丰富的经验，产出了一批国际领先的科技成果，形成了一支国际知名的高质量人才队伍。为了全面推进我国纳米科学与工程学科的发展，2010年，教育部将"纳米材料与技术"本科专业纳入战略性新兴产业专业；2022年，国务院学位委员会把"纳米科学与工程"作为一级学科列入交叉学科门类；2023年，在教育部战略性新兴领域"十四五"高等教育教材体系建设任务指引下，北京科技大学牵头组织，清华大学、北京大学、浙江大学、北京航空航天大学、国家纳米科学中心等二十余家单位共同参与，编写了我国首套纳米材料与技术系列教材。该系列教材锚定国家重大需求，聚焦世界科技前沿，坚持以战略导向培养学生的体系化思维、以前沿导向鼓励学生探索"无人区"、以市场导向引导学生解决工程应用难题，建立基础研究、应用基础研究、前沿技术融通发展的新体系，为纳米科学与工程领域的人才培养、教育赋能和科技进步提供坚实有力的支撑与保障。

纳米材料与技术系列教材主要包括基础理论课程模块与功能应用课程模块。基础理论课程与功能应用课程循序渐进、紧密关联、环环相扣，培育扎实的专业基础与严谨的科学思维，培养构建多学科交叉的知识体系和解决实际问题的能力。

在基础理论课程模块中，《材料科学基础》深入剖析材料的构成与特性，助力学生掌握材料科学的基本原理；《材料物理性能》聚焦纳米材料物理性能的变化，培养学生对新兴材料物理性质的理解与分析能力；《材料表征基础》与《先进表征方法与技术》详细介绍传统与前沿的材料表征技术，帮助学生掌握材料微观结构与性质的分析方法；《纳米材料制备方法》引入前沿制备技术，让学生了解材料制备的新手段；《纳米材料物理基础》和《纳米材料化学基础》从物理、化学的角度深入探讨纳米材料的前沿问题，启发学生进行深度思考；《材料服役损伤微观机理》结合新兴技术，探究材料在服役过程中的损伤机制。功能应用课程模块涵盖了信息领域的《磁性材料与功能器件》《光电信息功能材料与半导体器件》《纳米功能薄膜》，能源领域的《电化学储能电源及应用》《氢能与燃料电池》《纳米催化材料与电化学应用》《纳米半导体材料与太阳能电池》，生物领域的《生物医用纳米材料》。将前沿科技成果纳入教材内容，学生能够及时接触到学科领域的最前沿知识，激发创新思维与探索欲望，搭建起通往纳米材料与技术领域的知识体系，真正实现学以致用。

希望本系列教材能够助力每一位读者在知识的道路上迈出坚实步伐，为我国纳米科学与工程领域引领国际科技前沿发展、建设创新国家、实现科技强国使命贡献力量。

张跃

北京科技大学
中国科学院院士

前　言

20 世纪后半叶以来，以纳米材料为核心的纳米科技逐渐成为推动现代工业发展和社会进步的关键力量。由于其纳米尺度（1~100nm）的小尺寸特性，纳米材料具有不同于传统材料的独特物理、化学和生物学特性，在材料科学、信息科学、环境科学、能源科学、生物医学以及国防科技等领域展现出了巨大的应用潜力。纳米材料的性质由其独特的结构决定。要实现纳米材料性能的可靠调控，首先要对其微观结构进行全面表征，包括实空间的晶体结构、能量空间的电子态以及电子和声子的输运特性等。纳米材料极小的空间尺度对传统材料表征手段的空间分辨能力提出了更高的要求。

为了适应纳米材料领域迅速发展的材料表征需求，编者整理了近年来国内外材料表征方法的先进成果，并结合实际工作，编写了本书。本书可作为新材料、纳米科技领域相关专业的本科生和研究生教材和教学参考书，也可供物理学、化学、工程等相关专业师生和从事材料研究及分析检测的人员学习参考。

在纳米材料的研究和开发过程中，表征方法的选择至关重要。不同的表征方法有其独特的优势和局限性，选择合适的表征方法可以更准确地揭示材料的特性。本书力图从基础理论、实验方法和应用实例三个方面对纳米材料的主要表征方法进行系统阐述，帮助读者理解这些技术的基本原理和适用场景，以及如何综合使用多种技术获取更全面的材料信息。最后，本书还包含了一些实验训练教程，指导学生实际操作仪器以实现这些表征方法，并用于解决实际问题，从而学会通过表征结果来指导纳米材料的设计和优化。

本书共分 6 章。第 1 章总体介绍了材料表征的物理学基础；第 2~5 章分别介绍了以 X 射线、电子束、固体实物针尖作为探针，获得材料微观结构信息的实验方法，即 X 射线衍射、电子显微术和扫描探针显微术；第 6 章系统介绍了材料研究中的多种谱学方法，包括光谱、电子能谱、核磁共振谱等。

当然，科学技术的发展是无止境的。除了本书介绍的材料表征基本方法外，近年来又发展出许多高精尖的先进表征方法，如具有超高时空分辨能力的光学、谱学和电子显微学技术。由于篇幅所限，将在本书的进阶篇《先进表征方法和技术》中对这些前沿技术做更深入的讨论。

本书第 1 章由王荣明、郑辉斌撰写；第 2 章由孙颖慧、张俊英撰写；第 3 章由王荣明、段嗣斌、朱玉辰、叶欢宇、杨圣雪撰写；第 4 章由段嗣斌、张师平撰写；第 5 章由王宇航、张留碗撰写；第 6 章由张俊英、孙颖慧、郑辉斌和单艾娴撰写。全书由所有参编人员校对，由王荣明、孙颖慧、张俊英和王宇航审定。

　　本书不仅是一本技术指南，更可作为读者科学探索中的伙伴。希望本书能够激发读者对纳米材料的好奇心，促进纳米科技的发展，并为相关领域的研究和应用奠定坚实的基础。让我们一起开启这段探索纳米世界的奇妙旅程！

编　者

目　录

第 1 章

材料表征的物理学基础

材料表征的物理学基础涉及对晶体结构和性质的深入理解，这一领域的发展源于多个重要的科学发现和理论探索。X 射线晶体衍射的发现为人们理解晶体结构提供了重要工具。X 射线的波长与晶体晶格尺度相当，因此，当 X 射线照射到晶体上，会产生衍射现象，揭示出晶体的周期性结构。这一发现奠定了固体物理学和材料科学的基础，开启了对晶体结构和性质的系统研究之路。

自然界中存在形态奇妙的天然晶体，如矿物晶体、雪花等，它们以其美丽的外观和独特的结构吸引着人们的注意。古代人类对这些天然晶体进行了观察和研究，早在西汉时期就有雪花结构的描述。这些古代的智慧和观察力为后来晶体学的发展提供了启示，促进了对晶体形态规律的探索。

在科学技术不断进步的背景下，晶体学得到了进一步的发展和完善。从约翰内斯·开普勒（Johannes Kapler，1571—1630）关于雪花六角对称性的理论，到丹麦学者斯丹诺（Nicolaus Steno，1638—1686）的"面角守恒定律"，再到法国科学家阿羽依（René Just Haüy，1743—1822）的"整数定律"，晶体学基础逐步建立。此后，德国矿物学家赫塞尔（Johan Friedrich Christian Hessel，1796—1872）、俄国物理学家加多林（Johau Gaddin，1760—1852）、法国晶体学家布拉维（Auguste-Marie Bravis，1811—1863）等人的工作进一步深化了对晶体结构和对称性的理解。

20 世纪初，X 射线的发现为晶体学研究提供了重要工具。1895 年，德国物理学家伦琴（Wilhelm Konrad Röntgen，1845—1923）发现 X 射线；1909 年，德国物理学家劳埃（Max von Laue，1879—1960）通过 X 射线实验证实了晶体结构的周期性；1913 年，英国科学家布拉格父子的布拉格定律，X 射线的应用推动了晶体学研究的飞速发展；1932 年，德国科学家恩斯特·鲁斯卡（Ernst Ruska，1906—1988）等研制出第一台透射电子显微镜（transmission electron microscope，TEM），为晶体结构的研究提供了新的手段。

随着科技的不断进步，20 世纪后半叶出现了更多先进的材料表征技术。20 世纪 60 年代，傅里叶变换红外（Fourier transform infrared，FTIR）光谱仪的出现使得红外光谱学得以快速发展。1969 年，第一台商业化的 X 射线光电子能谱仪器问世，用于研究材料的表面化学成分、表面态、界面现象等。20 世纪 70 年代以后，随着激光技术的发展，拉曼光谱技术得到了极大的改进和发展。1981 年，德国科学家宾宁（Gerd Binning）和瑞士科学家罗雷尔（Heinrich Rohrer，1933—2013）首次实现了扫描探针显微镜（scanning probe microscope，SPM），为表面科学的研究开辟了新的领域。这些先进的表征方法和技术与大科学装置提供的同步辐射源、中子源相结合，可提供高分辨率、高灵敏度和大样品覆盖范围的材料结构和性质数据，成为材料科学、表面化学、纳米技术等领域的重要工具。

1984 年，以色列科学家肖特曼（Dan Shechtman）和我国科学家郭可信、叶恒强、张泽等人发现了准晶体，为晶体学研究开辟了一个新的分支。

1.1　晶体结构基础

人们使用的材料绝大多数属于固体，大多数材料中质点（原子、离子或分子）的排列具有周期性和规则性，属于晶态材料，这种质点排列的方式称为材料的晶体结构。可以看出，晶体结构的研究对于理解材料的性质、制备新材料以及解决实际问题具有重要意义。本节主要讲述晶体的宏观和微观对称特性，晶体中质点周期性排列及对称性的一些基本概念、基本规律，以及二维和三维点群和空间群。为了更好地理解晶体，作为对比，简要介绍了非晶体与准晶体的概念与特性。

1.1.1　晶体的宏观特性

古代人类在晶洞中发现了具有规则几何多面体的水晶和赤铁矿等，将这种能自发地生长成（非人工磨削的）规则几何多面体形态的物体叫作晶体。根据晶体的外形推测，晶体形成可能像砌房屋一样，用特殊的"砖块"堆砌而成，使晶体具有平整的晶面和平直的晶棱。人们后来又发现，不少具有复杂外形的材料也具有和晶体类似的性质，不能简单以是否具有规则形态来判断其是否为晶体。

X 射线衍射（X-ray diffraction，XRD）实验决定性地证明了晶体是由质点（原子、离子或分子）的周期性阵列组成的。这种质点在空间呈周期性重复的排列，是晶体的本质属性。所以，晶体就是指内部质点（原子、离子或分子）在空间周期性重复排列构成的固态物质。

由于内部结构的周期性，晶体具有以下宏观特性：

1）长程有序。晶体内部质点（原子、离子或分子）在一定尺度范围内规则排列。

2）均匀性。晶体内部各部分的宏观性质相同。

3）各向异性。晶体的物理性质在不同方向上存在差异。

4）自范性。晶体具有能够自发形成封闭规则结构的凸多面体外形的性质。

5）对称性。晶体的规则外形和晶体内部结构都具有特定的对称性。

6）晶面角守恒。属于同种晶体的两个对应晶面之间的夹角是恒定的，与多面体的外形无关。

7）解理性。晶体具有沿某些确定方位的晶面容易劈裂的性质，相应的晶面称为解理面。

8）内能小和稳定性高。与非晶相比，晶体的内能更低、稳定性更高。

9）确定的熔点。晶体的微观结构规整，熔化是规整结构的突然解体。

不同的晶体，其质点间结合力的本质不同，质点在三维空间的排列方式不同，使晶体的微观结构各异，反映在宏观上，不同的晶体有截然不同的性质。

1.1.2　晶体的微观特性

晶体内部最基本的特征是周期性。1784 年，法国科学家阿羽依提出，晶体由坚实、相同、平行六面体的"基石"有规则地重复堆积而成。在此基础上，提出了空间点阵学说。

晶体中的质点在空间的周期性排列结构可分为两个要素。一个要素是晶体结构中周期性重复排列的基本内容，即为最小重复单元，称为基元（basis）。将每个基元都抽象成一个几何点，则晶体的周期性排列结构就由一组周期性分布的点来表示，这组点就称为格点（lattice point），又称基点、阵点。另一个要素就是布拉维点阵（Bravais lattice），又称布拉维格子，它是格点在空间周期性排列的总体连成的网格，与晶体的几何特征相同，但无任何物理实质。它反映了晶体的周期性，即平移不变性。因此，晶体结构可表述为：晶体结构＝晶格＋基元。

晶格的周期性通常用原胞（primitive cell）和基矢（primitive vector）来描述。原胞是反映晶格周期性的最小单元。若把原胞沿基矢在各个方向上平移，刚好可以填满整个空间，能够完全反映点阵的平移对称性。原胞的选取强调的是周期性的最小单元，所以它的选取不是任意的但也并不唯一。

晶格的基矢指原胞的边矢量，通常用 a_1、a_2、a_3 来表示。以三维晶格为例，对应的布拉维点阵格矢表示为

$$R_n = n_1 a_1 + n_2 a_2 + n_3 a_3 \tag{1-1}$$

基矢所围成的平行六面体为该晶格的原胞，它在空间所占体积为

$$\Omega = a_1 \cdot (a_2 \times a_3) = a_2 \cdot (a_3 \times a_1) = a_3 \cdot (a_1 \times a_2) \tag{1-2}$$

为了能直观反映点阵的宏观对称性，往往选择能反映晶格对称性的重复单元，即单胞（unit cell，又称结晶学原胞，简称晶胞）来描述。按照布拉维对单胞的分类方法确定的单胞，称为布拉维胞。布拉维胞的基矢 a、b、c 为晶轴方向，通常选择 c 为主对称轴方向。

相比于原胞和单胞，维格纳-塞茨（Wigner-Seitz）原胞既能显示点阵的对称性，又是最小的重复单元，是反映晶格全部对称性且体积最小的重复单元。它是以任一格点为中心，以这个格点与近邻格点连线的中垂面为界面围成的最小多面体，如图 1-1 所示。维格纳-塞茨原胞中的任意点，距该原胞中心格点比距其他任何格点都近。

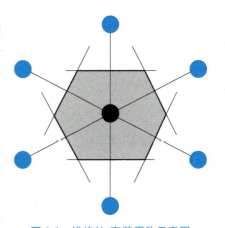

图 1-1　维格纳-塞茨原胞示意图

1.1.3　晶向、晶面及其标志

晶体具有各向异性，晶格中不同的方向表现出的晶体性质不同。晶格中格点呈周期性排列，这些格点可以看成是分布在一组平行线上，这些直线称为晶列。如图 1-2a 所示，同一点阵可以形成不同的晶列，每组晶列定义一个方向，晶列的这种取向称为晶向，用 l_1、l_2、l_3 标志，记为 $[l_1 l_2 l_3]$，称为该晶列的晶向指数。该晶列从一个格点沿到最近邻格点的平移矢量为

$$R_1 = l_1 a_1 + l_2 a_2 + l_3 a_3 \tag{1-3}$$

图 1-2b 给出了简单立方晶格几个常见的晶列，即其晶向标志，l_1、l_2、l_3 可以是负号，通常在指数上方加一横线表示。由于晶体的对称性，简单立方晶体在 $[100]$、$[010]$、$[001]$、$[\bar{1}00]$、$[0\bar{1}0]$ 和 $[00\bar{1}]$ 晶向上的性质完全相同，统称这些等效晶向时写成 $\langle 100 \rangle$。

晶格中的格点也可以分布在一系列平行的平面上，这些面称为晶面。和晶列类似，晶面

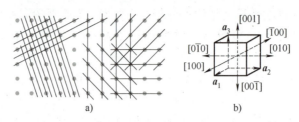

图 1-2　晶列和晶向

a）二维格点的不同晶列　b）简单立方晶体中的〈100〉晶向

也需要一定的办法标记，常用密勒指数（Miller indices）来标记晶面的方向。设晶面在原胞基矢坐标轴上的截距为 r、s、t，将三者的倒数比简化成互质的整数 h_1、h_2、h_3，即 $h_1 : h_2 : h_3 = 1/r : 1/s : 1/t$，用 $(h_1 h_2 h_3)$ 标记该晶面，即为该晶面的密勒指数。如果晶面和某一个轴平行，截距为 ∞，所对应的指数为 0。图 1-3 给出了简单立方晶体的几个晶面的密勒指数。与等效晶向类似，可定义等效晶面，写成 {100}、{110} 和 {111} 等。

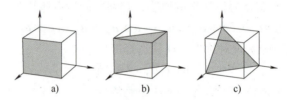

图 1-3　简单立方晶体中不同的晶面

a）（100）　b）（110）　c）（111）

1.1.4　二维晶体学

二维结构可以看成三维晶体结构在某一方向的投影，晶体表面本身就是二维结构。自 2004 年石墨烯发现以来，二维材料引起了人们的极大关注，二维材料大多也是二维晶体。二维晶体不仅是三维空间晶体的一种特殊情况，也是真实的客观存在。二维晶体学主要包括平移对称和点对称等对称要素、平面点阵、平面点群以及平面群。二维晶体包括 4 种晶系、5 种平面点阵、10 种平面点群和 17 种平面群。

为了能唯一地确定基胞的选法，在二维点阵中，选最短的点阵矢量为初基矢量 a_1，与它不在一条直线上的次最短点阵矢量为初基矢量 a_2，这样确定的约化胞是唯一的，可用来表征一个二维点阵平面格点分布的特征。考虑晶体对称性确定的二维布拉维胞，基矢一般写为 a 和 b，对应的布拉维点阵格矢表示为

$$r = ua + vb \tag{1-4}$$

1）点对称。对称操作是指经过某一操作后，晶体（点阵）保持不变，就像未经操作一样。晶体的这种性质称为对称性。

保证某一点或某些点不变的操作称为点操作；对晶体实施某些点操作后，晶体可以完全复原，晶体的这种特性称为点对称性。

对于二维晶体，点对称操作有旋转和反映两种对称操作，如图 1-4 所示。

与旋转操作对应的对称元素为旋转轴。由于平移对称性的要求，晶体只可能有 1、2、

3、4、6 次旋转轴，不能有 5 次或 6 次以上的旋转轴。n 次旋转轴的国际符号为 n，其对称操作是绕轴旋转 $2\pi/n$，习惯符号用 Ln 表示。

和反映操作对应的对称元素为镜线（面），镜线（面）的国际符号为 m，习惯符号用 P 表示。在示意图中，2、3、4、6 次常用 ⬮、▲、◼、⬢ 来表示。

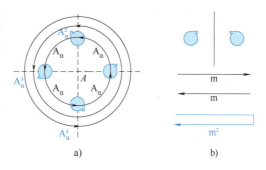

图 1-4　点对称操作

a）绕 A 点的旋转对称操作

b）相对于镜线面的反映或镜像对称

2）平面点群。把 5 种旋转对称与反映对称结合得到 10 种点对称群或平面点群。如图 1-5 所示，由 5 种对称轴（1、2、3、4、6）旋转得到 5 种平面点群，镜线面（与此平面正交的晶面 m）的反映对称是平面的另一种对称关系，与平移对称和旋转对称不同，这种对称改变指向关系。所以，把 5 种旋转对称与反映关系结合，即将旋转得到的 5 种平面点群再进行反映，共有 10 种平面点群，分别为 1、2、3、4、6 以及 1m（m）、2mm、3m、4mm、6mm。

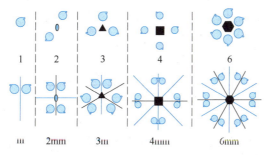

图 1-5　10 种平面点群及其对称要素

值得注意的是，当旋转轴是偶次轴时，除了原来的一套由旋转对称联系起来的镜线外，还另外产生一套新的镜线 m，如 2mm、4mm、6mm；两个正交的镜线相截成 mm，在截线处产生一个二次轴。

宏观上点群表现为晶体外形的对称性。

3）平面点阵。按照点对称性制约所划分的二维晶格共有 4 种平面点阵、5 种平面布拉维点阵，其中矩形点阵包含简单矩形 P 和有心矩形 C 两种布拉维点阵。

4）滑移反映。平移操作的存在，以及平移操作与旋转操作、反映操作的结合，使二维晶体又增加了平移和滑移反映（简称滑移）两种操作。滑移反映是平移操作和反映操作的组合，如图 1-6 所示。相应的对称元素是滑移面，国际符号用小写的英文字母表示，二维晶体的滑移面用滑移方向和滑移量标定。

5）平面群。俄罗斯晶体学家费多洛夫（Yevgraf Stepo-movich Fyodorov，1853—1919）1891 年发现平面上重复的图样可归类为 17 个种类，即 17 种平面对称群（简称平面群）。

由此得到 4 种二维晶系、5 种平面点阵、10 种平面点群和 17 种平面群，它们的对应关系见表 1-1。

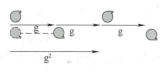

图 1-6　滑移反映操作 g

表 1-1　二维布拉维点阵、平面点群与平面群

布拉维点阵	平面点群	平面群符号	平面群序号
斜交点阵 P	1	P1	1
	2	P211（P2）	2
矩形点阵 P 有心矩形点阵 C	m	P1m1（Pm）	3
		P1g1（Pg）	4
		C1m1（Cm）	5
	2mm	P2mm（Pmm）	6
		P2mg（Pmg）	7
		P2gg（Pgg）	8
		C2mm（Cmm）	9
正方点阵 P	4	P4	10
	4mm	P4mm（P4m）	11
		P4gm（P4g）	12
六角点阵 P	3	P3	13
	3m	P3m1	14
		P31m	15
	6	P6	16
	6mm	P6mm	17

1.1.5　三维晶体学

与二维晶体相比，三维晶体的点对称操作除旋转和反映两种对称操作，还有中心反演和旋转反演两类点操作，如图 1-7 所示。

与反演操作对应的对称元素为对称中心，对称中心的国际符号为 i，习惯符号用 C 表示。

旋转反演操作是一种复合的对称操作，先后进行旋转操作和反演操作，相应的对称元素是倒反轴（旋转反演对称轴）。n 次倒反轴的国际符号为 $\bar{n}$，其对称操作是绕轴旋转 $2\pi/n$ 后按对称中心进行一次反演操作，习惯符号用 L_i^n 表示。

倒反轴并不都是独立的基本对称元素。如图 1-7 所示，$\bar{2}$ 就是垂直于该轴的对称面，即 $\bar{2}$ = m。$\bar{6}$ 轴等于 3 次轴加上垂直于该轴的对称面，即 $\bar{6}$ = 3+m。$\bar{4}$ 轴是一种特殊的对称元素，具有 4

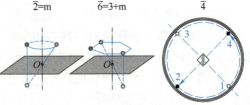

图 1-7　不同倒反轴的旋转反演操作

次旋转轴而没有对称中心 i，但包括一个与它重合的 2 次轴。从而，三维晶体的宏观对称性有 8 种独立的对称元素：1、2、3、4、6、i、m、$\bar{4}$。

1）螺旋旋转。三维晶体中，平移操作与旋转操作、反映操作等结合，使晶体除增加二维晶体中类似的平移和滑移反映操作外，又增加了螺旋旋转操作，相应的对称元素是螺旋轴。n 次螺旋轴的国际符号是 nm。n 表示旋转操作，n 重螺旋轴的基本对称操作是绕轴旋转 $2\pi/n$

后沿转轴方向平移 $m\tau/n$ 的距离，m 为小于 n 的整数，τ 为结构中与螺旋轴平行的矢量大小。

　　2）滑移反映。对于三维晶体，受晶格点阵限制，滑移方向和平移的量受到制约。滑移面用一个小写的英文字母 g 表示，随不同的滑移向量方向与滑移量而定，共有 5 种滑移面，分别是 a、b、c、n 和 d。滑移面 a、b、c 的操作为整个结构经滑移面反映后分别沿平行于 x、y、z 方向平移 $a/2$、$b/2$ 或 $c/2$，或者沿三方晶系 [111] 滑移 $(a+b+c)/2$；滑移面 n 为经滑移面反映后沿平行于对角线方向平移 $(a+b)/2$ 或 $(b+c)/2$ 或 $(c+a)/2$，或者 $(a+b+c)/4$（立方及四方）；滑移面 d 为经滑移面反映后沿平行于对角线方向平移 $(a+b)/4$ 或 $(b+c)/4$ 或 $(c+a)/4$，或者 $(a+b+c)/4$（立方及四方），使结构复原。

　　晶体可以按其结构对称性特征来分类。根据晶体所包含的特征对称元素，三维晶体可以分为 7 大类型，称为 7 大晶系（crystal system），对称性由高到低分别为：立方晶系、六方晶系、四方晶系、三方（菱形）晶系、正交晶系、单斜晶系和三斜晶系。其中，立方晶系对称性最高，有 3 个按边长方向的 4 次旋转轴和 4 个按体对角线方向的 3 次旋转轴，称为高级晶系；六方、四方和三方晶系都仅含有一个高次旋转轴，称为中级晶系；正交、单斜和三斜晶系没有高阶旋转轴，属于低级晶系。

　　7 大晶系中的每一个晶系不止包含一种布拉维点阵，可以在单胞中增加体心（I）、面心（F）或底心（A、B 或 C）格点。1866 年，布拉维首次证明，空间点阵单胞中格点位置所有可能的排布方式，可用 14 种布拉维点阵来描述。图 1-8 给出了 14 种布拉维点阵的单胞结构图。

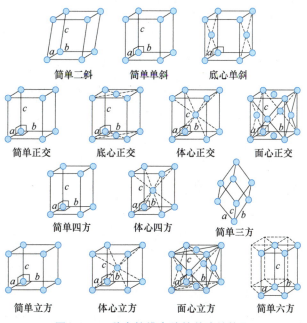

图 1-8　14 种布拉维点阵的单胞结构图

　　按《结晶学国际表》的原则，三方和六方晶系的晶胞都按六方晶系的单胞（$a=b$，$\alpha=\beta=90°$，$\gamma=120°$）选取。如图 1-9 所示，对于三方晶系则可有两种晶胞形式，一种为三方晶系简单晶胞（菱面体单胞），其中 t_s 为菱面体单胞的基矢，另一种为含 3 个点阵点的带心晶胞，称为 R 心六方单胞。

R 心六方晶系有 3 个三方晶系单胞，格点位置分别为（000）、（1/3，2/3，1/3）和（1/3，2/3，2/3），变换关系为

$$a_{\mathrm{H}} = \sqrt{2a^2(1-\cos\alpha)} \qquad (1\text{-}5)$$

$$c_{\mathrm{H}} = \sqrt{3a^2(1+2\cos\alpha)} \qquad (1\text{-}6)$$

$$a = \frac{1}{3}\sqrt{3a_{\mathrm{H}}^2 + c_{\mathrm{H}}^2} \qquad (1\text{-}7)$$

$$\cos\alpha = \frac{2c_{\mathrm{H}}^2 - 2a_{\mathrm{H}}^2}{2(c_{\mathrm{H}}^2 + 2a_{\mathrm{H}}^2)} \qquad (1\text{-}8)$$

将晶体宏观对称性的各种对称元素按各种可能的方式与点阵组合在一起，而这些组合产生的对称元素又不超出晶体对称元素的范围，这样的组合可以得到晶体宏观对称性对称元素组合的全部类型，构成了晶体的点群（点对称操作群）。

晶体中独立的特征宏观对称元素有 8 种，根据晶体的特征对称元素不同，可将晶体划分为 7 大晶系。这 8 种对称元素对应 8 种独立的宏观对称操作，这些对称操作的集合构成了晶体的点群（点对称操作群）。这种集合共有 32 种，称为 32 个点群。

点群常用国际符号和熊夫利斯（Schoenflies）符号来标记。国际符号一般由 3 位字母或数字符号组成，用来表示该群中对称元素的配置，符号的位序代表一个与特征对称元素取向有一定联系的方向。关于熊夫利斯符号的命名规则，可查阅相关晶体学专著，在此不再详述。表 1-2 给出了 32 个晶体学点群的国际符号、熊夫利斯符号和包含的对称元素。

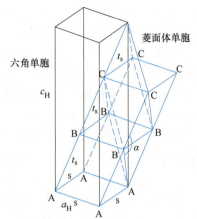

图 1-9　三方晶系单胞（菱面体单胞）与三重六方晶系单胞之间的关系

表 1-2　32 个晶体学点群

国际符号	熊夫利斯符号	包含对称元素	国际符号	熊夫利斯符号	包含对称元素
1	C_1	L^1	422	D_4	$L^4 4L^2$
$\bar{1}$	C_i	C	4mm	C_{4v}	$L^4 4P$
2	C_2	L^2	$\bar{4}2m$	D_{2d}	$Li^4 2L^2 2P$
m	C_h	P	4/mmm	D_{4h}	$L^4 4L^2 5PC$
2/m	C_{2h}	$L^2 PC$	6	C_6	L^6
222	D_2	$3L^2$	$\bar{6}$	C_{3h}	L_i^6
mm2	C_{2v}	$L^2 2P$	6/m	C_{6h}	$L^6 PC$
mmm	D_{2h}	$3L^2 3PC$	62	D_6	$L^6 6L^2$
3	C_3	L^3	6m	C_{6v}	$L^6 6PC$
$\bar{3}$	C_{3i}	$L^3 C$	$\bar{6}m2$	D_{3h}	$L_i^6 3L^2 3P$
32	D_3	$L^3 3L^2$	6/mmm	D_{6h}	$L^6 6L^2 7PC$
3m	C_{3v}	$L^3 3P$	23	T	$3L^2 4L^3$
$\bar{3}m$	D_{3d}	$L^3 3L^2 3PC$	m3	T_h	$3L^4 4L^3 3PC$
4	C_4	L^4	43	O	$3L^4 4L^3 6L^2$
$\bar{4}$	S_4	L_i^4	$\bar{4}3m$	T_d	$3L_i^4 4L^3 6P$
4/m	C_{4h}	$L^4 PC$	m3m	O_h	$3L^4 4L^3 6L^2 9PC$

　　由此可知，三维晶体由 7 大晶系、14 种布拉维点阵和 32 个点群组成。表 1-3 给出了 7 大晶系、14 种布拉维点阵和 32 个点群之间的对应关系。

表 1-3　晶系、布拉维点阵和点群之间的关系

晶系	单胞基矢特性	布拉维点阵	包含点群
立方	$a_1=a_2=a_3$ $\alpha=\beta=\gamma=90°$	简单立方、体心立方、面心立方	T，T_h，T_d，O，O_h
六方	$a_1=a_2\neq a_3$ $a_3\perp a_1$，a_2 a_1、a_2 夹角 $120°$	六方	C_4，C_{4h}，D_4，C_{4v}，D_{4h}，S_4，D_{2d}
四方	$a_1=a_2\neq a_3$ $\alpha=\beta=\gamma=90°$	简单四方、体心四方	C_4，C_{4h}，D_4，C_{4v}，D_{4h}，S_4，D_{2d}
三方	$a_1=a_2=a_3$ $\alpha=\beta=\gamma<120°$，$\neq90°$	三方	C_3，C_{3i}，D_3，C_{3v}，D_{3d}
正交	$a_1=a_2=a_3$ a_1，a_2，a_3	简单正交、底心正交、体心正交、面心正交	D_2，C_{2v}，C_{2h}
单斜	$a_1\neq a_2\neq a_3$ $a_1\perp a_2$，a_3	简单单斜、底心单斜	C_2，C_s，C_{2h}
三斜	$a_1\neq a_2\neq a_3$ 夹角不等	简单三斜	C_1，C_i

　　空间群是晶体内部结构所有对称元素的集合。按照晶体点阵结构的微观对称操作划分，晶体有 230 种微观对称操作的集合，即 230 个空间群。

　　空间群也常用国际符号和熊夫利斯符号来标记。空间群的国际符号由两部分组成。前部用大写字母（P、A、B、C、I、F、R）分别代表空间群的空间格子类型，后部一般由 3 位字母或数字符号来表示该群中对称元素的配置；符号位序代表一个与特征对称元素取向有一定联系的方向。如果某一方向有一个对称面垂直于一个 n 次轴，两者联合的符号为 n/m，例如 4/m 表示一个对称面垂直于 4 次旋转轴。图 1-10 给出了不同晶系空间群国际符号标注对称元素参照方向顺序图。

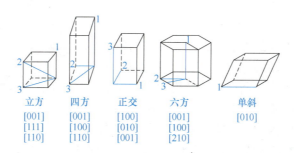

图 1-10　空间群国际符号标注对称元素参照方向顺序图

根据空间群国际符号标注规则，可从空间群符号中获得晶系类别、布拉维胞类别、点群类别、标志对称元素的位向以及空间群类别等晶体结构信息。如空间群 Pm3m，P 代表简单格子，第一个 m 代表晶格 **a** 轴方向有一个对称面，3 代表晶格 **a+b+c** 轴方向有一个 3 次旋转对称轴，第二个 m 代表晶格 **c** 方向有一个对称面。

1.1.6　非晶态和准晶

除晶体外，常见的固体物质形态还有非晶态和准晶态。非晶中的原子长程排列成拓扑无序和位置无序特征，无法用描述晶态材料中原子排列方式的晶格来描述。但非晶中的原子排列可具有短程有序态，如非晶金属中局部原子可形成二十面体等多面体结构。准晶（quasicrystal）是准周期晶体（quasiperiodic crystal）的简称，其结构特点是具有长程准周期性平移序及非晶体学旋转对称性。如 5 次以及高于 6 次的旋转对称性在传统晶体学理论中是不被允许的，但在准晶中却广为存在。1982 年，以色列科学家 Dan Shechtman 在急冷的 Al-Mn 合金中发现了具有二十面体对称性的选区电子衍射图。明锐的衍射斑点表明了物质的长程有序性，然而各个衍射点之间并非呈现传统的周期排列，而是满足黄金数 $\tau = (1+\sqrt{5})/2$ 的比例关系。后来美国宾州大学的 Levine 和 Steinhardt 基于二十面体结构的衍射计算结果，在理论上论证了五次对称衍射花样的合理性，并由此提出了"准晶"的概念。准晶的原子排列虽然没有平移周期性，却有严格的准周期位置序，因此能够产生类似于晶体清晰而锐利的衍射斑点。但准晶衍射点在倒易空间的位置不具有晶体衍射斑点在三维空间上的周期性。准晶的发现突破了人们对传统晶体材料的认识，丰富了晶体学理论。1992 年，国际结晶学会对晶体的定义进行了扩展，不再仅限于"有序、重复的原子阵列"，而是将晶体的范围扩展至"任何能给出明确离散衍射图的固体"。这一调整使得准晶体也被纳入晶体的范畴，并对晶体学理论做出了补充。值得一提的是，1985 年初，中国科学院金属研究所的郭可信教授领导的研究小组在急冷的 Ni-Ti 合金中也发现了与 Al_6Mn 合金中相同的五次对称现象。这是继 Al-Mn 准晶之后又一个被报道的新型准晶，被同行称为"中国相"。根据材料在三维空间中呈现出的准周期性维数，可将准晶分为一维、二维和三维准晶三大类。根据准晶体的最高晶体学旋转对称性，可将准晶分为五次、八次、十次和十二次准晶等，这些准晶分别具有五次、八次、十次和十二次旋转对称轴。准晶的粒径很小，一般仅在微米级，天然产出的准晶非常罕见。图 1-11 所示为一个具有五次对称准晶的三维结构，这就是著名的 C_{60} 的结构。

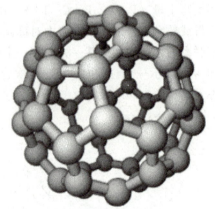

图 1-11　具有五次对称的 C_{60} 结构

最新研究表明，晶体和准晶并非是一对在结构上不可调和的矛盾存在。如 2020 年，何战兵等在 Al-Cr-Fe-Si 合金系中发现一种由周期排列的结构块之间镶嵌非周期结构块而形成新型固体物质形态。这种新的物质形态同时具有传统晶体材料的周期平移对称性和准晶的准周期性，将晶体和准晶结构上的矛盾巧妙地融合在这一新的固体物态之中。该物态由准晶相关的结构块组成，但其中一种取向的结构块呈周期排列，具有与晶体材料一样的平移单胞。然而，这些周期排列的结构块之间却镶嵌一些非周期排列的结构块，又不同于传统的晶体相。由于周期格子及非周期性镶嵌结构块的多样性和灵活性，因而该物质形态具有类似晶体丰富多变的特征。虽然该类物质形态目前仅在合金中发现，但其结构特性不局限于合金体系，有望在更多的体系中发现。

准晶的发现和研究使晶体学的内容更加拓展而丰富，已成为晶体学中一个新的生长点。此外，虽然目前对准晶的实际应用还处于起步阶段，但其潜在的重要性以及可能的前景将是革命性的。

1.2　倒　易　空　间

1.2.1　倒易点阵的定义

为了解释晶体衍射现象以及晶体学中的复杂问题，埃瓦尔德（Ewald，1881—1954）在1921 年提出倒易点阵的概念。分析晶体几何关系时，使用倒易点阵比正点阵更便捷，因此倒易点阵已经成为电子衍射工作中不可缺少的分析工具，是学习晶体电子衍射几何学的入门向导，在晶体的衍射物理中也有重要意义。

每一种晶体结构，都有 2 个点阵与其相联系，一个是晶体点阵，另一个是倒易点阵。倒易点阵是正点阵的傅里叶变换；正点阵则是倒易点阵的傅里叶逆变换。因此，正点阵与倒易点阵是一对矛盾的统一体，它们互为倒易而共存。正点阵反映了构成原子在三维空间周期排列的图像；倒易点阵反映了周期结构物理性质的基本特征。正格子的量纲是长度，称为坐标空间，倒格子的量纲是长度的倒数，称为波矢空间。正点阵中一个一维的点阵方向与倒易点阵中一个二维的倒易点阵平面对应，正点阵中一个二维的点阵平面又与倒易点阵中一个一维的倒易点阵方向对应。

1.2.2　倒易点阵基矢

从几何上来讲，每个正点阵都对应一个倒易点阵。倒易点阵与晶体点阵的描述类似，也是几何点在三维空间上的周期性规则排列。因此，倒易点阵中的点称为倒易结点，其位置可以用倒易矢量 r_{hkl}^* 表示，其所在的空间即为倒易（倒）空间。在晶体点阵中，通常用 3 个非共面的基矢 a、b、c 来描述点阵的分布情况，倒易点阵也可以引入 3 个新基矢 a^*、b^*、c^* 进行定义，倒易基矢满足下列关系：

$$a^* = \frac{b \times c}{V} \quad b^* = \frac{c \times a}{V} \quad c^* = \frac{a \times b}{V} \qquad (1\text{-}9)$$

式中，V 为晶体点阵的单胞体积。倒易矢量 a^* 垂直于晶体矢量 b 和 c 组成的平面，b^* 垂直于 c 和 a 组成的平面，c^* 垂直于 a 和 b 组成的平面。正空间与倒易空间初基基矢的相互关系如图 1-12 所示。

由倒易基矢 a^*、b^*、c^* 组成的倒易矢量 $r_{hkl}^* = ha^* + kb^* + lc^*$。它的端点是 $h\,k\,l$ 倒易阵点，h、k、l 取遍所有整数值，即构成晶体的倒易点阵，与正空间 $r_{uvw} = ua + vb + wc$ 端点构成的晶体点阵互为倒易。

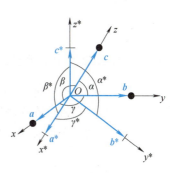

图 1-12　正空间与倒易空间初基基矢的相互关系

将 $V = \boldsymbol{a} \cdot \boldsymbol{b} \times \boldsymbol{c}$ 带入式（1-9），分别点乘 $\boldsymbol{a}$、$\boldsymbol{b}$ 和 $\boldsymbol{c}$，可得

$$\begin{cases} \boldsymbol{a} \cdot \boldsymbol{a}^* = \boldsymbol{b} \cdot \boldsymbol{b}^* = \boldsymbol{c} \cdot \boldsymbol{c}^* = 1 \\ \boldsymbol{a}^* \cdot \boldsymbol{b} = \boldsymbol{a}^* \cdot \boldsymbol{c} = \boldsymbol{b}^* \cdot \boldsymbol{c} = \boldsymbol{b}^* \cdot \boldsymbol{a} = \boldsymbol{c}^* \cdot \boldsymbol{a} = \boldsymbol{c}^* \cdot \boldsymbol{b} = 0 \end{cases} \tag{1-10}$$

式（1-10）表明，倒易空间基矢与正空间同名基矢的点乘为 1，与正空间异名基矢的点乘为 0。前者决定了倒易基矢的长度（模），后者决定了倒易矢量的方向。

因此，倒易空间单胞的体积为

$$V^* = \boldsymbol{a}^* \cdot \boldsymbol{b}^* \times \boldsymbol{c}^* = \frac{1}{V} \tag{1-11}$$

由此可知，倒易空间的单胞体积与晶格点阵的单胞体积互为倒数。从量纲上看，晶格点阵和倒易点阵互为倒数。如果晶格点阵的长度单位为 nm，则倒易空间的长度单位为 nm^{-1}，晶格点阵的体积单位为 nm^3，则倒易空间的体积单位为 nm^{-3}。

表 1-4 给出了几种倒易点阵单胞的基本参数。

表 1-4 倒易点阵单胞的基本参数

晶系	立方	六方	四方	正交
正点阵单胞参数	$a = b = c$ $\alpha = \beta = \gamma = 90°$	$a = b \neq c$ $\alpha = \beta = 90°$，$\gamma = 120°$	$a = b \neq c$ $\alpha = \beta = \gamma = 90°$	$a \neq b \neq c$ $\alpha = \beta = \gamma = 90°$
正点阵单胞体积	a^3	$\dfrac{\sqrt{3}\,a^2 c}{2}$	$a^2 c$	abc
倒易点阵单胞 a^*	$\dfrac{1}{a}$	$\dfrac{2}{\sqrt{3}\,a}$	$\dfrac{1}{a}$	$\dfrac{1}{a}$
b^*	$\dfrac{1}{a}$	$\dfrac{2}{\sqrt{3}\,a}$	$\dfrac{1}{a}$	$\dfrac{1}{b}$
c^*	$\dfrac{1}{a}$	$\dfrac{1}{c}$	$\dfrac{1}{c}$	$\dfrac{1}{c}$
α^*	90°	90°	90°	90°
β^*	90°	90°	90°	90°
γ^*	90°	60°	90°	90°
特征	$a^* = b^* = c^*$ $\alpha^* = \beta^* = \gamma^* = 90°$	$a^* = b^* \neq c^*$ $\alpha^* = \beta^* = 90°$，$\gamma^* = 60°$	$a^* = b^* \neq c^*$ $\alpha^* = \beta^* = \gamma^* = 90°$	$a^* \neq b^* \neq c^*$ $\alpha^* = \beta^* = \gamma^* = 90°$

1.2.3 倒易点阵和晶格点阵的关系

从式（1-10）可以看出，晶格点阵的单胞基矢与倒易点阵的单胞基矢完全对称，且两者还有倒易关系。倒易点阵在晶体几何方面的重要意义也就在于它与晶格点阵间存在一系列的倒易关系。将倒易矢量 $\boldsymbol{r}_{hkl}^*$ 分别点乘 $\boldsymbol{a}$、$\boldsymbol{b}$、$\boldsymbol{c}$ 可以得出

$$\frac{\boldsymbol{r}_{hkl}^* \cdot \boldsymbol{a}}{h} = \frac{\boldsymbol{r}_{hkl}^* \cdot \boldsymbol{b}}{k} = \frac{\boldsymbol{r}_{hkl}^* \cdot \boldsymbol{c}}{l} = 1 \tag{1-12}$$

它们是晶格点阵矢量 $\boldsymbol{r}$ 与倒易点阵矢量 $\boldsymbol{r}^*$ 的标量积（即 $\boldsymbol{r} \cdot \boldsymbol{r}^* = n$，$n$ 为任意整数）的

几个特例。$r \cdot r^* = 0$ 表示 r 在 r^* 上的投影为零。所有与 r^* 正交的晶格点阵矢量都满足这一关系，并都坐落在通过原点且与 r^* 正交的平面上。$r \cdot r^* = 1$ 代表另一个与 $r \cdot r^* = 0$ 平行的平面，晶格点阵矢量 r 在 r^* 上的投影是它这个方向上的一个单位长度，即 $1/r^*$。因此，$r \cdot r^* = n$ 代表一系列平行而间距相等的平面族。

从式（1-12）可以看出，3 个矢量 a/h、b/k 和 c/l 的端点都落在一个与 r^*_{hkl} 正交的平面 ABC 上，交点为 D。从原点 O 到平面 ABC 的距离 OD 是 $1/r^*$（图 1-13）。平面 ABC 在 x、y 和 z 轴上的截距分别是 $1/h$、$1/k$ 和 $1/l$ 个单位长度。用截距的倒数 h、k 和 l 作为这个平面的 3 个指数，一般称为密勒指数，写作（hkl）。显然，点阵平面（hkl）的面间距 d_{hkl} 与倒易点阵矢量的长度 r^*_{hkl} 之间有倒易关系：

$$d_{hkl} = \frac{1}{r^*_{hkl}} \tag{1-13}$$

综上所述，倒易点阵矢量 r^*_{hkl} 与（hkl）面正交，其长度等于（hkl）面间距 d_{hkl} 的倒数，即 $h\ k\ l$ 倒易阵点与（hkl）点阵平面对应。点阵平面的取向及其面间距是晶体点阵的特征，也可以用倒易点阵描述正点阵的特征。

同理，晶格点阵中的晶向 [uvw] 与倒易点阵中同指数倒易平面（uvw）* 正交，晶格点阵原点到 $u\ v\ w$ 阵点的距离与倒易面（uvw）* 的面间距 d_{uvw} 之间的关系为

$$r_{uvw} = \frac{1}{d_{uvw}} \tag{1-14}$$

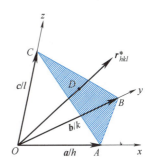

图 1-13　点阵平面与点阵方向之间的关系

需要指出的是，只有在立方晶系的情况下，晶格点阵中的晶向 [uvw] 才与正空间中同指数晶面（uvw）正交，其他晶系不一定有这种正交关系。

1.2.4　晶带与晶带定律

晶带定律由德国科学家魏斯（Christian Samuel Weiss，1780—1856）于 1805—1809 年提出，其内容为：晶体上的任一晶面至少同时属于两个晶带，或者说，平行于两个相交晶带的公共平面必为一可能晶面。根据晶带定律可知，由任意两个互不平行的晶面即可决定一个晶带，而由任意两个晶带又可决定一个晶面。

属于同一晶带轴 [uvw] 的所有晶面的面指数（hkl）满足

$$hu + kv + lw = 0 \tag{1-15}$$

这就是晶带定律的数学表达式。由此可根据两个已知晶面（$h_1k_1l_1$）和（$h_2k_2l_2$）指数，计算出其晶带轴 [uvw]。

$$u:v:w = (k_1l_2 - k_2l_1):(l_1h_2 - l_2h_1):(h_1k_2 - h_2k_1) \tag{1-16}$$

这也是常用的从两个点阵平面指数求晶带轴指数的一般公式，其计算也可以用下面的行列式来表示。

$$\frac{\begin{matrix} h_1 \\ h_2 \end{matrix} \begin{vmatrix} k_1 & l_1 \\ k_2 & l_2 \end{vmatrix} \begin{matrix} h_1 & k_1 \\ h_2 & k_2 \end{matrix} \begin{vmatrix} l_1 \\ l_2 \end{vmatrix}}{u \quad\quad v \quad\quad w} \tag{1-17}$$

3 个点阵平面（$h_1k_1l_1$）、（$h_2k_2l_2$）和（$h_3k_3l_3$）同属一个晶带的条件是：倒易矢量 $r^*_{h_1k_1l_1}$、$r^*_{h_2k_2l_2}$、$r^*_{h_3k_3l_3}$ 在一个倒易点阵平面上，即

$$\begin{vmatrix} h_1 & k_1 & l_1 \\ h_2 & k_2 & l_2 \\ h_3 & k_3 & l_3 \end{vmatrix} = 0 \qquad (1\text{-}18)$$

1.2.5 度量张量

将晶格点阵的基矢行矢量和列矢量相乘，就是晶格点阵的度量张量 $[t]$。

$$[t] = \begin{pmatrix} a \\ b \\ c \end{pmatrix} (a \quad b \quad c) = \begin{pmatrix} a \cdot a & a \cdot b & a \cdot c \\ b \cdot a & b \cdot b & b \cdot c \\ c \cdot a & c \cdot b & c \cdot c \end{pmatrix} \qquad (1\text{-}19)$$

同理，可以写出倒易点阵的度量张量。可以证明，晶格点阵和倒易点阵的度量张量也是倒易的，从而倒易点阵的度量张量可以写为 $[t]^{-1}$。

$$[t]^{-1} = \begin{pmatrix} a^* \\ b^* \\ c^* \end{pmatrix} (a^* \quad b^* \quad c^*) = \begin{pmatrix} a^* \cdot a^* & a^* \cdot b^* & a^* \cdot c^* \\ b^* \cdot a^* & b^* \cdot b^* & b^* \cdot c^* \\ c^* \cdot a^* & c^* \cdot b^* & c^* \cdot c^* \end{pmatrix} \qquad (1\text{-}20)$$

从而，正空间和倒空间的基矢之间可以通过度量张量关联起来。

$$\begin{pmatrix} a^* \\ b^* \\ c^* \end{pmatrix} = [t]^{-1} \cdot \begin{pmatrix} a \\ b \\ c \end{pmatrix} \qquad (1\text{-}21)$$

$$\begin{pmatrix} a \\ b \\ c \end{pmatrix} = [t] \cdot \begin{pmatrix} a^* \\ b^* \\ c^* \end{pmatrix} \qquad (1\text{-}22)$$

表 1-5 给出了 7 大晶系的度量张量。

表 1-5　7 大晶系的度量张量

晶系	正点阵标量积矩阵 $[t]$	倒点阵标量积矩阵 $[t]^{-1}$
立方	$\begin{pmatrix} a^2 & 0 & 0 \\ 0 & a^2 & 0 \\ 0 & 0 & a^2 \end{pmatrix}$	$\begin{pmatrix} \dfrac{1}{a^2} & 0 & 0 \\ 0 & \dfrac{1}{a^2} & 0 \\ 0 & 0 & \dfrac{1}{a^2} \end{pmatrix}$
六方	$\begin{pmatrix} a^2 & -\dfrac{a^2}{2} & 0 \\ -\dfrac{a^2}{2} & a^2 & 0 \\ 0 & 0 & c^2 \end{pmatrix}$	$\begin{pmatrix} \dfrac{4}{3a^2} & \dfrac{2}{3a^2} & 0 \\ \dfrac{2}{3a^2} & \dfrac{4}{3a^2} & 0 \\ 0 & 0 & \dfrac{1}{c^2} \end{pmatrix}$

（续）

晶系	正点阵标量积矩阵 $[t]$	倒点阵标量积矩阵 $[t]^{-1}$
四方	$\begin{pmatrix} a^2 & 0 & 0 \\ 0 & a^2 & 0 \\ 0 & 0 & c^2 \end{pmatrix}$	$\begin{pmatrix} \dfrac{1}{a^2} & 0 & 0 \\ 0 & \dfrac{1}{a^2} & 0 \\ 0 & 0 & \dfrac{1}{c^2} \end{pmatrix}$
三方	$\begin{pmatrix} a^2 & a^2\cos\alpha & a^2\cos\alpha \\ a^2\cos\alpha & a^2 & a^2\cos\alpha \\ a^2\cos\alpha & a^2\cos\alpha & a^2 \end{pmatrix}$	$\dfrac{1}{a^2 B}\begin{pmatrix} \sin^2\alpha & \cos\alpha(\cos\alpha-1) & \cos\alpha(\cos\alpha-1) \\ \cos\alpha(\cos\alpha-1) & \sin^2\alpha & \cos\alpha(\cos\alpha-1) \\ \cos\alpha(\cos\alpha-1) & \cos\alpha(\cos\alpha-1) & \sin^2\alpha \end{pmatrix}$ $B=\sin^2\alpha-2\cos^2\alpha+2\cos^3\alpha$
正交	$\begin{pmatrix} a^2 & 0 & 0 \\ 0 & b^2 & 0 \\ 0 & 0 & c^2 \end{pmatrix}$	$\begin{pmatrix} \dfrac{1}{a^2} & 0 & 0 \\ 0 & \dfrac{1}{b^2} & 0 \\ 0 & 0 & \dfrac{1}{c^2} \end{pmatrix}$
单斜	$\begin{pmatrix} a^2 & 0 & ac\cos\beta \\ 0 & b^2 & 0 \\ ac\cos\beta & 0 & c^2 \end{pmatrix}$	$\begin{pmatrix} \dfrac{1}{a^2\sin^2\beta} & 0 & -\dfrac{\cos\beta}{ac\sin^2\beta} \\ 0 & \dfrac{1}{b^2} & 0 \\ -\dfrac{\cos\beta}{ac\sin^2\beta} & 0 & \dfrac{1}{c^2\sin^2\beta} \end{pmatrix}$
三斜	$\begin{pmatrix} a^2 & ab\cos\gamma & ac\cos\beta \\ ab\cos\gamma & b^2 & bc\cos\alpha \\ ac\cos\beta & bc\cos\alpha & c^2 \end{pmatrix}$	$\dfrac{1}{A}\begin{pmatrix} \dfrac{\sin^2\alpha}{a^2} & \dfrac{\cos\alpha\cos\beta-\cos\gamma}{ab} & \dfrac{\cos\alpha\cos\gamma-\cos\beta}{ac} \\ \dfrac{\cos\alpha\cos\beta-\cos\gamma}{ab} & \dfrac{\sin^2\beta}{b^2} & \dfrac{\cos\beta\cos\gamma-\cos\alpha}{bc} \\ \dfrac{\cos\alpha\cos\gamma-\cos\beta}{ac} & \dfrac{\cos\beta\cos\gamma-\cos\alpha}{bc} & \dfrac{\sin^2\gamma}{c^2} \end{pmatrix}$ $A=1-\cos^2\alpha-\cos^2\beta-\cos^2\gamma+2\cos\alpha\cos\beta\cos\gamma$

1）**晶面间距**。通过倒易点阵可以计算晶面间距。根据点阵平面（hkl）的面间距 d_{hkl} 与倒易点阵矢量的长度 r_{hkl}^* 之间是互为倒数的关系，有

$$\frac{1}{d_{hkl}^2}=r_{hkl}^{*2}=(h\boldsymbol{a}^*+k\boldsymbol{b}^*+l\boldsymbol{c}^*)\cdot(h\boldsymbol{a}^*+k\boldsymbol{b}^*+l\boldsymbol{c}^*)=\begin{pmatrix} h & k & l \end{pmatrix}[t]^{-1}\begin{pmatrix} h \\ k \\ l \end{pmatrix} \qquad (1\text{-}23)$$

根据度量张量可计算点阵平面的晶面间距。表 1-6 给出了不同晶系的晶面间距公式。

表 1-6　不同晶系的晶面间距

晶系	点阵平面间距 d
立方	$\dfrac{1}{d^2}=\dfrac{1}{a^2}(h^2+k^2+l^2)$
六方	$\dfrac{1}{d^2}=\dfrac{4}{3a^2}(h^2+hk+k^2)+\dfrac{l^2}{c^2}$
四方	$\dfrac{1}{d^2}=\dfrac{1}{a^2}(h^2+k^2)+\dfrac{l^2}{c^2}$
三方	$\dfrac{1}{d^2}=\dfrac{1}{a^2}\left\{\dfrac{(1+\cos\alpha)\left[(h^2+k^2+l^2)-\left(1-\tan^2\dfrac{\alpha}{2}\right)(hk+kl+lh)\right]}{1+\cos\alpha-2\cos^2\alpha}\right\}$
正交	$\dfrac{1}{d^2}=\dfrac{h^2}{a^2}+\dfrac{k^2}{b^2}+\dfrac{l^2}{c^2}$
单斜	$\dfrac{1}{d^2}=\dfrac{1}{a^2}\dfrac{h^2}{\sin^2\beta}+\dfrac{k^2}{b^2}+\dfrac{l^2}{c^2\sin^2\beta}-\dfrac{2hl\cos\beta}{ac\sin^2\beta}$

2）晶面夹角。通过倒易点阵可计算晶面夹角。晶面的法向方向用倒易矢量 $\boldsymbol{r}_{hkl}^{*}$ 表示，因此任意两个晶面的夹角均可以表达为

$$\cos(\boldsymbol{r}_1^{*},\boldsymbol{r}_2^{*})=\dfrac{1}{r_1^{*}r_2^{*}}(h_1\boldsymbol{a}^{*}+k_1\boldsymbol{b}^{*}+l_1\boldsymbol{c}^{*})\cdot(h_2\boldsymbol{a}^{*}+k_2\boldsymbol{b}^{*}+l_2\boldsymbol{c}^{*})$$

$$=\dfrac{1}{r_1^{*}r_2^{*}}(h_1\quad k_1\quad l_1)\;[t]^{-1}\begin{pmatrix}h_2\\k_2\\l_2\end{pmatrix}\qquad(1\text{-}24)$$

根据度量张量可计算点阵平面的晶面夹角。表 1-7 给出了不同晶系的点阵平面夹角。

表 1-7　不同晶系的点阵平面夹角

晶系	点阵平面夹角 $\theta=\pi-\varphi$
立方	$\cos\varphi=\dfrac{h_1h_2+k_1k_2+l_1l_2}{a^2r_1^{*}r_2^{*}}$
六方 三方	$\cos\varphi=\left\{\dfrac{4}{3a^2}\left[h_1h_2+k_1k_2+\dfrac{1}{2}(h_1k_2+k_1h_2)\right]+\dfrac{l_1l_2}{c^2}\right\}\Bigg/(r_1^{*}r_2^{*})$
四方	$\cos\varphi=\left[\dfrac{h_1h_2+k_1k_2}{a^2}+\dfrac{l_1l_2}{c^2}\right]\Bigg/(r_1^{*}r_2^{*})$
正交	$\cos\varphi=\left(\dfrac{h_1h_2}{a^2}+\dfrac{k_1k_2}{b^2}+\dfrac{l_1l_2}{c^2}\right)\Bigg/(r_1^{*}r_2^{*})$
单斜	$\cos\varphi=\left[\dfrac{h_1h_2}{a^2\sin^2\beta}+\dfrac{k_1k_2}{b^2}+\dfrac{l_1l_2}{c^2\sin^2\beta}-\dfrac{(l_1h_2-h_1l_2)\cos\beta}{ac\sin\beta}\right]\Bigg/(r_1^{*}r_2^{*})$

3）点阵方向长度。晶体点阵的方向长度也可通过密勒指数计算获得，见表 1-8。

表 1-8　不同晶系的点阵方向长度

晶系	点阵方向长度
立方	$a\sqrt{u^2+v^2+w^2}$
六方 三方	$\sqrt{a^2(u^2-uv+v^2)+c^2w^2}$
四方	$\sqrt{a^2(u^2+v^2)+c^2w^2}$
正交	$\sqrt{a^2u^2+b^2v^2+c^2w^2}$
单斜	$\sqrt{a^2u^2+b^2v^2+c^2w^2+2acuvcos\beta}$

1.2.6　系统消光

晶体的衍射强度有规律、系统地为零的现象称为系统消光。系统消光的出现，是由于某些类型衍射的结构振幅数值为 0，因此衍射的强度为 0。系统消光是因为结构中存在螺旋轴、滑移面和带心点阵形式等晶体结构的微观对称元素所引起的。通过了解晶体的系统消光，可以测定在晶体结构中存在的螺旋轴、滑移面和带心点阵形式。

非初基胞包含两个以上的阵点，如每个体心立方单胞中有 2 个阵点，它的体积相当于初基单胞的两倍，根据倒易原理，相应的倒易单胞也应该减小一半。如果按缩小的倒易单胞来标定倒易阵点的指数，就会发现有些指数的倒易阵点不存在，这一类消光称为点阵消光。点阵消光不是实质意义上的消光，只是由于选择了非初基胞，对倒易点阵进行重新标定的结果。

起源于晶体结构中，存在含平移的复合对称动作对应的对称元素，即螺旋轴或滑移面，如晶体结构在 b 轴方向有滑移面 n 存在，则 $h\,0\,l$ 类的衍射中，$h+l$ = 奇数的衍射将系统消失，这一类消光称为结构消光。

表 1-9 列出一些晶体的带心形式和存在的滑移面、螺旋轴所出现的系统消光。

表 1-9　常见系统消光和对称性

衍射指数	消光条件	消光解释	带心形式和对称元素记号
hkl	$h+k+l$ = 奇数	体心点阵	I
	$h+k$ = 奇数	C 心点阵	C
	$h+l$ = 奇数	B 心点阵	B
	$k+l$ = 奇数	A 心点阵	A
	h、k、l 奇偶混杂	面心点阵	F
	$-h+k+l$ 不为 3 的倍数	R 心点阵	R（六方晶胞）

（续）

衍射指数	消光条件	消光解释		带心形式和对称元素记号
0kl	k = 奇数	{100} 滑移面、滑移量	$\frac{b}{2}$	b
	l = 奇数		$\frac{c}{2}$	c
	k+l = 奇数		$\frac{b+c}{2}$	n
	k+l 不为 4 的倍数		$\frac{b+c}{4}$	d
00l	l = 奇数	[100] 螺旋轴、平移量	$\frac{c}{2}$	2_1，4_2，6_3
	l 不为 3 的倍数		$\frac{c}{3}$	3_1，3_2，6_2，6_4
	l 不为 4 的倍数		$\frac{c}{4}$	4_1，4_3
	l 不为 6 的倍数		$\frac{c}{6}$	6_1，6_5

1.3 电磁波、粒子束与物质相互作用基础

物质（matter）是自然界的基本组成部分，自然界中所有实体物质都属于物质。除这些实体物质，还存在一种看不见、摸不着，但又确实存在的特殊物质，它们以场的形式存在于我们周围。场是指某一空间区域，在不接触的情况下对具有一定性质的物体施加某种力的作用。例如，一个有质量的物体由于引力场的作用能对其他有质量的物体产生引力。同样，一个带电物体通过电场可以对其他带电物体施加电场力。实物粒子与场组成了基本宇宙，物质与物质、物质与场以及场与场之间的相互作用形成了宇宙中的基本相互作用。

1.3.1 电磁波与粒子束

电磁波是指同相振荡且互相垂直的电场与磁场，在空间以非机械波的形式传递能量和动量，其传播方向垂直于电场与磁场的振荡方向。电磁波不需要依靠介质进行传播，可以在真空中传播，速度为光速。电磁波可按照频率分类，从低频到高频分为无线电波、兆赫辐射、微波、红外线、可见光、紫外线、X 射线和 γ 射线。图 1-14 显示这些电磁辐射所对应的频率、波长与能量间的关系及产生方法。

粒子束与电磁波不同，是指由一些实物粒子组成的且具有一定动量的束流。常见的粒子束包括电子束、中子束、质子束、α 粒子束等。不同的粒子束具有不同的荷质比，与物质的相互作用情况也大不相同。相对于电磁波，粒子束通常具有更高的能量，与物质接触时，能更容易突破核外电子的屏蔽，与原子核发生相互作用。高能粒子束是目前核物理实验领域的

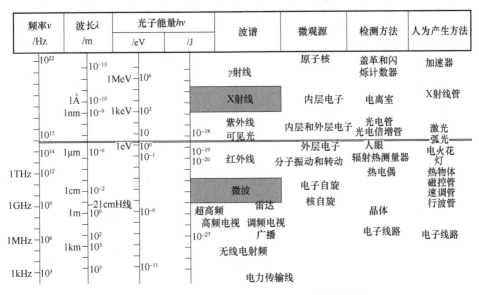

图1-14 电磁辐射频率与波长对应关系及产生方法

基本工具，不仅承担着研究高能粒子物理、探究宇宙起源的重要使命，也在材料学、生物学、医学等领域发挥着重要作用。

1.3.2 基本相互作用

尽管自然界中的相互作用看起来有很多种，但物质间最基本的相互作用仅有4种，即强相互作用、弱相互作用、引力相互作用与电磁相互作用。其中，强相互作用主要发生在亚原子核级别，是原子核能够稳定存在的基础。弱相互作用主要发生在原子核弱衰变过程，通常伴随着中微子的出现，实验观察十分困难。引力相互作用即万有引力，主要影响天体的运动。电磁相互作用是带电粒子与电磁场的相互作用以及带电粒子之间通过电磁场传递的相互作用。电磁相互作用和引力相互作用是长程力，可在宏观尺度的距离中起作用而表现为宏观现象。见表1-10，四大基本相互作用强度区分明显。在典型距离上，强相互作用、电磁相互作用、弱相互作用、引力相互作用的相对强度比约为 $10^2:1:10^{-10}:10^{-36}$。自然界中，物质与物质、场与物质相互作用中，都脱离不了这4种基本相互作用。在材料表征技术中，主要涉及的是电磁波与物质和粒子束与物质的相互作用，这些相互作用本质上均可归结于电磁相互作用。

表1-10 基本相互作用相对强度比较（取电磁相互作用强度为1）

比较关系		引力	弱作用	电磁作用	强作用	
					基本作用	剩余作用
两u夸克相距	10^{-18} m	10^{-41}	0.8	1	25	—
两u夸克相距	3×10^{-17} m	10^{-41}	10^{-4}	1	60	—
原子核中的两个质子		10^{-36}	10^{-7}	1	—	20

根据波粒二象性原理，物质同时具有波动性和粒子性。电磁波可在真空或一定介质中传播，在真空与介质、介质与介质等的分界面上，电磁波会产生反射、折射与衍射现象。同

时，当电磁波在特定介质中传播时，由于电磁相互作用，电磁波的能量能进一步转换成介质材料中分子或原子的热能或其他形式的能量，产生电磁波的吸收。

电磁波入射于介质界面时，会发生反射和折射。当电磁波回到原来介质中传播时，该现象称为反射；当电磁波进入新的介质中传播时，该现象称为折射。

如图 1-15 所示，一束电磁波从介质①传输至无穷大介质①与介质②的分界面，产生反射和折射。以 θ、θ' 和 θ'' 分别代表入射角、反射角和折射角，v_1 和 v_2 为电磁波在两介质中的相速，有

$$\theta = \theta', \quad \frac{\sin\theta}{\sin\theta''} = \frac{v_1}{v_2} \tag{1-25}$$

这就是我们熟知的反射和折射定律。对于电磁波，$v = \dfrac{1}{\sqrt{\mu\varepsilon}}$。除铁磁质外，大多数介质的磁导率都相等，即 $\mu \approx \mu_0$，因此，通常认为 $\sqrt{\dfrac{\varepsilon_2}{\varepsilon_1}}$ 就是两介质的相对折射率 n_{21}。折射率是频率的函数，这也是折射过程中色散的来源。

电磁波作为一种电磁波，同样具有衍射现象。根据惠更斯原理，波面上每一个点都可以看成是次级光源，发射出子波并向前传输，这些子波叠加后形成新的波面，从而产生衍射现象（图 1-16）。

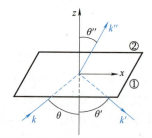

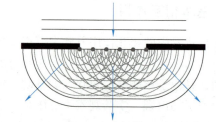

图 1-15　电磁波在介质中的反射与折射　　　图 1-16　惠更斯原理示意图

电磁波在介质中传播时，还会与介质中的分子或原子相互作用，引起能量损失。这种波的能量最终被介质吸收，转化为介质中粒子的热运动能和其他形式的能量。电磁波的吸收是一个复杂的过程，人类对电磁波吸收的认识经历了漫长的发展。

1905 年，爱因斯坦在研究光电效应的过程中，提出了"光量子"的概念，即现在熟知的光子。光子的能量与频率相关，光子与物质的相互作用是量子化的，只能以光量子的形式一份一份地被物质吸收。光子的能量为 E，可表达为

$$E = h\nu \tag{1-26}$$

式中，h 为普朗克常数；ν 为光子频率。

光子概念的提出推动了实验和理论物理学在多个领域的巨大发展，带动了人们对微观粒子体系的认知。在近代物理学中，物质的能量状态都是由能级组成的。能级是微观粒子体系在可能存在的相对稳定状态下，所对应的一系列不连续、分立且确定的能量值或状态。在近代物理学中，人们已经构建了多种能级结构模型，包括原子核能级、电子能级和分子能级等。为了让电磁波被物质吸收，电磁波的能量必须与对应的能级间距相等或接近。只有如

此，电磁波才可以发生明显的共振吸收。电磁波的共振吸收谱能够携带微观粒子体系内部结构的重要信息，是现代材料表征技术的重要组成部分。

从粒子性的角度看，电磁波与物质的相互作用也可以看作粒子束与物质的相互作用。由于物质由原子构成，原子包含原子核和核外电子，所以需分别考虑粒子束与核外电子及粒子束与原子核的相互作用。

1）粒子束与核外电子的相互作用。带电粒子与核外电子间的非弹性碰撞会使核外电子改变其在原子中的能量状态。核外电子获得能量不足以挣脱原子的束缚而成为自由电子时，可以由低能态跃迁到更高能态。受激发原子不稳定，很快（$10^{-9} \sim 10^{-6}$ s）会退激至原子的基态而发射 X 射线。核外电子受激能量高过电离能时，受激原子立即分解成一个自由电子和一个失去自由电子的离子，即产生一个电子-离子对。原子最外层电子束缚最松，因而被电离的概率最大。如果内层电子被电离后，原子留下的内层电子空穴会由外层电子填充而发射特征 X 射线或俄歇电子。电离过程中产生的自由电子通常具有很低的动能，但在有的情形，它们具有足够高的动能使其他原子电离。带电粒子在阻止介质中，由于与核外电子的非弹性碰撞使原子发生激发或电离而损失自己的能量，称为电离损失。

2）粒子束与原子核的相互作用。入射带电粒子在原子核近旁经过时，由于其间的库仑相互作用而获得加速度，伴随着发射电磁辐射即所谓的韧致辐射，入射带电粒子因而损失能量，称之为辐射能量损失。带电粒子与原子核间可能发生弹性碰撞，这时碰撞体系保持总动能和总动量守恒，入射带电粒子会因转移一部分动能给原子核而损失自己的动能，介质产生晶格原子位移形成缺陷，引起辐射损伤。

1.3.3 光子与物质的相互作用

紫外线、可见光、近红外光是太阳光谱中的主要部分。通常人们将波长为 $10 \sim 400$ nm 的电磁波称为紫外线；波长为 $400 \sim 760$ nm 的电磁波称为可见光。紫外-可见光的能量范围最高达上百电子伏，最低仅约为 1.6 eV，该能量范围正好与电子能级匹配。物质中的电子正好可以吸收紫外-可见光，发生电子能级跃迁，从而产生吸收谱。由于各种物质具有各自不同的原子、离子或分子，其吸收光子的情况也就不会相同，每种物质有其特有、固定的吸收光谱曲线，且吸收光谱上的特征波长处的吸光度与该物质的含量有关，这是分光光度法定性和定量分析的基础。

红外线是一种人眼看不到的辐射线，红外光谱在可见光区和微波光区之间，波长为 $0.76 \sim 1000 \mu m$（波数在 $13000 \sim 10 cm^{-1}$ 之间）的电磁辐射。通常将红外区划分成 3 个区：$13000 \sim 4000 cm^{-1}$ 为近红外区，$4000 \sim 400 cm^{-1}$ 为中红外区，$400 \sim 10 cm^{-1}$ 为远红外区。一般所说的红外光谱就是指中红外区的红外光谱。

近红外区红外线的能量为 $0.5 \sim 1.6$ eV，中红外区红外线能量为 $0.05 \sim 0.5$ eV，而远红外区红外线能量则为 $0.001 \sim 0.05$ eV。红外线的共振吸收通常与分子运动相关。分子运动包括分子的平动、转动、振动以及分子价电子相对于原子核的运动。分子在平动时不会发生偶极矩的变化，不会产生光谱，转动能级间距较小（$\Delta E < 0.025$ eV），其能级跃迁仅需远红外或微波照射即可，振动能级间距较大（$\Delta E = 0.025 \sim 1.0$ eV），共振吸收通常发生在中红外区。在振动跃迁发生的过程中，通常伴随转动能级跃迁的发生，中红外区的光谱通常是分子振动与转动联合吸收引起的，常称为分子的振-转光谱。

分子必须满足两个条件才能吸收红外辐射：①分子振动或是转动时必须有瞬间的偶极矩变化，分子吸收红外辐射的强度与吸收跃迁的概率有关，只有跃迁概率不等于零的跃迁才称为允许跃迁，分子振动时偶极矩发生瞬间变化称为该分子具有红外活性；②分子的振动频率与红外辐射的频率相同时才能发射红外辐射吸收。分子内的原子在其平衡位置处于不断的振动状态，对于非极性双原子分子（如 N_2、O_2、H_2 等），分子振动不能引起偶极矩的变化，因此不产生红外吸收。

除了对称分子，绝大多数有机化合物和许多无机化合物都有相应的红外吸收峰，其特征性很强。具有不同结构的化合物通常具有不同的红外光谱，其吸收峰与分子中各基团的振动相对应。因此，利用红外吸收光谱可以确定化学基团，鉴定未知物的结构。

X 射线也称为伦琴射线，是波长比紫外线还短的电磁辐射，最早由德国科学家伦琴发现并命名。1895 年，伦琴在维尔茨堡的 *Physical-Medical Society* 杂志上发表了他关于 X 射线的研究，并用表示未知数的 X 来命名，表明它是一种新的射线。

X 射线通常波长范围为 0.001~10nm。波长为 0.001~0.1nm 的叫作硬 X 射线，波长为 0.1~10nm 的被称作软 X 射线。硬 X 射线与伽马（γ）射线中波长较长的部分有重叠，二者的区别在于辐射源，而不是波长：X 射线光子产生于高能电子加速，γ射线则来源于原子核衰变。

作为一种能量较高的电磁波，X 射线穿过物质时，一部分 X 射线发生散射，一部分被物质吸收，还有一部分 X 射线会穿透物质。与其他电磁辐射近似，不考虑散射影响的情况下，X 射线的吸收同样遵循比尔-朗伯定律，满足以下关系：

$$-\ln\left(\frac{I_t}{I_0}\right)=\mu\rho l \tag{1-27}$$

式中，I_0 为入射 X 射线的强度；I_t 为 X 射线透过样品后的强度；μ 为质量吸收系数，单位为 cm^2/g，它只与 X 射线吸收的元素类型有关，与元素的物理形态和化学状态无关；ρ 为物质的密度；l 为样品的厚度。

当 X 射线能量很高时，此时的 X 射线表现更接近 γ 射线，被物质吸收后，可以使物质发射出电子，产生光电效应，也能够激发出内层轨道电子，产生内层电子空位，当外层电子弛豫回到该空位后，产生特征 X 射线。当入射 X 射线光子能量恰好能激发原子内层电子时，原子对入射 X 射线光子的吸收概率增加。

对于 X 射线通过物质时的衰减，与吸收作用相比，波长较长的 X 射线和原子序数较大的散射体的散射作用，常可以忽略不计。但是对于轻元素的散射体和波长很短的 X 射线，散射作用就十分显著。由于原子核的质量比电子大得多，其振动可忽略不计，主要考虑电子的振动。X 射线与物质的相互作用可以分为相干散射和非相干散射。

1）相干散射。相干散射又称瑞利（Rayleigh）散射或弹性散射，由能量较小、波长较长的 X 射线与原子中束缚较紧的电子发生弹性碰撞的结果，使电子随入射 X 射线电磁波周期性变化的电磁场而振动，并成为辐射电磁波的波源。由于电子受迫振动的频率与入射的振动频率一致，因此，从这个电子辐射出来的散射 X 射线的频率和相位与入射 X 射线相同，只是方向有了改变。元素的原子序数越大，相干散射作用也越大。入射 X 射线在物质中遇到的所有电子，构成了一群可以相干的波源，且 X 射线的波长与原子间的间距具有相同的数量级，所以实验上即可观察到散射干涉现象。这种相干散射现象，是 X 射线在晶体中产生衍射现象的物理基础。

2）非相干散射。非相干散射又称康普顿（Compton）散射或非弹性散射，这种散射现象称为康普顿效应。康普顿效应是指入射光子与原子的核外电子之间发生非弹性碰撞后，光子能量只是部分传递给原子的核外电子，获得能量的核外电子脱离原子核的束缚并射出，成为反冲电子。入射光子改变运动方向后可继续与物质发生相互作用，如次级散射等，入射光子与散射光子的夹角称为散射角。入射光子与反冲电子的夹角称为反冲角。在这个过程中，整个系统遵循能量守恒与动量守恒，光子散射角可以在 0°~180° 之间变化。

3）X 射线衍射。X 射线衍射实际上是能量较低的 X 射线，以一定角度入射到晶体表面时，X 射线与晶体晶格发生弹性散射，由于干涉现象导致散射出的 X 射线在特定角度处振幅增强，这种在晶体材料内发生的干涉性散射即为衍射。

X 射线衍射遵循布拉格（Bragg）衍射定律，可用布拉格方程描述：

$$2d\sin\theta = n\lambda \tag{1-28}$$

式中，n 为衍射级数；λ 为 X 射线波长；θ 为入射角；d 为晶面间距。

X 射线散射后，满足布拉格方程的 X 射线将产生相长干涉，干涉峰的位置与晶面间距直接相关。

实际工作中，布拉格方程有以下两个重要作用。

① 已知 X 射线波长 λ，测 θ，从而计算晶面间距 d，这是 X 射线结构分析。

② 用已知 d 的晶体，测 θ，从而计算出特征辐射波长 λ，再进一步查出样品中所含元素，这是 X 射线荧光光谱法。

4）X 射线光电效应。X 射线与物质相互作用时，同样会产生光电效应。与紫外线光电效应不同，X 射线的能量更高，能激发原子的内层电子及价电子，使其逸出。对于特定波长的 X 射线，其能量均是已知的，对于每一个出射电子，其电子结合能可以由如下公式求出：

$$E_{binding} = E_{photon} - (E_{kinetic} + \phi) \tag{1-29}$$

式中，$E_{binding}$ 为电子结合能；E_{photon} 为 X 射线光子能量；$E_{kinetic}$ 为光电子动能；ϕ 为能谱仪的功函数，与材料表面相关。在实验上，通过测量不同能量的光电子的数目，以结合能或光电子的动能为横坐标、相对强度为纵坐标可得到光电子能谱图，从而获得试样有关信息。

1.3.4　γ 射线与物质的相互作用

γ 射线是能量比 X 射线还要大的电磁波，通常波长在 0.01nm 以下，具有很高的能量，典型的 γ 光子能量在 MeV 数量级。γ 射线不带电，且具有很高的能量，在通过物质时，并不会使物质发生电离或激发，而是以碰撞的形式将其全部或大部分能量传递给电子。γ 射线具有很强的穿透能力，能够穿透几厘米厚的铅板。通常，γ 射线与物质相互作用主要产生 3 种效应，分别是光电效应、康普顿效应与电子对效应。

1）光电效应。与紫外线和 X 射线一样，在与物质相互作用时，γ 光子同样会发生光电效应。如图 1-17 所示，γ 光子发生非弹性碰撞后，将全部的能量转移给目标原子核外的某个束缚电子，电子吸收这些能量后形成光电子发射出去。当原子吸收了光子的全部能量后，一部分能量消耗在克服结合能中，另一部分能量则作为光电子的初始动能。发生光电效应时，光电子发射出去后，会在原来电子所在壳层的位置留下了空位；缺失电子的原子处于不稳定的激发状态，因此外层电子会向内层跃迁，来填补这个空位，使原子恢复到低能稳态，这个过程叫作退激发。因跃迁而释放的能量就是两个壳层之间的能量差。

2）康普顿效应。与 X 射线类似，与物质相互作用时，γ 射线同样能引起康普顿散射。相较于 X 射线，γ 射线具有更高的能量，能让更深能级的电子逸出。碰撞后，γ 光子把部分能量传给电子变为电子的动能，电子从与入射 γ 射线成一定角度的方向射出（反冲电子），且 γ 光子的波长变长，朝着与自己原来运动的方向成一定夹角的方向散射。由于散射光波长各不相同，两个散射波的相位之间互相没有关系，因此不会引起干涉作用而产生衍射，又称为非相干散射。

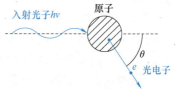

图 1-17　光电效应示意图

3）电子对效应。γ 光子的能量大于 1.022MeV 时，会产生电子对效应。即入射光子在原子库仑场作用下，γ 光子会转变成能量为 0.511MeV 的正负电子，而多余的能量则作为正负电子对的动能，产生的这一对正负电子，它们在物质中将逐渐损失能量。其中正电子寿命很短，能量耗尽之后，与物质中的负电子发生湮灭，负电子则会和物质发生电离、激发，最终成为自由电子。

形成电子对效应的限制条件就是入射 γ 光子的能量必须大于 1.022MeV，而且 γ 光子的能量与产生正负电子对的概率成正比。

γ 射线与物质相互作用的 3 种形式在不同的条件下发生的概率不同，当射线能量较低、靶物质的平均原子序数较高时，光电效应概率占优势；当射线能量中等时，与任意平均原子序数的靶物质作用，康普顿效应概率占优势；当入射射线能量较高、靶物质的平均原子序数也较高时，形成电子对效应的概率占优势。图 1-18 表示 3 种效应占优势时对应的关系图，横坐标为能量，纵坐标为平均原子序数 Z。

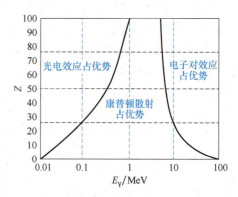

图 1-18　γ 射线与物质相互作用概率关系图

1.3.5　电子束与物质的相互作用

电子是在 1897 年由剑桥大学卡文迪许实验室的约瑟夫·约翰·汤姆逊在研究阴极射线时发现的。一束定向飞行的电子束打到试样，电子束穿过薄试样或从试样表面掠射，电子轨迹要发生变化。这轨迹变化取决于电子与物质的相互作用，即取决于组成物质的原子核及核外电子对电子的作用，其结果将以不同的信号反映出来。图 1-19 所示为入射电子束与组成物质的原子相互作用产生的各种信息。使用不同的电子光学仪器将这些信息进行搜集、整理和分析即可得出材料的微观形态、结构和成分等信息。这就是电子显微分析技术能够研究材料的重要原因。

1）背散射电子。固体样品中的原子核反弹回来的一部分入射电子，其中包括弹性背散射电子和非弹性背散射电子。弹性背散射电子是指被样品中原子核反弹回来，散射角大于 90°的入射电子，其能量没有损失（或基本上没有损失）。由于入射电子的能量很高，所以

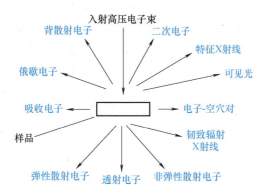

图1-19　入射电子束与组成物质的原子相互作用产生的各种信息

弹性背散射电子的能量能达到数千到数万电子伏。非弹性背散射电子是入射电子和样品核外电子撞击后产生的非弹性散射，不仅方向改变，能量也有不同程度的损失。如果有些电子多次散射后仍能反弹出样品表面，这就形成非弹性背散射电子。非弹性背散射电子的能量分布范围很宽，从数十电子伏直到数千电子伏。从数量上看，弹性背散射电子远比非弹性背散射电子所占的份额多。背散射电子来自样品表层几百纳米的深度范围。由于它的产额能随样品原子序数增大而增多，所以不仅能用作形貌分析，而且可用来显示原子序数衬度（contrast），定性地用作成分分析。

2）二次电子。在入射电子束作用下被轰击出来并离开样品表面的样品的核外电子叫作二次电子，这是一种真空中的自由电子。由于原子核和外层价电子间的结合能很小，因此外层电子比较容易和原子脱离，使原子电离。一个能量很高的入射电子射入样品时，可以产生许多自由电子，这些自由电子中90%来自样品原子外层的价电子。

二次电子的能量较低，一般都不超过50eV。大多数二次电子只带有几电子伏的能量。在用二次电子收集器收集二次电子时，往往也会把极少量低能量的非弹性背散射电子一起收集进去，事实上这两者无法区分。

二次电子一般都是在表层5~10nm深度范围内发射出来的，它对样品的表面形貌十分敏感，因此能非常有效地显示样品的表面形貌。二次电子的产额和原子序数之间没有明显的依赖关系，所以不能用它来进行成分分析。

3）吸收电子。入射电子进入样品后，经多次非弹性散射后能量损失殆尽（假定样品有足够的厚度，没有透射电子产生），最后被样品吸收，若在样品和地之间接入一个高灵敏度的电流表，就可测得样品对地的信号，这个信号由吸收电子提供。假定入射电子电流强度为I_0，背散射电子电流强度为I_b，二次电子电流强度为I_s，则吸收电子产生的电流强度为

$$I_a = I_0 - (I_b + I_s) \tag{1-30}$$

由此可见，入射电子束和样品作用后，若逸出表面的背散射电子和二次电子数量越少，则吸收电子信号强度越大。若把吸收电子信号调制成图像，则它的衬度恰好和二次电子或背散射电子信号调制的图像衬度相反。

当电子束入射到一个多元素的样品表面时，由于不同原子序数部位的二次电子产额基本上是相同的，则产生背散射电子较多的部位（原子序数大），其吸收电子的数量较少，反之亦然。因此，吸收电子能产生原子序数衬度，同样也可用于定性的微区成分分析。

4）透射电子。**如果被分析的样品很薄，那么就会有一部分入射电子穿过薄样品而成为透射电子**。这里所指的透射电子是采用扫描透射操作方式对薄样品成像和微区成分分析时形成的透射电子。这种透射电子是由直径很小的高能电子束照射薄样品时产生的，信号由微区的厚度、成分和晶体结构决定。透射电子中除了有能量和入射电子相当的弹性散射电子，还有各种不同能量损失的非弹性散射电子，其中有些遭受特征能量损失 ΔE 的非弹性散射电子（即特征能量损失电子）和分析区域的成分有关，因此可以利用特征能量损失电子配合电子能量分析器来进行微区成分分析。

综上所述，如果使样品接地保持电中性，那么入射电子激发固体样品产生的 4 种电子信号强度与入射电子强度之间必然满足以下关系，即

$$I_0 = I_b + I_s + I_a + I_t \tag{1-31}$$

式中，I_b 为背散射电子信号强度；I_s 为二次电子信号强度；I_a 为吸收电子（或样品电流）信号强度；I_t 为透射电子信号强度。

式（1-31）可以改写为

$$\eta + \delta + \alpha + \tau = 1 \tag{1-32}$$

式中，η 为背散射系数；δ 为二次电子产额（或发射系数）；α 为吸收系数；τ 为透射系数。

图 1-20 展示了对于给定的材料，当入射电子能量和强度一定时，上述 4 项系数与样品质量、厚度之间的关系。随样品质量厚度 ρt 的增大，透射系数 τ 下降，而吸收系数 α 增大。当样品质量厚度超过有效穿透深度后，透射系数等于零。这就是说，对于大块试样，样品同一部位的吸收系数、背散射系数和二次电子发射系数之间存在互补关系。背散射电子信号强度、二次电子信号强度和吸收电子信号强度分别与 η、δ 和 α 成正比，但由于二次电子信号强度与样品原子序数没有确定的关系，因此，可以认为如果样品微区背散射电子信号强度大，则吸收电子信号强度小，反之亦然。

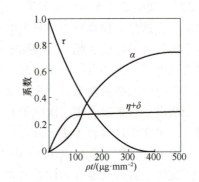

图 1-20 铜样品 η、δ、α、τ 与 ρt 之间的关系（入射电子能量 $E_0 = 10\text{keV}$）

5）特征 X 射线。当样品原子的**内层电子被入射电子激发或电离时，原子就会处于能量较高的激发状态，此时外层电子将向内层跃迁以填补内层电子的空缺，从而使具有特征能量的 X 射线释放出来**。根据莫塞莱定律，如果用 X 射线探测器测到样品微区中存在某一种特征波长，就可以判定这个微区中存在着相应的元素。

6）俄歇电子。在入射电子激发样品的特征 X 射线过程中，如果在**原子内层电子能级跃迁过程中释放出来的能量并不以射线的形式发射出去，而是用这部分能量把空位层内的另一个电子发射出去（或使空位层的外层电子发射出去），这个被电离出来的电子称为俄歇电子**。因为每种原子都有自己的特征壳层能量，所以其俄歇电子能量也各有特征值。俄歇电子的能量很低，一般为 50~1500eV。

俄歇电子的平均自由程很小（1nm 左右），因此在较深区域中产生的俄歇电子向表层运动时必然会因碰撞而损失能量，使之失去了具有特征能量的特点，而只有在距离表面层 1nm 左右范围内（即几个原子层厚度）逸出的俄歇电子才具备特征能量，因此俄歇电子特别适

用于表面层成分分析。

添加不同类型的探测器来收集高速电子束与物质相互作用后产生的各种信号，通过对这些信号进行放大、再成像等处理，可获得物质的微观表面形貌。此外，除了上面列出的 6 种信号，固体样品中还会产生例如阴极荧光、电子感生效应等信号，调制后也可以用于专门的分析。

7）电子衍射。根据波粒二象性，电子既是微观粒子，又是物质波。在非相对论近似下，其德布罗意（Louis de Broglie）波长 λ 可表示为

$$\lambda = \frac{h}{m_e v} = \frac{1.2265}{\sqrt{E}} \tag{1-33}$$

式中，h 为普朗克常数；$m_e v$ 为电子的动量；E 为电子的能量，单位是 eV。

电子衍射是指当电子在通过某些障碍物时，会发生衍射现象。当电子波穿过晶体时，被晶体中的原子散射，使得波长和方向发生变化，并且部分电子会与晶体中的原子发生能量交换作用。电子衍射的图像一般使该图像呈规则的斑点，衍射图像由同心圆组成。多晶的衍射图像是一系列规则的同心圆，而非晶的是由分散的同心圆组成的。

1.3.6　中子束与物质的相互作用

查德维克（Chadwich）等人在 1932 年发现了中子。中子与质子一样，是原子核的重要组成组分。自由中子是不稳定的。一个自由中子会自发转变成一个质子、一个电子（β^- 粒子）和一个反中微子，并释放出 0.782MeV 的能量。自由中子的半衰期为 (611.0 ± 1.0) s，总体呈电中性。自旋量子数为 1/2，遵从费米-狄拉克统计和泡利不相容原理。中子有磁矩，$\mu_n = -1.913042\times10^{-27}$ emu，负号表示磁矩矢量与自旋角动量矢量方向相反。

中子与物质中原子的电子相互作用很小，具有很强的穿透能力。中子在物质中损失能量的主要机制是与原子核发生碰撞，与介质中电子发生的相互作用可忽略不计。

中子与原子核的相互作用可产生多种过程，包括弹性散射、非弹性散射和辐射俘获等。用 σ_s、σ'_s、σ_γ 和 σ_f 分别表示弹性散射、非弹性散射、辐射俘获和裂变的截面，则总散射截面 σ_t 为

$$\sigma_t = \sigma_s + \sigma'_s + \sigma_\gamma + \sigma_f + \cdots \tag{1-34}$$

其中辐射俘获和裂变等反应使中子被吸收，这些反应截面之和 σ_a 定义为中子被吸收截面，即

$$\sigma_a = \sigma_\gamma + \sigma_f + \cdots \tag{1-35}$$

实验指出，当中子能量不高时，在一些轻核上，弹性散射起主要作用，而且在低能部分截面近似为常量。例如，^{12}C 的 σ_s、σ_t 与中子能量的关系如图 1-21 所示。只有中子的能量超过一定的阈值，才能在核上产生非弹性散射。

吸收截面中最重要的是辐射俘获的贡献，这一过程比较多地发生在重核上，在轻核发生的概率较小，它可以在中子的所有能区发生。在一般情况下，中子引起带电粒子飞出的反应截面比较小，除了 ^{10}B、^3He 和 ^6Li 等少数核外，在吸收截面中常不加以考虑。

中子波粒二象性。德布罗意提出了物质波的概念。在一般情况下，中子的波长比较短。例如，当 $E = 1MeV$ 时，$\lambda = 28.6$ fm，与原子核的线度同数量级。根据波与物质相互作用的特点，只有中子的波长和物质结构的线度差不多，其波动性才比较明显。要使中子在原子或晶

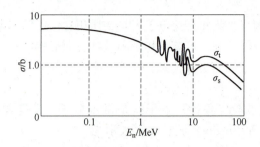

图 1-21 中子在^{12}C上弹性散射截面与总截面

注：σ 的单位为 b，$1b = 10^{-24}cm^2$。

体上产生衍射，只有能量较低的中子才有可能，对于热中子，$E = 0.025eV$，相应 $\lambda = 0.182nm$，这正好和原子的线度与晶格间距同数量级。

中子能量远大于 X 射线，相对于 X 射线衍射，中子衍射具有明显的优势。中子是与原子核相互作用，它在不同原子核上的散射强度不随原子序数单调变化，适合于确定点阵中轻元素的位置和 Z 值邻近元素的位置。对于同一元素，中子能区别不同的同位素，这使得中子衍射在某些方面，特别在利用氢-氘的差别来标记、研究有机分子方面，有其特殊的优越性；中子具有磁矩，能与原子磁矩相互作用而产生中子特有的磁衍射，通过磁衍射分析可以定出磁性材料点阵中磁性原子的磁矩大小和取向，因而中子衍射是研究磁结构极为重要的手段。

思 考 题

1. 证明有且仅有 10 种平面点群。
2. 证明有且仅有 14 种布拉维点阵。
3. 什么是倒反轴？请举例说明。
4. 从空间群中能获得晶体的哪些信息，请举 3~5 个例子说明。
5. 三维晶体的对称要素有哪些？它们之间有哪些组合关系，举 3~5 个例子说明晶体的对称操作。
6. 什么是晶带定律？请举 3~5 个例子说明如何从两个不相互平行的点阵平面指数计算晶带轴指数。
7. 简述正空间和倒空间晶面指数、晶向指数之间的关系。
8. 什么是度量张量？请计算六方晶系和单斜晶系的度量张量。
9. 电磁波与物质有哪些相互作用？
10. 紫外-可见光、红外线、X 射线与物质相互作用时，物质发生什么变化？
11. 电子束与物质有哪些相互作用？这些相互作用产生的信号可反映材料什么信息？可能会产生哪些相应的测试方法？
12. 对于晶体，X 射线衍射和电子衍射、中子衍射的异同有哪些？

参 考 文 献

[1] 黄昆. 固体物理学 [M]. 北京：高等教育出版社，1998.
[2] 郭可信，叶恒强，吴玉琨. 电子衍射图在晶体学中的应用 [M]. 北京：科学出版社，1983.

［3］　王荣明. 纳米表征与调控研究进展［M］. 北京：北京大学出版社，2017.

［4］　KITTEL C. Introduction to Solid State Physics［M］. 7th. New York：John Willey & Sons，1996.

［5］　胡安，章维益. 固体物理学［M］. 2 版. 北京：高等教育出版社，2011.

［6］　黄孝瑛. 材料微观结构的电子显微学分析［M］. 北京：冶金工业出版社，2008.

［7］　周玉. 材料分析方法［M］. 4 版. 北京：机械工业出版社，2020.

［8］　章晓中. 电子显微分析［M］. 北京：清华大学出版社，2006.

［9］　卢希庭. 原子核物理［M］. 北京：原子能出版社，2000.

［10］　郭硕鸿. 电动力学［M］. 3 版. 北京：高等教育出版社，2008.

第 2 章

X射线衍射

X 射线、天然放射性和电子的发现是 19 世纪末—20 世纪初物理学的三大发现，标志着现代物理学的诞生。X 射线的发现为包括材料结构表征在内的诸多科学领域提供了一种行之有效的研究手段。X 射线的发现和研究，对 20 世纪以来的物理学以至整个科学技术的发展产生了巨大而深远的影响。本章主要介绍 X 射线的发展简史、基本原理和性质，及其在新材料领域的应用。

2.1 X 射线的研究简史和基本性质

2.1.1 X 射线的发展历程

1895 年 11 月，德国物理学家伦琴在研究阴极射线时，偶然发现了一种肉眼不可见且穿透力很强的射线，并做了一个轰动整个欧洲的实验——拍摄了他夫人的手骨照片（图 2-1）。当时对这种射线的本质和性质并不了解，故称之为 X 射线，又称伦琴射线。1901 年，伦琴获得首届诺贝尔物理学奖。

1912 年，德国物理学家劳埃利用晶体作为衍射光栅，发现底片上显示出有规则的斑点群，观察到了晶体的 X 射线衍射现象。英国物理学家威廉·劳伦斯·布拉格对 X 射线衍射进行了深入研究，认为衍射花样中的各斑点是由晶体不同晶面反射造成的（图 2-2），并和他的父亲威廉·亨利·布拉格一起利用所发明的电离室谱仪，探测入射 X 射线束经过晶体解理面的反射方向和强度，证明上述设想是正确的。在此基础上，提出了布拉格方程 $2d\sin\theta = n\lambda$。劳埃由于发现 X 射线的衍射特性，证实了 X 射线是波长很短的电磁波，获得了 1914 年的诺贝尔物理学奖；布拉格父子由于提出了晶体衍射理论，发展了 X 射线晶体结构分析方法，获得了 1915 年的诺贝尔物理学奖。

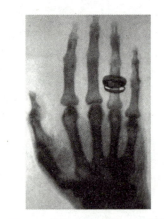

图 2-1 伦琴夫人手骨 X 光照片

英国物理学家巴克拉（Charles Glover Barkla，1877—1944）发现元素发出的 X 射线具有特征谱线，其波长具有特定值，由此可以确定原子序数和原子内层电子排布，是揭示原子结构的重要途径，巴克拉因此获得了 1917 年的诺贝尔物理学奖。

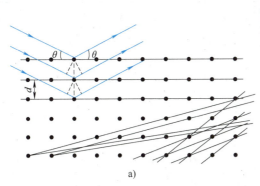

图 2-2　布拉格父子对于 X 射线衍射实验的解释（扫二维码看彩图）

a）晶体点阵中几组不同的晶面　b）现代测量的 X 射线单晶衍射照片

此后，一系列关于 X 射线的深入研究，导致许多影响深远的重大发现。例如，1924 年诺贝尔物理学奖获得者、瑞典物理学家西格巴恩（Karl Manne Georg Siegbahn，1886—1978）于 1915 年建立了 X 射线光谱学。1927 年诺贝尔物理学奖获得者、美国物理学家康普顿（Arthur Holly Compton，1892—1962）于 1922 年发现了 X 射线散射的康普顿效应，证明微观粒子碰撞过程中仍遵守能量和动量守恒。DNA 双螺旋结构的发现、高分辨率 X 射线光电子能谱仪的成功研制、宇宙 X 射线源的观测等，都与 X 射线的发现密切相关。

X 射线从发现至今，可以说照亮了科学研究的大道，启迪了无数科研人员，极大地推动了其他科学领域的发展，跟 X 射线相关的标志性工作至少获得了 25 项诺贝尔奖，表 2-1 给出了与 X 射线有关的诺贝尔奖。

表 2-1　与 X 射线有关的诺贝尔奖

诺贝尔奖获奖者	奖项	获奖年份	获奖原因
伦琴	物理	1901	X 射线的发现
劳埃	物理	1914	X 射线的晶体衍射
布拉格父子	物理	1915	用 X 射线测定晶体结构
巴克拉	物理	1917	发现元素的特征 X 射线
西格巴恩	物理	1924	X 射线谱学领域的新发现
康普顿	物理	1927	在 X 射线散射实验中证实 X 射线的粒子性
德拜	化学	1936	用 X 射线衍射方法测定分子的结构
缪勒	生理与医学	1946	发现 X 射线能人为地诱发遗传突变
鲍林	化学奖	1954	运用 X 射线衍射研究化学键以及用化学键阐明复杂的物质结构
佩鲁茨和肯德鲁	化学	1962	用 X 射线衍射法解析血红蛋白和肌红蛋白的结构
克里克、沃森和威尔金斯	生理与医学	1962	在 X 射线衍射基础上提出 DNA 的双螺旋结构

（续）

诺贝尔奖获奖者	奖项	获奖年份	获奖原因
霍奇金	化学	1964	用X射线晶体学确定青霉素等重要生化物质的结构
哈塞尔、巴顿因	化学	1969	用X射线衍射分析法提出构象分析原理和方法，并应用在有机化学研究中
威尔金森、费歇尔	化学	1973	对有机金属化学的研究
利普斯科姆	化学	1976	用X射线衍射法测定硼烷的结构
科马克、亨斯菲尔德	生理与医学	1979	发展了X射线断层扫描
桑格、吉尔伯特、伯格	化学	1980	确定了胰岛素分子结构和DNA核苷酸顺序以及基因结构
西格巴恩、布隆伯根、肖洛	物理	1981	高分辨X射线电子能谱学
克卢格	化学	1982	测定生物物质的结构方面
豪普特曼、卡尔勒	化学	1985	发展了X射线晶体结构测定的直接方法
戴森霍费尔、胡贝尔、米歇尔	化学	1988	用X射线衍射测定光合作用中蛋白质复合体的三维空间结构
斯科、博耶、沃克	化学	1997	利用同步辐射装置的X射线，在人体细胞内离子传输酶方面的研究
贾科尼、戴维斯、小柴昌俊	物理	2002	发现宇宙X射线源
阿格雷、麦金农	化学	2003	用X射线晶体成像技术发现细胞膜水通道，以及对细胞膜离子通道结构和机理研究
科恩伯格	化学	2006	将X射线衍射技术结合放射自显影技术进行真核转录的分子基础研究

如今，X射线的特性、其与物质相互作用的本质等基础理论已经建立，它在物理学、化学、生物学、材料科学等领域的科学研究，工业检测、安全和安检、环境检测等工业领域，以及医学诊断、放射治疗生命科学领域应用广泛，是十分重要的研究工具。

2.1.2　X射线的基本原理和性质

1912年，由德国物理学家劳埃设计的X射线晶体衍射实验表明，X射线本质上是一种电磁波。它与可见光、红外线、紫外线、γ射线以及宇宙射线的本质是一样的。在电磁波谱上，X射线位于紫外线与γ射线之间，如图2-3所示。X射线的波长范围为0.001～10nm（1nm＝10^{-9}m），比可见光的波长更短，它的能量比可见光的能量大几万至几十万倍。其中，波长为0.001～0.1nm的X射线能量较高，称为硬X射线，而波长为0.1～10nm的X射线称为软X射线。通常，在医疗诊断上应用的X射线波长为0.008～0.031nm，而用于晶体结构分析的X射线的波长与晶体中的原子间距相近，为0.05～0.25nm。

X射线作为一种电磁波，具有物质波的共性——波粒二象性，即波动性和粒子性。X射线的波动性主要表现在以一定频率和波长在空间传播，如图 2-4 所示。假设 X 射线在传播的过程中，其电场分量完全限制在 *XOY* 平面内，则称此时的 X 射线是平面偏振波。另外，对于非偏振的 X 射线，其电场强度矢量 **E** 和磁场强度矢量 **H** 可以在 *YOZ* 平面内的任意方向，但二者保持垂直关系。

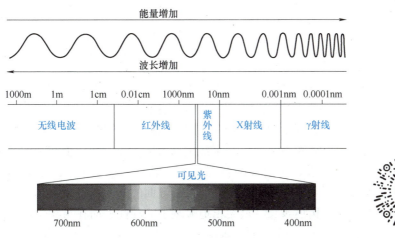

图 2-3 电磁波谱图（扫二维码看彩图）

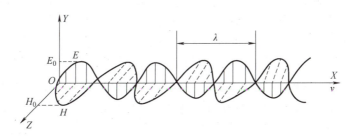

图 2-4 电磁波的电场强度 *E* 和磁场强度 *H* 与传播方向的关系

对于最简单的、具有单一波长的平面偏振 X 射线，电场强度 **E** 在 *Y* 轴方向随时间和位置的变化具有正弦或余弦规律。对于传播方向 *X* 轴正向的任意一点 x 和任意时间 t，波的传播方程为

$$\begin{cases} E_{x,t} = E_0 \sin 2\pi \left(\dfrac{x}{\lambda} - \nu t \right) \\ H_{x,t} = H_0 \sin 2\pi \left(\dfrac{x}{\lambda} - \nu t \right) \end{cases} \tag{2-1}$$

式中，E_0 为电场强度的振幅；H_0 为磁场强度的振幅（$E_0 = H_0$）；λ 为 X 射线的波长；ν 为 X 射线的频率。波长 λ 与频率 ν 之间满足关系：

$$\nu = \frac{c}{\lambda} \tag{2-2}$$

式中，c 为光速，$c = 2.998 \times 10^8 \text{m/s}$。

电磁波在传播过程中携带能量，单位时间内，在垂直于传播方向的单位面积内通过的 X

射线的能量称为 X 射线的强度 I。强度的平均值 $\bar{I}$ 与电磁波振幅的平方成正比，即 $\bar{I} \propto E_0^2$。不同波长的 X 射线具有不同的能量。

由于 X 射线波长很短，它的粒子性表现往往很突出。因此，X 射线也可以看作一束具有一定能量的光子流。每个光子所具有的能量 ε 和动量 p 满足关系：

$$\begin{cases} \varepsilon = h\nu = \dfrac{hc}{\lambda} = \dfrac{12.4}{\lambda}\text{keV} \\ p = \dfrac{h}{\lambda} \end{cases} \tag{2-3}$$

式中，h 为普朗克常数，$h \approx 6.626 \times 10^{-34} \text{J} \cdot \text{s}$；$\lambda$ 的单位为 Å（$1\text{Å} = 0.1\text{nm}$）。

基于 X 射线的粒子性，当 X 射线与物质发生能量交换时，光子只能整个地被吸收或者发射。因此，每个光子的能量 ε 就是该波长的 X 射线的最小能量单元。从 X 射线的粒子性考虑，X 射线强度取决于单位时间内通过与 X 射线传播方向垂直的单位面积上的光子数目。

需要指出的是，波粒二象性是 X 射线的客观属性。但在一定条件下，可能只有某一方面的属性表现得比较明显；当条件改变时，有可能另一方面的属性表现得明显。例如，X 射线在传播过程中发生的干涉、衍射现象，就突出地表现了波动性；而在与物质相互作用交换能量时，则表现出粒子性。对于 X 射线在传播过程中表现出的特性，具体强调哪种属性需视情况而定。值得注意的是，X 射线传播虽然与光传播的一些现象（如反射、折射、散射、干涉、衍射及偏振）相似，但是，由于 X 射线的波长要短得多，即光子能量要高得多，上述物理现象表现的应用范围和实际情况存在很大的差异。例如，X 射线只有当它几乎平行掠过光洁的固体表面时，才发生类似可见光那样的全反射现象，而其他情况下则不会发生；X 射线穿过不同材料介质时，几乎毫不偏折地直线传播（折射率接近 1），因此用一般的光学方法很难使其会聚、发散或变向。然而，由于 X 射线的波长与晶体中的原子间距相当，它的散射、干涉和衍射现象提供了研究晶体内部结构的丰富信息，这是可见光做不到的。

X 射线具有独特的物理、化学和生物性质。

（1）物理性质　X 射线肉眼不可见，它在各向同性的均匀介质中沿直线传播，且 X 射线不带电，经过电场、磁场不发生偏转。此外，X 射线还具有穿透性、荧光、电离效应、热效应等物理性质。

1）穿透性。X 射线的波长短、能量大，照射在物质上时仅有一部分被物质吸收，大部分经由原子间隙而透过，表现出很强的穿透能力。X 射线的穿透能力与光子能量有关，即 X 射线的波长越短、光子能量越大，穿透能力越强。X 射线的穿透能力也与物质的密度有关，物质密度越小，穿透力越强。X 射线对不同物质的穿透能力不同，利用这种性质可以把密度不同的物质区分开来。因此，穿透性主要用于透射、摄影、CT 医疗检查和工业探伤等。

2）荧光。X 射线可使物质（如磷、硫化锌镉、钨酸钙等）产生荧光（可见光或紫外线），荧光的强弱与 X 射线的照射量成正比。这种效应是 X 射线应用于透视的基础。利用 X 射线产生的荧光可以制成透射荧光屏，用于透视时观察 X 射线通过人体组织的影像，也可制成增感屏，用于摄影时增强胶片的感光量，此外还可用于制作闪烁计数器等。

3）电离效应。X 射线照射物质时，可使其核外电子脱离原子轨道而产生电离。利用电离电荷的多少可以测定 X 射线的照射量。根据这个原理，可制成 X 射线辐照测量仪器。在电离作用下，气体能够导电，与某些物质可以发生化学反应，在有机体内可以诱发各种生物效应。

4）热效应。物质所吸收的 X 射线大部分被转变成热能，使物体的温度升高。

5）干涉、衍射、反射、折射。这些效应主要用于 X 射线显微镜、波长测定和物质结构分析。

（2）化学性质　X 射线的化学性质包括感光作用和着色作用。感光作用主要用于 X 射线摄影和工业无损检测。着色作用主要指脱水作用，使结晶体脱水从而改变颜色。

（3）生物性质　X 射线对生物组织、细胞具有一定的损伤作用。当 X 射线照射到生物机体时，可使生物细胞受抑制、破坏甚至坏死，使机体发生不同程度的生理、病理和生化等方面的改变。但只要科学精确地控制 X 射线的剂量与照射区域，X 射线可用于医学放射治疗。其原理是利用 X 射线照射机体组织内的非正常细胞，如癌细胞等，使其体液发生电离，从而杀死或抑制其繁殖生长，达到治疗的目的。

2.1.3　X射线的产生

X 射线的产生方法有许多种，包括离子式冷阴极射线管、电子式热阴极射线管和电子回旋加速器等。1895 年，德国物理学家伦琴最早观察到的 X 射线来源于高压电场内少量气体电离放电产生的电子和离子与管壁或电极的碰撞。现代 X 射线发生器的基本原理是加热阴极灯丝发射电子，利用高速运动的电子流来轰击金属靶材以获得 X 射线。在同步辐射装置中，尽管回旋加速器中的电子运动速度不变，但由于这些电子在磁场的作用下发生偏转，也会沿着电子运动的切线方向产生强 X 射线，其光强比 60kW 热阴极 X 射线管发出的光强高 3~6 个数量级，从而产生了广泛应用于科学研究的同步辐射光源。

X 射线是真空中高速运动的粒子与某种物质碰撞后突然减速，并与该物质中原子的内层电子相互作用而产生的。一般情况下，实验室获得的 X 射线由 X 射线管产生。

X 射线管是将阳极靶材（一般为铁、铬、钴，常用铜，软 X 射线中常用铝和硅）和阴极（一般为钨灯丝）密封在一个高真空的玻璃或陶瓷壳内，通常在阴极和阳极之间加直流高压（几十千伏）。钨灯丝温度达到约 2000℃，会释放出大量的热电子，这些高能热电子从阴极飞向阳极，与阳极靶材碰撞的瞬间产生 X 射线。轰击到靶面上的热电子束的总能量只有极少一部分（<1%）转化为 X 射线，而绝大部分能量转换为热能。因此，阳极底座用导热性好、熔点较高的材料（如黄铜或纯铜）制成，且阳极必须有很好的冷却水循环，防止靶材熔化。产生 X 射线的 X 射线管结构如图 2-5 所示。

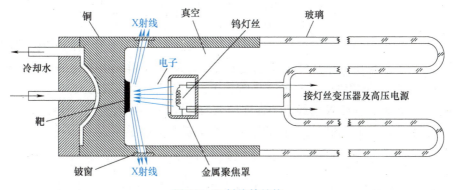

图 2-5　X 射线管结构

2.1.4 连续 X 射线谱和特征 X 射线谱

由 X 射线管发射出的 X 射线可分为两种类型。一种是具有连续波长的 X 射线，构成连续 X 射线谱（韧致辐射），它和可见光中的白光相似，又称为白色 X 射线；另一种是在连续谱的基础上叠加若干条具有一定波长的 X 射线构成的谱线，称为特征 X 射线谱（标识 X 射线谱），它和可见光中的单色光相似，所以又称为单色 X 射线。通过测试 X 射线强度随波长的分布，可以获得 X 射线波谱图。图 2-6 显示了 Mo 靶施加 35kV 电压时测得的 X 射线谱图。

1. 连续 X 射线谱

当 X 射线管中高速运动的电子与物质（靶材）相互作用时，入射电子的运动突然受到限制，损失能量并且改变方向，损失的能量以 X 射线的形式释放出来。从量子物理的观点看，当电子与阳极靶材中的原子发生碰撞时，电子失去能量，其中一部分能量以光子的形式辐射出去。在这些电子中，有的只经过一次碰撞就耗尽了全部能量，绝大多数电子都要经过多次碰撞，逐渐消耗自身的能量。电子每发生一次碰撞便产生一个光子，多次碰撞就产生多次辐射。由于每次辐射的光子能量不尽相同，这些能量不同的光子就构成了连续 X 射线谱。但是，在这些辐射出去的光子中，其能量最大值也不可能超

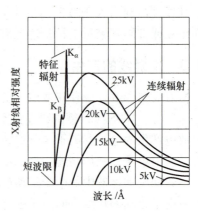

图 2-6 Mo 靶施加 35kV 电压
时测得的 X 射线谱图

过用来轰击的电子能量，而只能小于或者等于电子的能量。假设电子电荷为 e，X 射线管中阴极和阳极之间的电压为 U（管电压），则电子加速后的能量为 eU。由此可以得出连续 X 射线谱中能量最高的光子（波长最短）满足关系式：

$$eU = h\nu_{max} = h\frac{c}{\lambda_0} \tag{2-4}$$

式中，ν_{max} 为连续 X 射线谱中光子频率的最大值；λ_0 为对应光子波长的最小值，也称为短波限。把各物理量代入公式，管电压单位为 kV，波长单位为 Å，有

$$\lambda_0 = \frac{hc}{eU} = \frac{6.626\times10^{-34}\times2.998\times10^8}{1.6\times10^{-19}\times U\times10^{-3}}\times10^{10} = \frac{12.4\times10^6}{U} \tag{2-5}$$

可以看出，短波限只与 X 射线管的管电压 U 有关，而不受其他因素的影响。图 2-7 表示任意改变管电流、管电压、靶材料这三个因素之一，连续 X 射线谱变化的实验规律。实验结果表明，短波限 λ_0 只随管电压 U 的变化而变化，与其他两个因素无关。

从实验结果可得，连续 X 射线谱中强度最大的位置并不在 λ_0 附近。连续 X 射线谱的强度 I 与管电压 U、管电流 i 和阳极靶材的原子序数 Z 满足如下关系式：

$$I_c = \int_{\lambda_0}^{\infty} I(\lambda)\,\mathrm{d}\lambda = K_1 i Z U^m \tag{2-6}$$

式中，K_1 和 m 都是常数，$m\approx2$，$K_1 = (1.1\sim1.4)\times10^{-9}\mathrm{V}^{-1}$。由式（2-6）可知，当需要比较强的连续谱时，应选用原子序数较高的材料作为 X 射线管的阳极靶材。

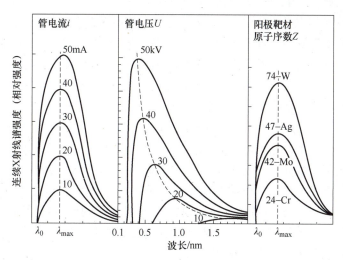

图 2-7　连续 X 射线谱强度与管电流 i、管电压 U 和阳极靶材原子序数 Z 的关系

2. 特征 X 射线谱

特征 X 射线谱是在连续谱的基础上产生的。对于一定的阳极靶材，其特征谱波长有确定值。当管电压低于某个特定值 U_K 时，仅发射连续 X 射线谱而没有特征谱。只有当 $U>U_K$ 时，才会在连续谱的基础上伴有特征谱，U_K 便是开始产生特征谱线的临界电压，又称为激发电压。各种靶面材料都有自己特定的激发电压值（表 2-2），例如，Mo 靶的激发电压为 20kV。因此，对于 Mo 靶 X 射线管，只有在 $U>20kV$ 时，X 射线谱中才会伴有特征谱出现。

表 2-2　某些常用靶材的 K 系谱线波长和激发电压

原子序数 Z	元素	波长/Å				K 吸收限波长/Å	K 系激发电压/kV
		K_α	$K_{\alpha 2}$	$K_{\alpha 1}$	K_β		
24	Cr	2.2909	2.29352	2.28962	2.08479	2.0701	5.98
26	Fe	1.9373	1.93991	1.93597	1.75654	1.7433	7.10
27	Co	1.7902	1.79279	1.78890	1.62073	1.6081	7.71
28	Ni	1.6591	1.66168	1.65783	1.50008	1.4880	8.29
29	Cu	1.5418	1.54434	1.54050	1.39217	1.3804	8.86
42	Mo	0.7107	0.71354	0.70926	0.63225	0.6198	20.00

注：$K_\alpha = (2K_{\alpha 1} + K_{\alpha 2})/3$。

特征 X 射线谱是英国物理学家威廉·亨利·布拉格于 1913 年发现的。随后英国物理学家莫塞莱（H. G. J. Moseley）对其进行了系统研究，于 1914 年发现了特征 X 射线谱的波长 λ 与阳极靶原子序数 Z 之间的关系，即莫塞莱定律：

$$\lambda^{-1/2} = K_2(Z-\sigma) \tag{2-7}$$

式中，K_2 和 σ 都是常数。由莫塞莱定律可知，阳极靶材的原子序数 Z 越大，同一系的特征谱波长 λ 越短。

特征 X 射线谱的产生机理与靶材原子的内部结构紧密相关。按照经典原子模型，原子内的电子排布遵循泡利不相容原理和能量最低原理，分布于各个能级。其中，最内层（K

层）能量最低，按照 L、M、N、…的顺序能量递增。

当 X 射线管中钨灯丝发出的电子能量达到一定数值时，会将靶材原子中的 K 层电子撞击出来，使原子处于激发态。而它的外层（L、M、N、…）电子将可能跃迁至 K 层，使原子能量降低。这时，多余的能量会以光子的形式辐射出来，形成特征谱线。光子的能量为

$$hv = E_{n_2} - E_{n_1} \tag{2-8}$$

式中，E_{n_1} 和 E_{n_2} 分别为低能级和高能级轨道中电子的能量。

电子向 K 层跃迁时发出的一系列 X 射线称为 K 系辐射。同样，如果 L 层电子被撞击出来，有 L 激发，也会产生一系列的 L 系辐射。由原子能级图（图 2-8）和式（2-8）可以明显看出，K_β 辐射的光子能量要大于 K_α，但 K_α 辐射的强度却要比 K_β 辐射大得多。这是因为 K 层与 L 层是相邻的能级，K 层空位被 L 层电子填充的概率要大大超过被 M 层电子填充的概率。因此，尽管 K_β 光子本身能量比 K_α 高，但产生这种光子的数量却很少，所以，光子能量与其数量的乘积决定了辐射强度。实验结果显示，K_β 的强度约为 K_α 的 1/5。表 2-2 给出了几种常用靶材的 K 系辐射波长和激发电压。

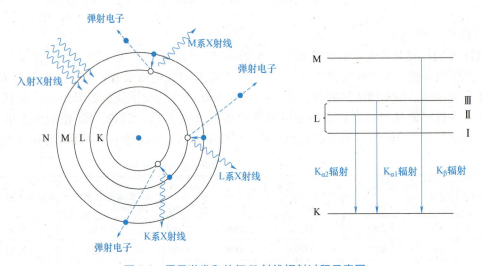

图 2-8　原子激发和特征 X 射线辐射过程示意图

在 K 系辐射中，$K_{\alpha 1}$ 和 $K_{\alpha 2}$ 的波长相差甚小，可以忽略它们之间的差别，统称为 K_α 辐射。然而，在精度要求更高的工作中，要考虑它们的差别，甚至还要考虑 L 系的影响。$K_{\alpha 1}$ 和 $K_{\alpha 2}$ 双重线现象和原子能级的精细结构相关联。

K 层中的 2 个电子位于 1s 轨道，2 个电子能量相同（角量子数 $l=0$，磁量子数 $m=0$）。L 层的 8 个电子分布在能量不同的 3 个能级上，L_I 层 2 个 2s 电子（$l=0$，$m=0$），L_{II} 层 2 个 2p 电子（$l=1$，$m=0$）和 L_{III} 层 4 个 2p 电子（$l=1$，$m=\pm 1$）。根据电偶极跃迁选择定则可知，电子发生跃迁时必须满足前后两能级的 $\Delta l = \pm 1$ 且 $\Delta m = 0$ 或 ± 1，因此 L 层中只有 L_{II} 和 L_{III} 上的电子可以向 K 层（$l=0$，$m=0$）跃迁，分别产生 $K_{\alpha 1}$ 和 $K_{\alpha 2}$ 双重线辐射。由于从 L_{II} 和 L_{III} 跃迁到 K 层空位的概率为 2:1，所以 $K_{\alpha 1}$ 的强度是 $K_{\alpha 2}$ 的两倍，表示为

$$K_\alpha = \frac{2K_{\alpha 1} + K_{\alpha 2}}{3} \tag{2-9}$$

K 层电子与原子核的结合能最强,因此,激发 K 层电子所做的功也最大,K 系的激发电压最高。

$$eU_K = W_K \qquad (2\text{-}10)$$

所以,发生 K 系激发的同时必定伴随有其他各系的激发和辐射过程发生。但在一般的 X 射线衍射中,由于 L、M、N 等系的辐射强度很弱或波长很长,因此通常只能观测到 K 系辐射。

2.2　X 射线与物质相互作用

2.2.1　X 射线与物质的作用

X 射线照射到物质上时,一部分发生散射,一部分被物质吸收,一部分则透过物质沿原来的方向继续传播,X 射线与物质相互作用的示意图如图 2-9 所示。

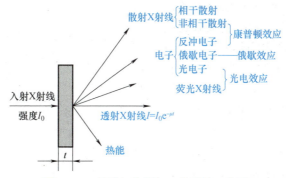

图 2-9　X 射线与物质相互作用的示意图

X 射线散射分为相干散射和非相干散射。相干散射又称为弹性散射,是由于 X 射线光子与原子内的紧束缚电子碰撞而产生的,类似于刚性小球的弹性碰撞。虽然散射线偏离了原来的方向,但是几乎没有能量损失,散射波波长和频率与入射光相同。新的散射波之间可以发生干涉作用,相干散射是 X 射线在晶体中产生衍射现象的基础。

非相干散射又称为非弹性散射、量子散射、康普顿散射。X 射线被物质散射后,除波长不变的部分,还会有波长变化的成分出现,是一个存在能量损耗的过程。非相干散射是由于 X 射线与束缚力弱的外层电子或金属晶体中自由电子碰撞而产生的,电子获得光子的一部分动能成为反冲电子。非相干散射引起的波长变化与散射方向 2θ 的关系为

$$\Delta\lambda = \frac{h}{mc}(1-\cos 2\theta) \qquad (2\text{-}11)$$

非相干散射线不会干涉形成衍射峰,各方向强度分散分布且很低,在衍射图中呈连续的背底。

物质对 X 射线的散射能力可以用质量散射系数 σ_m 来衡量,设 N_A 为阿伏伽德罗常数,A 为原子量,m 为电子的质量,e 为元电荷电量,c 为光速,则质量散射系数的近似公式为

$$\sigma_m = \frac{8\pi N_A e^4 Z}{3\pi^2 c^4 A} \qquad (2\text{-}12)$$

质量散射系数表示单位质量的物质对 X 射线的散射能力，该式对原子序数小的轻元素适用，对于重元素误差会变大。

当 X 射线的波长足够短，X 射线光子的能量就足够大，以至能把原子中处于某一能级上的电子击出来成为自由电子，X 射线光子本身被吸收，其能量传递给该电子，使之成为具有一定动能的光电子，并使原子处于高能激发态，称为光电效应，与此同时将伴随荧光效应和俄歇效应发生。

荧光效应即 X 射线的光致发光现象。如图 2-10 所示，当 X 射线光子具有足够高的能量时，可以将原子中的内层电子打出以产生光电子，之后靠外层的电子填补空位，将多余的能量辐射为次级特征 X 射线。由 X 射线激发而产生的 X 射线，称为荧光 X 射线，又称为二次特征辐射。在衍射分析中，荧光 X 射线是增加衍射背底的不利因素。俄歇效应是外层电子跃迁到空位时，用多余的能量激发另一个核外电子，使之脱离原子的现象，如 K 层电子被激发，L 层回填后，剩余的能量不以光电子的形式辐射出来，而是促使 L 层的另一个电子电离。轻元素俄歇电子发射概率大。

光电效应造成的入射 X 射线能量的消耗为物质对 X 射线的真吸收，真吸收还包括 X 射线穿过物质时产生的热效应。X 射线和物质相互作用产生的散射和真吸收，将引起强度衰减。一般情况下，X 射线的衰减主要是真吸收造成的，散射只占一小部分。

当一束单色 X 射线穿过一层均匀物质时，其强度将随穿透深度增大而呈指数规律衰减，记 t 为物质厚度（单位为 cm），μ_1 为物质的线吸收系数（单位为 cm^{-1}），则入射线强度 I 与透射线强度 I_0 满足关系：

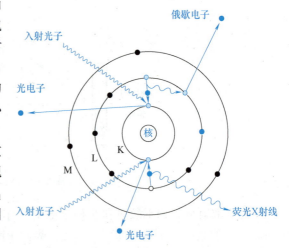

$$I = I_0 e^{-\mu_1 t} \qquad (2\text{-}13)$$

图 2-10　荧光 X 射线、光电子、俄歇电子产生示意图

μ_1 不能反映物质本质的吸收特性，不是常量。定义质量吸收系数 μ_m 为 μ_1 与吸收物质的密度 ρ 之比，则 μ_m 为定值，其物理意义是 X 射线通过单位面积、单位质量物质的强度衰减量。设 m 为单位面积、厚度为 t 的物质的质量，则有

$$I = I_0 e^{-\mu_m m} \qquad (2\text{-}14)$$

质量吸收系数很大程度上取决于物质的化学成分和被吸收的 X 射线的波长 λ，元素的质量吸收系数 μ_m 与波长 λ 的关系近似满足图 2-11，二者的递增曲线存在一系列的突变点，发生突变的波长称为吸收限。吸收限的出现是由于 X 光子分别激发 K 层、L 层、M 层中的一个电子发生光电效应而使吸收系数突然增大，因此，吸收限与原子能级的精细结构对应。

2.2.2　X 射线衍射的几何条件

X 射线与物质作用发生相干散射，产生相互加强的干涉现象，称为衍射。衍射条件为相邻原子散射的 X 射线光程差是波长的整数倍。

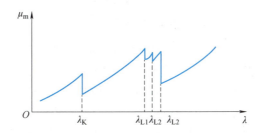

图 2-11　元素的质量吸收系数 μ_m 与波长 λ 的近似关系

下面推导衍射线方向、点阵参数、入射线方向、入射线波长间的关系。假设：①入射线、衍射线为平面波；②原子尺寸忽略不计，各电子相干散射波由原子的几何中心点发出；③每个晶胞有一个原子，为简单晶胞；④入射线只有一次散射，不考虑二次或多次散射。在一维条件下，对于一个原子间距为 a 的原子链（图 2-12），波长为 λ 的 X 射线以入射角 α_1' 入射，散射角为 α_1''，则原子链上两个相邻原子散射线的光程差为

$$\delta = OQ - PR = OR(\cos\alpha_1'' - \cos\alpha_1') = a(\cos\alpha_1'' - \cos\alpha_1') \tag{2-15}$$

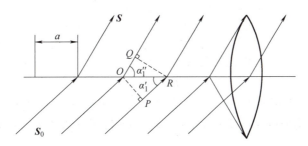

图 2-12　一维原子链散射图

根据相互干涉加强条件，有

$$\cos\alpha_1'' - \cos\alpha_1' = \frac{n}{a}\lambda \tag{2-16}$$

其中，n 为整数，称为衍射级数。衍射线将分布在以原子链为轴、α_1'' 为半顶角的一系列圆锥面上，每一个 n 值对应一个圆锥面。拓展到三维晶体，设入射 X 射线的单位矢量为 S_0，与三个方向的晶轴 $\boldsymbol{a}$、$\boldsymbol{b}$、$\boldsymbol{c}$ 的交角分别为 α_1'、α_2'、α_3'，衍射线单位矢量 S 与晶轴的夹角为 α_1''、α_2''、α_3''，则有

$$\begin{cases} a(\cos\alpha_1'' - \cos\alpha_1') = h\lambda \\ b(\cos\alpha_2'' - \cos\alpha_2') = k\lambda \\ c(\cos\alpha_3'' - \cos\alpha_3') = l\lambda \end{cases} \tag{2-17}$$

式中，h、k、l 为整数；a、b、c 为点阵常数。式（2-17）即为劳埃方程，且 α_1'、α_2'、α_3' 满足约束条件

$$\cos^2\alpha_1'' + \cos^2\alpha_2'' + \cos^2\alpha_3'' = 1 \tag{2-18}$$

只有选择适当的波长 λ 或适当的入射方向 S_0（即 α_1'、α_2'、α_3'）才能使方程有解，劳埃方程可以写为矢量形式，即

$$\begin{cases} \boldsymbol{a} \cdot (\boldsymbol{S} - \boldsymbol{S}_0) = h\lambda \\ \boldsymbol{b} \cdot (\boldsymbol{S} - \boldsymbol{S}_0) = k\lambda \\ \boldsymbol{c} \cdot (\boldsymbol{S} - \boldsymbol{S}_0) = l\lambda \end{cases} \qquad (2\text{-}19)$$

实际应用中,劳埃方程较为复杂,常用更为简便的布拉格方程。将晶体视为由许多平行等距的原子面堆积而成,晶面间距为 d,当两个原子在同一原子面上时,光程差等于零;当两个原子在不同原子面上时(图 2-13 中的 A 和 A' 点),光程差为

$$\delta = (QA' + A'Q') - (PA + AP') = SA' + A'T = 2d\sin\theta \qquad (2\text{-}20)$$

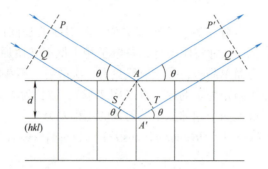

图 2-13 X 射线照射在相邻晶面的情形

结合衍射加强条件,布拉格衍射公式为

$$2d\sin\theta = n\lambda \qquad (2\text{-}21)$$

式中,θ 为布拉格角或半衍射角;n 称为衍射级数。衍射线与入射线的夹角是 2θ,称为衍射角。衍射测试图记为衍射强度和 2θ 的关系,以反映晶体内部结构的信息。衍射级数越高,衍射角越大。

由于 $\sin\theta$ 本身不大于 1,所以 n 的取值范围为

$$n \leqslant \frac{2d}{\lambda} \qquad (2\text{-}22)$$

取 $n = 1$,可知对于一定的入射波长,只有晶面间距不小于 $\lambda/2$ 才能产生衍射。同理,对于一定的晶面间距,只有入射波长不大于 2 倍晶面间距才能产生衍射。

记 $H = nh$、$K = nk$、$L = nl$,则对于(hkl)面,有 $d_{hkl} = nd_{HKL}$,布拉格方程可以简便地表示为

$$2d_{HKL}\sin\theta = \lambda \qquad (2\text{-}23)$$

则晶面(hkl)的任何 n 级衍射均可看作衍射面(HKL)的一级衍射。

2.2.3 X 射线衍射线的强度

X 射线的强度信号是分析 X 射线衍射结果的一个很重要信息,下面从一个电子、一个原子对 X 射线的散射讨论开始,之后拓展到一个晶胞、小晶体和粉末的情形。X 射线以散射角 θ(即入射线与散射线之间的夹角)照射到一个电子上,散射光强度 I_e 满足:

$$I_e = I_0 \frac{e^4}{m^2 c^4 R^2} \frac{1 + \cos^2 2\theta}{2} \qquad (2\text{-}24)$$

式中，R 为该点与这个电子的距离；$\dfrac{1+\cos^2 2\theta}{2}$ 为偏振因子。式（2-24）表明，非偏振的 X 射线照射到一个电子上，距该电子 R 处的散射强度在各个方向不同，与散射角有关。

当 X 射线照射到一个原子上时，其振动电场将使原子中的原子核与电子都发生振动而辐射电磁波。由于原子核质量是电子的 1000 多倍，故原子核的散射强度可忽略不计。原子散射能力的大小可用原子散射因子 f 来衡量，f 定义为一个原子的相干散射振幅 A_a 和一个电子的相干散射波振幅 A_e 之比，即

$$f=\frac{A_a}{A_e} \tag{2-25}$$

一个原子的相干散射强度 I_a 为

$$I_a = f^2 I_e \tag{2-26}$$

对于晶胞对 X 射线散射的情形，设晶胞内任一原子相对于坐标系原点原子的位矢坐标为 $r_j = x_j\boldsymbol{a}+y_j\boldsymbol{b}+z_j\boldsymbol{c}$，则两原子间由于光程差造成的相位差为

$$\varphi_j = \frac{2\pi}{\lambda} r_j \cdot (S-S_0) \tag{2-27}$$

$$= 2\pi(x_j\boldsymbol{a}+y_j\boldsymbol{b}+z_j\boldsymbol{c})(h\boldsymbol{a}^*+k\boldsymbol{b}^*+l\boldsymbol{c}^*)$$

设晶胞内各原子散射因子分别为 f_1、f_2、$\cdots$、f_j、$\cdots$、f_n，各原子散射波与入射波的相位差分别为 φ_1、φ_2、$\cdots$、φ_j、$\cdots$、φ_n。各原子散射波对合成波振幅的贡献用复数表示为 $A_{aj} = A_a e^{i\varphi_j} = A_e f e^{i\varphi_j}$，则晶胞内所有原子相干散射的复合波振幅合成为

$$A_b = A_e \sum_{j=1}^{n} f_j e^{i\varphi_j} \tag{2-28}$$

定义晶胞散射的结构因子 F_{hkl} 为一个晶胞内所有原子散射的相干散射振幅 A_b 与一个单电子散射的相干振幅 A_e 的比值，有

$$F_{hkl}=\frac{A_b}{A_e}=\sum_{j=1}^{n} f_j e^{i\varphi_j}=f_j e^{2\pi i(hx_j+ky_j+lz_j)} \tag{2-29}$$

以简单立方点阵的 CsCl 为例，Cs^+ 占晶胞角顶，坐标为（0，0，0）；Cl^- 占晶胞体心，坐标为（1/2，1/2，1/2），故结构因子表达式为

$$F_{hkl}=f_{Cs}e^{i2\pi \cdot 0}+f_{Cl}e^{i2\pi\left(\frac{h}{2}+\frac{k}{2}+\frac{l}{2}\right)}=f_{Cs}+f_{Cl}e^{i\pi(h+k+l)} \tag{2-30}$$

从而有

$$\begin{cases} F_{hkl}=f_{Cs}+f_{Cl} & h+k+l \text{ 为偶数} \\ F_{hkl}=f_{Cs}-f_{Cl} & h+k+l \text{ 为奇数} \end{cases} \tag{2-31}$$

对与 CsCl 类似结构的晶体，$h+k+l$ 为偶数的晶面衍射强度很高，而 $h+k+l$ 为奇数的晶面衍射强度很低。这与 1.2.6 节系统消光中的结构消光类似。

强度 I 均匀、方向平行的 X 射线射入一个微小的单晶，不考虑晶体对 X 射线的吸收，单晶中各晶胞的散射波存在相位差。假定晶胞的散射集中在晶胞原点，任一晶胞的相位为 φ，则相干散射振幅为

$$A_c = A_e F_{hkl} \sum_N e^{i\varphi} \tag{2-32}$$

晶体总的散射强度为

$$I_c = I_e F_{hkl}^2 |G|^2 \tag{2-33}$$

式中，$|G|^2$ 为干涉函数，与晶体结构有关。设晶粒的体积为 V_s，晶胞体积为 V_c，乘以实际晶体对应的一个修正因子 $\dfrac{\lambda^3}{V_c}\dfrac{1}{\sin 2\theta}$，则多个晶胞的（$hkl$）晶面衍射的叠加强度为

$$I_c = I_e F_{hkl}^2 \frac{\lambda^3}{V_c^2} V_s \frac{1}{\sin 2\theta} \tag{2-34}$$

对于多晶体，还须乘上参与衍射的晶粒数目 $\Delta q = q\dfrac{\cos\theta}{2}$，$q$ 为被照射的晶粒数目，记样品被照射体积 $V = V_s q$，则多晶体衍射积分强度为

$$I_p = I_e F_{hkl}^2 \frac{\lambda^3}{V_c^2} V \frac{1}{4\sin\theta} \tag{2-35}$$

在实际多晶粉末衍射中，不仅其完整度和均匀度会影响散射线的强度，实验温度、晶体吸收等也是影响散射线强度的重要因素。

前面的讨论中，将原子看作静止不动，忽略了原子本身的热振动。由于热振动会使原子脱离平衡点位置，使得衍射条件被破坏，因此导致衍射线强度减弱。通常，以一个修正因子 e^{-2M} 来表示由热振动造成的强度衰减。这个修正因子称为温度因子或德拜-沃勒（Debye-Waller）因子，其中，M 与一个原子偏离其平衡位置的均方位移相关。温度因子可查询相关的工程手册得到。

粉末衍射中，由于多晶试样同一晶面族的各晶面间距相等，因而衍射角也相等，它们的衍射线都重叠在同一衍射圆锥的母线上，从而造成成倍的加强，由此加强的倍数称为重复因子或多重性因子。多重性因子对于不同的晶系和晶面是不同的，如立方晶系（100）的多重性因子为 6，（111）为 12，四方晶系的（100）为 4。

由于散射强度在空间的各个方向上不同，与散射角有关，须乘以偏振因子 $\dfrac{1+\cos^2 2\theta}{2}$；由于衍射几何特征对强度造成影响，因而引入洛伦兹因子，其取决于衍射测量方法，一般取 $\dfrac{1}{\sin^2\theta\cos\theta}$，偏振因子与洛伦兹因子相乘称为角因子。

试样对入射线和衍射线的吸收会对衍射线的强度产生影响，故衍射线强度表达式须乘以一个吸收因子 $1/(2u_1)$，其中 μ_1 为物质的线吸收系数。对于生物大分子晶体，需考虑辐射衰减因子 D，目前该因子尚无法计算，通过冷冻样品的方法可最大限度地避免辐射损伤的影响。

综上所述，对于足够厚的试样，用衍射仪测量平板状粉末晶体，其强度公式为

$$I = I_0 \frac{e^4}{m^2 c^4} \frac{\lambda^3}{32\pi R} \frac{V}{V_c^2} F^2 P \frac{1+\cos^2 2\theta}{\sin^2\theta\cos\theta} e^{-2M} \frac{1}{2\mu_1} D \tag{2-36}$$

式中，R 为衍射仪半径；V 为样品被照射体积；V_c 为晶胞体积；P 为多重性因子；$\dfrac{1+\cos^2 2\theta}{\sin^2\theta\cos\theta}$ 为角因子；e^{-2M} 为温度因子；$1/(2\mu_1)$ 为吸收因子；D 为辐射衰减因子。

衍射线的绝对强度随入射线的强度而改变，故在衍射工作中，绝对强度意义不大，我们更关注相对强度，即二者之比，相对强度的表达式为

$$I_{相对} = F^2 P \frac{1+\cos^2 2\theta}{\sin^2 \theta \cos\theta} \frac{1}{2\mu_1} e^{-2M}$$

(2-37)

2.3 衍射实验方法与衍射仪

2.3.1 单晶衍射

要使晶体产生衍射现象，需满足布拉格方程，而布拉格方程中，d_{hkl} 是一系列定量，θ 和 λ 是变量，由此衍生出了 3 种基本衍射实验方法：劳埃法、转晶法、粉末法。表 2-3 列出了此 3 种基本实验方法对比。

表 2-3　3 种基本实验方法对比

实验方法	辐射光源	适用样品	适用衍射仪	λ	θ
劳埃法	连续谱	单晶体	单晶衍射仪、粉末衍射仪	变	不变
转晶法	单色光	单晶体	单晶衍射仪	不变	变
粉末法	单色光	多晶、粉末试样	粉末衍射仪	不变	变

1）劳埃法。以连续谱 X 射线为光源，单晶试样固定不动，入射线与各衍射面的夹角也固定不动，衍射面选择性地响应不同波长的衍射来满足布拉格方程，产生的劳埃斑可反映晶体的取向、对称性、完整性，主要用于晶体取向的分析。

2）转晶法。以单色 X 射线为光源，单晶绕一晶轴旋转，靠连续改变各衍射面与入射线的夹角来满足布拉格方程，常用作单晶的结构分析与物相分析。

单晶衍射测试常用四圆衍射仪。如图 2-14 所示，使单色 X 射线入射光和探测器在一个平面内（赤道平面），晶体位于入射光与探测器轴线的交点，探测器可在此平面内绕交点旋转，如此，只有法线在此平面内的晶面族才可能通过探测器的旋转，在适当位置发生衍射并被记录。要使法线不在赤道平面内的晶面族也发生衍射并能被记录，应让晶体做三维旋转，将不在赤道平面内的晶面族法线转到赤道平面内，让其发生衍射。

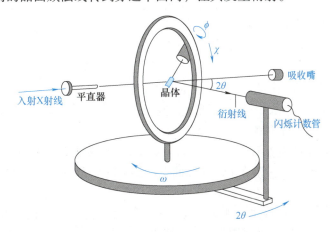

图 2-14　四圆衍射仪示意图

四圆衍射仪具有高度灵活性，可以通过调整四个圆（ω、χ、ϕ、2θ）来满足不同的衍射条件。

2.3.2 粉末衍射

粉末衍射法要求样品由细小的多晶粉末状物质组成。较理想的情况是，在样品中有大量小晶粒，且各个晶粒的方向随机分布。早期进行粉末衍射分析一般使用德拜相机摄像，现在德拜相机法逐步被淘汰，取而代之的是粉末衍射仪。粉末衍射仪主要由 X 射线发生器、测角仪、X 射线检测器、测量记录系统等组成（见图 2-15）。样品转过 θ 时，若某组晶面满足布拉格方程，则探测器必须转动 2θ 才能感受到衍射线，故二者转速之比为 $1:2$。

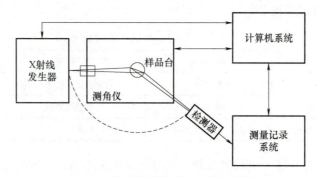

图 2-15　粉末衍射仪基本组成示意图

测角仪是粉末衍射仪的核心部件，其衍射几何是依照布拉格-布伦塔诺聚焦原理设计的。如图 2-16 所示，F 为入射 X 射线的焦点，D 为平板样品，O 为样品台和测角仪的几何中心，C 为计数器。光源和计数器到 O 点的距离相等，距离均为测角仪半径 R。入射线经过入射狭缝 DS 以限制入射光束的发散度，衍射光经过防散射狭缝 SS（防止空气散射）和限制衍射束的接受狭缝 RS。S_1 和 S_2 为两组平行金属片或金属丝组成的索拉狭缝，其作用为限制入射线束和衍射线束的垂直发散度，各狭缝与计数器固定装配在同一个支架上，测试过程中保持联动。

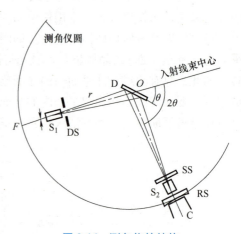

图 2-16　测角仪的结构

粉末对 X 射线的衍射可以通过埃瓦尔德（Ewald）图解来简单理解。如图 2-17a 所示，假设 X 射线照射在 S 单晶上发生衍射，现以 S 为球心，以 X 射线波长的倒数 $1/\lambda$ 为半径作 Ewald 球，入射束与球面的交点 O^* 作为倒易原点。则由布拉格定律 $n\lambda = 2d\sin\theta$ 得，凡落在 Ewald 球面上的倒易阵点 P 所对应的正空间的晶面，均可产生衍射。

下面用图 2-16 对粉末试样进行测试，由于粉末由各个方向取向的微晶堆积而成，因此相当于一个微晶绕空间各个方向旋转，故在倒易空间中，一个倒易点将成为一个倒易球，不同晶面对应一系列的同心倒易球面，衍射线将落在倒易球面和反射球相交的圆上，如

图 2-17b 所示。因此，粉末晶体的衍射图谱是无数微晶各衍射面产生的衍射进行叠加的结果。

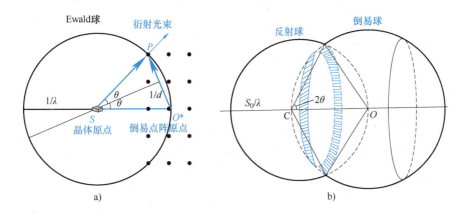

图 2-17　单晶和多晶的 Ewald 图解
a）单晶　b）多晶

在 X 射线衍射仪法中，样品、光源和光阑必须位于同一圆周上才能获得足够高的衍射强度和分辨率，此圆称为聚焦圆。如图 2-18 所示，除 X 射线源 S 外，聚焦圆与衍射仪圆只能有一点相交。即无论衍射条件如何改变，在一定的衍射条件下，只能有一条衍射线在测角仪圆上聚焦。因此，沿测角仪圆移动的计数器只能逐个地对衍射线进行测量。当计数器沿测角仪圆测量衍射花样时，聚焦圆半径将随之改变。只有试样表面是曲线，而且其曲率与聚焦圆的曲率相等时，才严格符合聚焦条件。

粉末衍射测试工作前，需提前配置或设置好测量方式、波长（靶材）、滤波片、单色化方法、管电压和管电流、狭缝、时间常数和预置时间、扫描时间和步宽以及扫描起始角度。

受原子结构影响，不同能级上的电子跃迁将会引起特征波长的差别，可能会出现 K_α、K_β 两条谱线，进而会使分析工作受到干扰。因此，粉末衍射分析时需进行滤

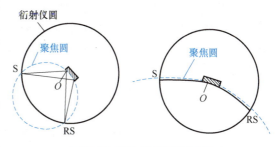

图 2-18　测角仪的聚焦原理

波。由图 2-11 中元素质量吸收系数与波长 λ 的关系可知，质量吸收系数为 μ_m、吸收限为 λ_K 的物质，可以强烈吸收波长不大于 λ_K 的入射 X 射线，而对波长大于 λ_K 的入射 X 射线则吸收很少。所以，可以选择 λ_K 在 K_α 和 K_β 之间并靠近 K_α 的金属薄片作为滤波片，放在 X 射线源和试样之间，进而得到较为纯净的 K_α 射线。一般靶材和滤波片的原子序数 $Z_{靶}$、$Z_{片}$ 应满足如下关系：

$$\begin{cases} Z_{片} = Z_{靶} - 1 & Z_{靶} < 40 \\ Z_{片} = Z_{靶} - 2 & Z_{靶} \geq 40 \end{cases} \tag{2-38}$$

X 射线衍射实验中，若入射 X 射线在试样上产生荧光 X 射线，则会增大衍射背底的强度，不利于分析工作。为避免该现象，可针对试样的原子序数调整靶材种类，K_α 波长应稍

大于并尽量接近样品的 λ_K，以避免 K 系荧光的产生，且吸收衰减最小，一般应满足 $Z_{靶} \leqslant Z_{试样}+1$。

粉末衍射仪的工作方式有两种，分别是连续扫描和步进扫描。连续扫描是令探测器以一定的角速度在选定的角度范围内进行连续扫描，通过探测器将各个角度下的衍射强度记录下来。其优点是快速而方便，但同时有扫描方向偏移、分辨能力低、线形畸变等缺点。步进扫描是以一定的角度间隔逐步移动，对衍射强度逐个测量。其优点是峰位准确、分辨度好，但测试速度较慢。一般地，定性相分析常用连续扫描；线形分析、点阵常数的精确测定、指标化、应力分析等常用步进扫描。

制备粉末测试样品，需提前将样品研细，准备一对盖玻片和带凹槽的载玻片，将试样填入凹槽，之后用盖玻片将载玻片上的样品刮净压实，将载玻片送入衍射仪。

2.3.3 薄膜衍射

薄膜材料分为单晶薄膜、多层薄膜、多晶薄膜等。首先，由于薄膜厚度很薄，常规的对称扫描中，X 射线在薄膜中的行程太短，衍射体积小，衍射强度弱。另外，薄膜容易产生择优取向，生长过程中易产生残余应力。其次，薄膜晶粒的统计性不好，成分、物相、残余应力分布不均匀。再者，对于多层膜，成分和结构随厚度发生变化，因此常规的 X 射线衍射方法很难表征这种精细变化。根据实际需要，可采用多种分析薄膜微结构的 X 射线方法，包括：①进行薄膜的厚度、表面、界面微结构分析的 X 射线小角反射方法和漫散射技术；②确定外延薄膜晶格应变深度分布的掠入射 X 射线衍射（grazing incidence X-ray diffraction，GIXRD）方法；③多晶薄膜物相分析的 X 射线小角衍射方法；④外延薄膜晶格应变的对称 $\omega/(2\theta)$ 几何和非对称几何摇摆曲线测量方法等。常规 X 射线衍射也称为广角 X 射线散射，可探测的散射角度和散射矢量较大，因而可以探测得到的结构尺度较小（小于 1nm）。相对于广角 X 射线散射，小角 X 射线散射可以探测到更小的散射矢量值，从而可以实现实空间内更大的探测尺度。一般来说，探测尺度在数纳米到数百纳米甚至微米级别的 X 射线散射称为小角 X 射线散射。

1. X 射线小角反射

X 射线小角反射是一种小角度（$2\theta < 15°$）的 $\theta/(2\theta)$ 测量方式，扫描方式等同于测试粉末时 X 射线衍射的 $\theta/(2\theta)$ 扫描。探测的是样品表面法向电子浓度分布的关联特性。探测得到的是 X 射线的强度随入射角的变化曲线，并可应用 X 射线动力学理论对实验测量曲线进行数值模拟，获得有关薄膜和多层膜厚度、表面和界面平均粗糙度以及粗糙度的关联特性。该方法可用来研究外延、多晶、非晶薄膜和多层膜的微结构。

2. X 射线漫散射技术

薄膜、多层膜表面和界面的几何粗糙度起伏将导致漫散射，即在镜面反射以外的其他方向的散射强度不为零。漫散射在空间的角分布与薄膜表面/界面电子浓度的涨落有关，因此通过测量 X 射线漫散射强度分布，可以获得薄膜表面或界面处电子浓度分布的信息，即粗糙度信息。实验中漫散射的测量通常由摇摆曲线或倒易空间的 Mapping 测量获得。对于摇摆曲线测量，2θ 保持不变，进行 θ 扫描。

3. 掠入射 X 射线衍射（表面衍射）技术

通常，X 射线在材料中有大的穿透深度，常规的 X 射线结构分析技术是建立在较大穿透深度下材料中电子散射、干涉的平均结果，因此对表面微结构不甚灵敏。当单色 X 射线束以小于材料全反射临界角的掠入射角（小于 5°）入射到材料表面时，射线在材料表面产生全反射现象，此时材料内部的 X 射线电场只分布在表面下很浅的表层，其指数衰减深度随入射角而改变，范围从亚纳米到数百纳米。这时只有表层附近的原子与 X 射线相互作用，可以获得材料表层原子分布信息，这种 X 射线散射技术即为掠入射 X 射线衍射技术。通过改变掠入射 X 射线的入射角，可以改变 X 射线在样品中的穿透深度，从而可以研究表面、界面和外延薄膜的晶格参数的深度分布和化学组成等。

当所测样品为多晶薄膜时，探测器沿 2θ 转动，此时 θ、2θ 分动，由于是多晶薄膜，因此可以在相应晶格平面的布拉格角度得到衍射峰。由于采取掠入射，照射到样品的表面积增大，而穿透的深度减小，因此适合超薄膜物相分析，包括相结构、相组成等。关于这一测量技术，将在 2.6 节展开介绍。

2.4　物　相　分　析

物质中具有特定的物理化学性质的相称为物相。不同化学成分的晶体材料具有特征的结构信息，而相同化学成分的材料可具有不同的相结构。物相分析的实质在于通过分析材料的衍射图谱，分辨样品中存在的晶体结构信息，从而鉴定物质的结构和类型，并理解材料的性质。

X 射线物相分析包括定性分析与定量分析。定性分析是指通过所测 X 射线衍射谱线与标准卡片数据进行比对，从而确定未知试样中的物相类别。定量分析是指在已知物相类别的情况下，通过测量这些物相的积分衍射强度，来测算它们各自的含量。物相分析不仅可获得物质中的元素组分，还能明确这些元素组成的物相，它还是区分相同物质同素异构体的有效方法。

本节将探讨物相分析的原理、索引方法以及实际应用。

2.4.1　定性物相分析

1. 物相分析原理

任何一种物相都具有特征的结构信息，包括原子种类、点阵类型和晶格常数等。一束单色 X 射线照射到晶体上，会被晶体的原子散射，基于晶体结构的周期性，晶体中各个原子对 X 射线的散射波相互干涉叠加，形成衍射花样。每种晶体所产生的衍射花样可以反映出晶体内部的原子分布规律。

根据 X 射线衍射仪测定出的试样谱线，确定每个衍射峰的衍射角 2θ 和衍射强度 I'，规定最强峰的强度为 $I'_{max}=100$，依次计算出其他衍射峰的相对强度 $I=100(I'/I'_{max})$。相对强度取决于晶胞中的原子种类、数目和排列方式，与结构因子 F_{hkl}^2 成正比。根据衍射仪所用 X 射线的波长 λ 和衍射角 2θ 值，运用布拉格公式 $2d\sin\theta=n\lambda$，推算出各个衍射峰对应的晶面间距 d，它与晶胞的形状和大小有关。按照从大到小的顺序，将 d 与 I 排成两列。利用这一系列 d 与 I 的值，进行粉末衍射卡（powder diffraction file，PDF）检索，通过这些数据与标准卡片中的数据进行对照，可以像鉴定指纹一样对材料的组成和相结构进行辨别，从而确定出待测试样中各物相的类别。定性分析的核心就是如何运用卡片库，进行卡片检索。

2. PDF

物相分析是指通过测试样品的 X 射线衍射谱图与标准物质的 X 射线衍射谱图进行对比，以分析测试样品的物相组成。标准物质 X 射线衍射谱图就是 PDF，它是由已发现的物相衍射数据制成的标准衍射卡片。

1938 年，哈纳瓦尔特（J. D. Hanawalt）等人在美国材料试验协会（American Society of Testing Materials，ASTM）的赞助下，首先开展了标准衍射卡片的制定工作。1942 年，第一组衍射数据卡片（ASTM 卡片）出版，之后逐年增编。1950 年，由于卡片数量剧增，W. P. Davey 出版了书本形式的检索手册，手册的每行记录了各个物相的 3 条最强衍射线、化学式以及 PDF 编号，以方便检索使用。1969 年，专门负责 PDF 编辑和出版的国际性组织——粉末衍射标准联合委员会（Joint Committee on Power Diffraction Standards，JCPDS）成立，其制作的卡片称为 JCPDS 卡片。到 1987 年，已出版 37 组卡片，包括有机物和无机物共 4 万多张卡片。随着材料科学的发展，新材料、新物相不断涌现，PDF 逐渐增多，如今已将之前的纸质版标准卡片数据库转换成了电子数据库来保存，检索方式也由人工检索（如 Hanawalt 索引、Fink 索引、字母索引等）过渡到了更加方便的计算机检索，但标准衍射电子数据人们还是称之为 PDF。

目前，常用的标准卡片数据库包括无机晶体结构数据库（The Inorganic Crystal Structure Database，ICSD）、国际衍射数据中心（International Centre for Diffraction Data，ICDD）、剑桥晶体数据中心（Cambridge Crystallographic Data Centre，CCDC）、晶体学开放数据库（Crystallography Open Database，COD）等。利用物相分析软件（如 Jade、EVA、Highscore，PDXL 等）和标准卡片数据库联用，可快速对材料结构进行物相分析。

根据材料类型分类，标准卡片可分为无机相、有机相、金属相、矿物相等，每张 PDF 记录了一个物相。所有 PDF 均采用标准化格式，图 2-19 和图 2-20 为 Fe 的一张 PDF，主要涵盖以下物相信息：

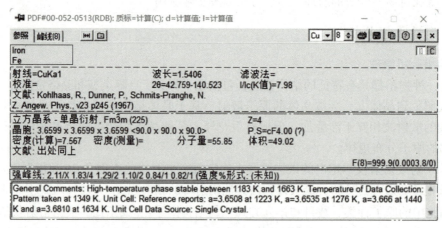

图 2-19　Fe 的 PDF 卡片（1）

1）PDF 编号：00-052-0513。

2）物相名称、化学式，如图 2-19 实线框所示。

3）测试条件，包括射线种类、波长、单色器（滤波）、校准方式、角度范围（2θ）、K

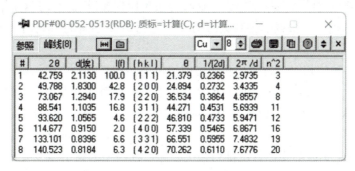

图2-20 Fe的PDF卡片（2）

值（I/I_c）、文献出处，如图2-19虚线框所示。

4）晶体学数据，包括物相晶系、空间群、晶胞原子数Z、晶胞参数、皮尔逊符号（P.S）、理论密度、测试密度、分子量、晶胞体积等，如图2-19点画线框所示。

5）强峰线。

6）物相的其他信息，包括试样来源、处理条件、衍射温度等，如图2-19双点画线框所示。

7）物相所有的X射线衍射峰数据，如图2-20所示，包括角度2θ、晶面间距d、相对强度I（f）、晶面指数（hkl）等信息。

现如今，研究人员通过更加先进的手段，不仅可以测出物质的X射线衍射图谱，还可以分析出其他的晶体学数据，如原子分布、原子位置等，于是便有了晶体学信息文件（Crystallographic Information File，CIF）。CIF包含了更多的物相信息，有更大的应用场景，在晶体学、材料科学、计算物理和计算化学等领域都有应用。利用软件（如VESTA、Materials Studio、CrystalMaker、Diamond等）导入CIF，可以构建原子模型、模拟衍射花样。对于X射线衍射，CIF也能转换成标准卡片来进行物相分析。

以下是常用的晶体结构数据库，可以获得材料的CIF或衍射数据。

1）无机晶体结构数据库（ICSD）：https://icsd.fiz-karlsruhe.de/search/。

2）国际衍射数据中心（ICDD）：http://www.icdd.com/。

3）剑桥晶体数据中心（CCDC）：http://www.ccdc.cam.ac.uk/。

3. 物相索引方法

从大量的PDF中筛选出最符合实测数据的卡片，需要借助索引。无论是有机相还是无机相，每类索引都可以分为数字索引和字母索引。

（1）数字索引　数字索引是鉴定未知相时主要使用的索引，主要有Hanawalt索引和Fink索引两种方法。

Hanawalt索引需先确定每种物相的主要衍射线。这些衍射线通常具有最大的强度，但并非晶面间距最大。按照一定的规律将这些衍射线进行排序，形成了Hanawalt索引的独特方式。在建立索引的过程中，Hanawalt索引还考虑了强度测量的不确定度。由于实验条件、仪器灵敏度等因素的影响，衍射线的强度测量会存在一定的误差。为了减少这种误差对检索结果的影响，Hanawalt索引通常会将每种物质列出3次。这样即使强度测量存在一定的误差，也可通过增加的索引项来提高检索的准确性。数据检索时，Hanawalt索引利用实际衍射图谱中的 8 条强线按照一定的排列进行检索。这种方法可以快速准确地找到对应的衍射卡片。由于 Hanawalt 索引对衍射线数据的独特处理方式，它可以在很短的时间内从大量的数据中提取出所需的信息。

当试样含有多种物相时，各种物相的衍射线可能会相互重叠产生干扰，导致其相对强度往往不再可靠。此外，晶粒的择优取向也会使衍射线的相对强度发生很大的变化。这时需用到 Fink 索引。Fink 索引条目的内容与 Hanawalt 索引类似。Fink 索引的特点是在某一物相的条目中，按晶面间距 d 值的大小进行排列，在八强线列入索引的衍射线中取 4 条最强的 d 值，4 条强线中每个 d 值都要在首位排列一次，即每种物相的索引至少要出现 4 次。但在改变首位线条 d 值时，整个数列的循环顺序不变。

（2）字母索引　当已知被测样品的成分，可使用字母索引。字母索引是按照标准卡片中各个物相英文名称的第一个字母进行排序的，每种物相的名称后面列出其化学式、三强线对应的晶面间距、相对强度以及卡片编号等。对于含有多种元素的物质，各主要元素都可作为检索元素在索引条目中进行查找。除了字母索引，还可按照有机化合物化学式中 C 原子递增顺序排列的化学式进行索引。

4. 定性分析的用法

通过与标准谱图进行对比，可以知道所测样品由哪些物相组成，这是 X 射线衍射最主要的用途之一。不同化学成分的晶体材料或同一物质不同的相结构，其物相结构存在差异，导致它们的衍射谱图在衍射峰数目、角度位置、相对强度以及衍射峰形上也出现明显差异，这是进行定性物相分析的基本原理。

对物相进行定性分析，可分为 3 个步骤：

1）利用 X 射线衍射仪获得测试样品的衍射数据，确定每个衍射峰的衍射角 2θ 和衍射强度 I。

2）已知 X 射线波长 λ，根据布拉格方程，可得到各个衍射峰对应的晶面间距 d。

3）利用得到的 d-I 数据进行 PDF 检索，通过所测数据与标准衍射数据对照，确定测试样品中的各个物相。

得到样品的 X 射线衍射谱图信息后，首先可以判断样品是非晶还是晶体。如果是非晶样品，谱图上显示有大鼓包状的衍射峰，但没有精细的谱峰结构；如果是晶体，则会有丰富的谱线特征。如图 2-21 所示，非晶 TiO_2 在 25°左右有一宽化的衍射包，而退火结晶后的 TiO_2 表现出特征的衍射谱线，对应于锐钛矿型 TiO_2 的 PDF。将测得的衍射峰和标准卡片的峰形进行对比，可以定性判断样品的结晶度。一般来说，结晶度越差，衍射能力越弱，峰形越宽而弥散。晶面间距 d 比相对强度 I 更重要，实验数据与标准卡片两者的 d 必须很接近，一般要求相对误差在±1% 以内。而相对强度容许有很大的差别，因为它取决于样品是否存在多种物相衍射峰的重叠，以及是否存在择优取向。

此外，通过实测样品和标准谱图 2θ 值的差别，可以定性分析晶胞是否膨胀或者收缩。比如，在双元合金纳米颗粒中，如果金属元素 A 和 B 形成了均一单相的合金结构，那么 A-B 合金的特征衍射峰会介于纯金属 A 和 B 的衍射峰之间，且峰形对称。此时合金 A-B 的晶胞相对于 A 和 B 会发生晶格膨胀或收缩，如图 2-22 所示。如果 A、B 不能形成合金，A-B 复合物的特征衍射峰则由 A 和 B 的衍射峰按物料比例叠加而成，不会发生衍射峰的偏移。

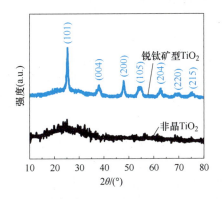

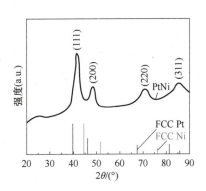

图 2-21　非晶和锐钛矿型 TiO₂ 的 X 射线衍射图　　图 2-22　PtNi 合金 X 射线衍射图

2.4.2　定量物相分析

　　X 射线衍射多以定性物相分析为主，但也可以进行定量分析。定量分析主要是利用 X 射线衍射强度与相的含量之间的关系来进行。具体来说，当样品中一个相的比例增加时，来自这个相的 X 射线衍射信号就会增强。这个过程可以用数学模型来描述，例如外标法、内标法和绝热法等。这些方法的核心思想是利用其他相或物质的标准含量来校准样品中的各相含量，进而得到样品的准确相成分。另外，衍射强度还会受到其他因素的影响，因此，利用衍射强度计算物相含量时需进行适当的修正。设样品由 n 个物相组成，其中第 j 相的衍射相对强度可以表示为

$$I_j = (2\bar{\mu}_1)^{-1}\left(\frac{V}{V_c^2}P\,|F|^2 L_p e^{-2M}\right)_j \tag{2-39}$$

式中，$(2\bar{\mu}_1)^{-1}$ 为对称衍射即入射角等于反射角时的吸收因子；$\bar{\mu}_1$ 为样品平均线吸收系数；V 为样品被照射体积；V_c 为晶胞体积；P 为多重因子；$|F|^2$ 为结构因子；L_p 为角因子；e^{-2M} 为温度因子，又称为德拜-沃勒因子。

　　样品中各个物相的线吸收系数不同，因此当某相 j 的含量改变时，平均线吸收系数 $\bar{\mu}_1$ 也随之改变。若第 j 相的体积分数为 f_j，并假设样品被照射体积 V 为单位体积，则 j 相被照射体积 $V_j = Vf_j = f_j$。当混合物中第 j 相的含量改变时，强度公式中除 f_j 及 $\bar{\mu}_1$ 外，其余各项均为常数，它们的乘积定义为强度因子，则第 j 相某根衍射线条强度 I_j 和强度因子 C_j 分别为

$$I_j = \frac{C_j f_j}{\bar{\mu}_1} \tag{2-40}$$

$$C_j = \left(2^{-1}\frac{1}{V_c^2}P\,|F|^2 L_p e^{-2M}\right)_j \tag{2-41}$$

　　用样品的平均质量吸收系数 $\bar{\mu}_m$ 代替平均线吸收系数 $\bar{\mu}_1$，可以证得

$$I_j = \frac{C_j \omega_j}{\rho_j \bar{\mu}_m} \tag{2-42}$$

式中，ω_j 和 ρ_j 分别为第 j 相的质量分数和质量密度。

当样品中各相均为晶体材料时，体积分数 f_j 和质量分数 ω_j 必然满足

$$\sum_{j=1}^{n} f_j = 1, \quad \sum_{j=1}^{n} \omega_j = 1 \tag{2-43}$$

式（2-42）和式（2-43）是定量物相分析的基本公式。通过测量各个物相衍射线的相对强度，借助公式即可计算出各物相的体积分数或质量分数。注意：这里的相对强度是指相对积分强度，而不是相对计数强度。

1. 外标法

外标法就是用待测物相的纯物质作为标样进行标定。根据各相吸收效应差别，可分两种情况进行讨论。

（1）各相吸收效应差别不大　当样品中各相的吸收效应接近时，只需测量样品中待测第 j 相的衍射强度并与该纯相的同一衍射峰的强度进行对比，即可求出第 j 相在混合样品中的相对含量。若混合物中包含 n 个相，它们的吸收系数及质量密度均接近（例如同素异构物质），样品中第 j 相的衍射强度 I_j 与纯 j 相的衍射强度 I_{j0} 之比为

$$\frac{I_j}{I_{j0}} = f_j = \omega_j \tag{2-44}$$

式（2-44）表明，在此情况下，第 j 相的体积分数 f_j 和质量分数 ω_j 都等于强度比 I_j/I_{j0}。这凸显了外标法简便易行的优点。此方法的缺点在于，对样品和纯 j 相进行衍射强度测量时，要求两次的辐照情况和实验参数必须严格一致，否则会直接影响测量精度。

（2）各相吸收效应差别较大　各相吸收效应差别较大时，可采用外标法进行定量分析。选择 n 种与被测样品中相同的纯相，按相同的质量分数将它们混合，作为外标样品，即 $\omega_1' : \omega_2' : \cdots : \omega_n' = 1 : 1 : \cdots : 1$，第 1 相为参考相。第 j 相与参考相的衍射强度比为

$$\frac{I_j'}{I_1'} = \frac{C_j}{C_1} \frac{\rho_1}{\rho_j} \tag{2-45}$$

对于被测样品，相应的衍射强度比为

$$\frac{I_j}{I_1} = \frac{C_j}{C_1} \frac{\rho_1}{\rho_j} \frac{\omega_j}{\omega_1} \tag{2-46}$$

当各相均为晶体材料时，质量分数 ω_j 满足

$$\omega_j = \frac{\omega_1 \left[(I_1'/I_j')(I_j/I_1) \right]}{\sum_{j=1}^{n} (I_1'/I_j')(I_j/I_1)} \tag{2-47}$$

式（2-47）表明，只要测得外标样品的强度比 I_1'/I_j' 和实际试样的强度比 I_j/I_1，即可计算出各相的质量分数。这种方法不需要计算强度因子，不需要画出工作曲线，也不必已知吸收系数，应用时可直接将所测曲线与定标曲线对照，即可得出定量结果。但前提是可以得到各个纯相物质。

2. 内标法

内标法是将样品中不存在的一定数量的标准物质作为内标掺入待测样品中，以这些标准物质的衍射线作为参考，来计算未知样品中各相的含量，这种方法可以避免强度因子计算的问题。

在包含 n 种相的多相混合样品中，第 j 相质量分数为 ω_j，如果掺入质量分数为 ω_s 的标

样，则第 j 相的质量分数变为 $(1-\omega_s)\omega_j$，将此质量分数以及 ω_s 分别代入式（2-42），整理后可得

$$\omega_j = \frac{C_s}{C_j}\frac{\rho_j}{\rho_s}\frac{\omega_s}{1-\omega_s}\frac{I_j}{I_s} = R\frac{I_j}{I_s} \tag{2-48}$$

式中，I_j 为第 j 相的衍射强度；I_s 为内标的衍射强度；R 为常数。式（2-48）表明，当 ω_s 一定时，第 j 相含量 ω_j 只与强度比 I_j/I_s 有关，不受其他物相影响。

利用式（2-48）计算第 j 相的相对含量，首先必须要确定常数 R 值。为此，制备第 j 相含量 ω_j' 已知的不同样品，在它们中都掺入相同含量 ω_s 的标样。分别测量不同 ω_j' 的已知样品的衍射强度比 I_j'/I_s。利用测得的数据绘制出 I_j'/I_s 与 ω_j' 直线，即所谓的定标曲线。采用最小二乘法求得直线斜率，该斜率就是系数 R。由于标定曲线的绘制需要大量的测试工作，这也是内标法的缺点之一。

3. K 值法

K 值法是内标法的延伸，同样是在样品中加入标准物质（参考物质 c）作为内标，不过是按它与纯 j 相物质的质量比 1:1 进行混合，即 $\omega_j' = \omega_c' = 0.5$。此时，混合物的衍射强度比为

$$\frac{I_j'}{I_c'} = 0.5\frac{C_j}{C_c}\frac{\rho_c}{\rho_j} = K_j \tag{2-49}$$

式中，K_j 为 j 相的参比强度或 K 值，只与物质参数有关，不受各个物相含量的影响。目前，许多物质的参比强度已经被测出，并以 I/I_c 值列入 PDF 索引中供查找，这类数据通常以 α-Al_2O_3 为参考物质，并取各自最强线计算其参比强度。

对未知样品进行定量分析时，如果所选内标物质不是上述参考物质 c，则 j 相的含量为

$$\omega_j = \frac{\omega_s}{1-\omega_s}\frac{K_s}{K_j}\frac{I_j}{I_s} \tag{2-50}$$

式中，K_s 为内标的参比强度；ω_s 为内标的质量分数。式（2-50）是 K 值法定量分析的基本公式。当所选内标是参考物质 c 时，只需令式（2-50）中 $K_s = K_c = 1$ 即可。另外，式（2-50）要求被测 j 相为晶体材料，但并未要求其他相也必须是晶体材料。

当试样中各物相均为晶体材料时，质量分数 ω_j 则满足式（2-43），此时可以证明

$$\omega_j = \frac{I_j/K_j}{\sum\limits_{j=1}^{n} I_j/K_j} \tag{2-51}$$

在这种情况下，只需获得各物相的参比强度（K 值），测量出各物相的衍射强度 I，利用式（2-51）即可计算出每一相的质量分数 ω。其中各个物相的参比强度为相同参考物质，测量谱线与参比谱线晶面指数也相对应，否则必须对它们进行换算。

由于 K 值法简单可靠，因而应用比较普遍。我国对此也制订了国家标准，从试样制备和测试条件等方面均提出了具体要求。

4. 直接比较法

上述方法中，定量数据都是将待测样品的纯物质与标准物质进行对比得到的。但在一些情况下要得到纯物质是困难的。为此，人们采用了直接对比法。假定样品中共包含 n 种类型的相，每相各选一根不重叠的衍射线，以某相的衍射线作为参考（第 1 相），则其他相的衍射强度与参考线强度之比 $I_j/I_1 = (C_j f_j)/(C_1 f_1)$ 可以变换为

$$f_j = \frac{C_1/C_j}{I_1/I_j} f_1 \tag{2-52}$$

如果样品中各相均为晶体材料，则体积分数 f_j 满足式（2-43），由此可得第 j 相的体积分数为

$$f_j = \frac{(C_1/C_j)(I_j/I_1)}{\sum_{j=1}^{n}(C_1/C_j)(I_j/I_1)} \tag{2-53}$$

因此，只要确定各物相的强度因子 C_1/C_j 和衍射强度比 I_j/I_1，就可以利用式（2-53）计算出每一相的体积分数。

直接比较法的优点是无须纯物质做标准曲线，适合于金属样品的定量测量，因为金属样品结构比较简单，可以计算出 K 值，非晶等其他材料则不然。

2.5 晶粒尺寸分析

2.5.1 X 射线衍射峰的加宽

理想晶体是在三维空间中无限周期性延伸的，那么理想晶体的 X 射线衍射峰应该是一条线，但是实际测试得到的峰都存在不同程度的展宽。一般衍射峰的展宽由 3 个原因引起，即仪器本身引起的宽化、晶格畸变引起的展宽、晶粒细化引起的展宽，后两者统称为物理宽化效应。衍射线形函数为 $h(x)$，几何线形函数（仪器固有宽度）为 $g(x)$，物理展宽线形函数为 $f(x)$，则它们的总积分面积满足卷积关系：

$$h(x) = \int_{-\infty}^{+\infty} g(y)f(x-y)\mathrm{d}x \tag{2-54}$$

$h(x)$ 为实际测试的线形，几何线形性 $g(x)$ 可通过无物理宽化、结晶质量好的标准样品测试得到，这样就可求出物理宽化的线形函数 $f(x)$。测试仪器本身引起的宽化时所用的标准试样应当没有不均匀应变，晶粒尺寸足够大，从而不存在试样本身引起的宽化问题。

2.5.2 谢乐公式

在扣除仪器本身造成的峰宽化的条件下，并假设晶体不存在不均匀应变、晶格缺陷等，那么衍射峰的宽化应该由晶粒本身造成。

干涉函数 $|G|^2$ 主峰的角宽度反比于参与衍射的晶胞数目，晶粒尺寸越小，参与衍射的晶胞越少，衍射峰会宽化，垂直于晶面方向（hkl）的晶粒尺寸 D_{hkl} 满足谢乐公式：

$$D_{hkl} = \frac{K\lambda}{\beta\cos\theta} \tag{2-55}$$

式中，θ 为布拉格角；β 为由于晶粒细化引起的衍射峰（hkl）的宽化度（单位为 rad）；K 为与宽化度 β 定义有关的常数，若取 β 为衍射峰的半高宽，则 $K=0.89$，若取 β 为衍射峰的积分宽度，即积分面积除以峰高，则 $K=1$。谢乐公式仅适用于晶粒尺寸在几纳米到几百纳米的材料。

为精确得到晶粒本身造成的衍射峰宽化，必须扣除仪器本身造成的峰宽化信息。需事先建立一个仪器宽化与衍射角之间的关系，也称为半高宽（full width at half maximum，

FWHM）曲线。该曲线可以通过测量标准样品的衍射谱来获得。标准样品应当与被测试样的结晶状态相同，必须是无应力且无晶粒尺寸细化的样品，晶粒度在$25\mu m$以上。

图2-23所示为在钴铁氧体掺杂不同含量铈离子得到的$CoFe_{2-x}Ce_xO_4$（$x=0$，0.05，0.10，0.15）粉末的X射线衍射图谱。可以看出，当$x=0$，0.05时，粉末样品的衍射峰与标准$CoFe_2O_4$的（220）、（311）、（400）、（511）、（440）和（533）晶面衍射峰完全吻合，没有检测到杂质相，说明Ce^{3+}进入了钴铁氧体的晶格中。当x增大到0.10时，出现了明显的CeO_2衍射峰，说明稀土铈在钴铁氧体中的固溶度有限。根据布拉格公式和谢乐公式，计算得出的（311）晶面的晶面间距为0.2565nm、0.2571nm、0.2566nm、0.2565nm，晶粒平均尺寸为18.550nm、19.310nm、21.970nm、21.680nm，说明掺杂后样品的晶面间距和晶粒尺寸都随着掺杂量增加先增大后减小。

注意，分析过程中需要对K_α双线进行分离，得到真实的衍射峰宽度，再进行计算。

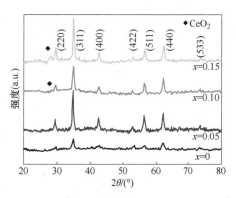

图2-23　不同含量铈掺杂的$CoFe_{2-x}Ce_xO_4$的X射线衍射图谱

2.5.3　Williamson-Hall 法

如果材料存在不均匀应变，则衍射峰会存在由于晶粒细化和微观应力产生的点阵畸变而造成的宽化，此时衍射峰总宽化的关系式为

$$\beta\cos\theta=4\varepsilon\sin\theta+\frac{K\lambda}{D} \qquad (2-56)$$

式中，D为垂直于晶面方向（hkl）的平均线度，即晶粒尺寸；ε为不均匀应变值。可以依式（2-56）选定两个以上的衍射峰，并以$\frac{\beta\cos\theta}{\lambda}$为$y$轴、$\frac{\sin\theta}{\lambda}$为$x$轴作图，依斜率即可求得$\varepsilon$值，该方法称为Williamson-Hall法。

如图2-24所示，采用Williamson-Hall法研究$(GeTe)_{1-x}(CuPbSbTe_3)_x$的内应力。结果表明，纯GeTe的内部应变可以忽略不计，仅占0.18%。然而，随着x的增加，内部应变表

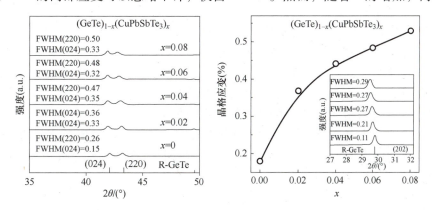

图2-24　$(GeTe)_{1-x}(CuPbSbTe_3)_x$的X射线衍射图谱以及Williamson-Hall法分析结果

现出明显的上升。在 $x=0.02$ 样品中，内部应变激增到 0.36%，随后在 $x=0.08$ 样品中逐渐增加到 0.49%。

2.6 小角掠入射

将通常的粉末衍射方法用于薄膜的结构分析时，如果薄膜太薄，而衬底的衍射信号相对强很多，那么薄膜的衍射信号往往被衬底信号掩盖。只有当薄膜的衍射峰与衬底的衍射峰峰位没有重叠时，才能用 $\theta\text{-}2\theta$ 扫描进行薄膜的物相分析，并根据某衍射峰强的相对变化，定性分析薄膜的择优取向。

当薄膜的衍射峰与衬底的衍射峰峰位重叠时，可采用掠入射来消除衬底的衍射峰而只留下薄膜的衍射峰。所谓掠入射，是指 X 射线以非常小的入射角（小于 5°）照射到薄膜上，并在材料表面产生全反射现象。此时，材料内部的 X 射线电场分布随深度急剧衰减，其指数衰减深度随入射角而改变，范围从几纳米到几百纳米。于是，只有靠近薄膜表面的原子参与 X 射线的相互作用，这样大大抑制了一般方法中存在的较强衬底信号。

掠入射 X 射线衍射（GIXRD）是一种相对较新的薄膜测试技术。掠入射衍射常被用来表征薄膜的结晶性信息，如晶型、取向、结晶度、微晶尺寸、微晶的层序分布等。掠入射衍射分析除了可以消除衬底信号影响之外，最大优点在于可通过调节 X 射线的掠入射角来调整 X 射线的穿透深度，从而研究表面、界面或外延薄膜的结构。

2.6.1 掠入射 X 射线全反射

如图 2-25 所示，k_i、k_f 和 k_t 分别表示入射波矢、反射波矢和折射波矢，θ_i、θ_f 和 θ_t 分别表示入射角、反射角和折射角。波长为 λ 的 X 射线在材料中的折射率为

$$\begin{cases} n=1-\delta+\mathrm{i}\beta \\ \beta=\dfrac{\lambda}{4\pi}\mu \end{cases} \tag{2-57}$$

式中，δ 为电子经典半径，$\delta=\dfrac{\lambda^2}{2\pi}r_e\rho$，$r_e=2.8\times10^{-6}\ \mathrm{nm}$，$\rho$ 为材料中的电子平均密度；μ 为 X 射线的线吸收系数。δ 与色散有关，其数值一般为 $10^{-5}\sim10^{-6}$。β 为吸收系数，比 δ 值小 $2\sim3$ 个数量级，常忽略不计。式（2-57）表明，X 射线在一般介质材料中的折射率均比 1 略小，这与可见光在介质中的折射率总大于 1 是不同的。因此，在可见光范围内出现的是内全反射现象，X 射线就表现为外全反射

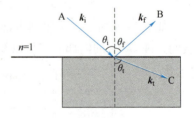

图 2-25　X 射线在材料表面的反射、折射光路图

现象，即当 X 射线相对于介质表面的掠入射角小于某个临界值之后，X 射线不再进入该介质，而被全部反射出来（吸收会导致 X 射线有一定能量损失）。而在全反射临界角之上，X 射线的反射率迅速下降，很快降到接近于 0。根据折射定律，容易得到这个全反射临界角为

$$\theta_c=\sqrt{2\delta} \tag{2-58}$$

全反射临界角 θ_c 只与介质的电子密度 ρ 和入射光波长 λ 有关。常见介质的 θ_c 数量级为

$0.1° \sim 1°$。

X射线是一种电磁波，它在传播过程中的基本特性可由麦克斯韦方程组推导出的电磁波的电场能量方程表示，即

$$\Delta \boldsymbol{E} + k_j^2 \boldsymbol{E} = 0 \tag{2-59}$$

式中，$\boldsymbol{k}_j$ 为 j 介质中的波矢量，$|\boldsymbol{k}_j| = 2\pi/\lambda$。在点 r 处，式（2-59）的解为

$$\boldsymbol{E} = \boldsymbol{E}_0 \exp(\mathrm{i}\boldsymbol{k}_j \cdot \boldsymbol{r}) \tag{2-60}$$

在掠入射情况下，可用平面波的简单情形来说明介质材料中的 X 射线电场分布。一般应分别讨论振动方向垂直（s 偏振）和平行（p 偏振）于入射面的情况。由于此时折射率数值非常接近 1，这两种偏振差别非常小，为了论述方便，在此仅考虑 s 偏振时的情况，结合折射定律、Fresnel 反射和透射公式，表面处 X 射线电场的反射系数 r 和透射系数 t 分别为

$$r = \frac{\sin\theta_i - \sqrt{n^2 - \cos^2\theta_i}}{\sin\theta_i + \sqrt{n^2 - \cos^2\theta_i}} \tag{2-61}$$

$$t = \frac{2\sin\theta_i}{\sin\theta_i + \sqrt{n^2 - \cos^2\theta_i}} \tag{2-62}$$

发生全反射时，入射角 θ_i 非常小，结合式（2-57）和式（2-59），再忽略高阶小量，则有

$$r = \frac{\theta_i - \sqrt{\theta_i^2 - \theta_c^2 - 2\mathrm{i}\beta}}{\theta_i + \sqrt{\theta_i^2 - \theta_c^2 - 2\mathrm{i}\beta}} \tag{2-63}$$

因此，反射波的强度为

$$R - t t^* = \left| \frac{\theta_i - \sqrt{\theta_i^2 - \theta_c^2 - 2\mathrm{i}\beta}}{\theta_i + \sqrt{\theta_i^2 - \theta_c^2 - 2\mathrm{i}\beta}} \right|^2 \tag{2-64}$$

反射强度 R 是入射角 θ_i、折射率参数 δ 和 β 的函数。

2.6.2 薄膜性质对 X 射线反射率的影响

1. 薄膜密度的影响

根据式（2-57）和式（2-58）可知，薄膜密度越大，δ 值也越大，使全反射临界角 θ_c 增大。同时，薄膜密度与衬底密度的差异大小，还会影响振荡峰的强弱。图 2-26 给出了 Si 片上沉积的 Au 膜、Al 膜和 C 膜的 X 射线反射率曲线。3 种薄膜的厚度都为 30nm，但是其反射率曲线有明显差异。薄膜密度越大，发生全反射的临界角也越大，因此 Al 膜和 C 膜较 Au 膜的振荡曲线发生全反射的临界角小。其中 Al 膜和 C 膜振荡曲线实际上反映的是 Si 基片的全反射临界角。因为 Al 和 C 的密度都比 Si 的密度小，因此 X 射线穿透 Al 膜和 C 膜后都能够在薄膜与基片的界面处发生全反射，所以两者的振荡曲线有相似之处。而 Au 的密度比 Si 大，反射率曲线就只反映出了 Au 的全反射临界角。

2. 薄膜厚度的影响

图 2-27 和图 2-28 分别给出了在 Si 片上沉积不同厚度的 Au 膜和 C 膜的 X 射线反射率曲线。可以看出，随着厚度增加，它们的变化规律不同，这仍然是由于 Au 膜和 C 膜相对于 Si 衬底密度的差异导致的。如图 2-27 所示，随着 Au 膜厚度的增加，振荡周期变小，振荡峰间

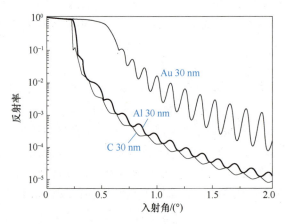

图 2-26　Si 片上沉积厚度为 30nm 的 Au 膜、Al 膜和 C 膜的 X 射线反射率曲线

隔变密，而其他参量如全反射临界角、干涉峰形状等都保持不变。这与可见光的干涉很类似，干涉光光源间距越大，干涉条纹越窄。图 2-28 给出了在 Si 片上沉积不同厚度 C 膜的 X 射线反射率曲线。当 C 膜比较薄时，在大于 C 膜的全反射临界角而小于 Si 衬底的全反射临界角的区间内，反射率曲线发生了振荡，只是此时的反射强度非常大，振荡信息很容易被掩盖，曲线振荡不明显。当 C 膜的厚度很厚，X 射线无法到达 C 膜与 Si 衬底的界面，故振荡曲线完全反映了 C 膜的全反射临界角。

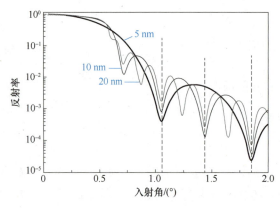

图 2-27　在 Si 片上沉积不同厚度
的 Au 膜的 X 射线反射率曲线

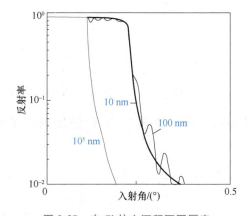

图 2-28　在 Si 片上沉积不同厚度
的 C 膜的 X 射线反射率曲线

3. 薄膜粗糙度的影响

图 2-29 给出了在 Si 片上沉积不同表面粗糙度的 Au 膜的 X 射线反射率曲线。可以看出，图中 3 条曲线的振荡周期都相同，只是总反射强度大小有差异。说明薄膜表面粗糙度越大，发生漫反射的概率越大，在反射角处接收到的反射光强度越弱。同时，按折射角方向进入薄膜内的强度也减弱，从表面出射的强度减弱，发生干涉的强度降低，因此，反射率减小，总的反射强度降低。表现在反射率曲线上就对应于反射率数值的降低，曲线整体下移。

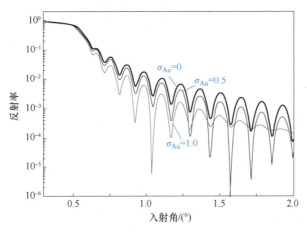

图 2-29　在 Si 片上沉积不同表面粗糙度的 Au 膜的 X 射线反射率曲线

4. 基片粗糙度的影响

如图 2-30 所示，界面粗糙度会影响反射率曲线中振荡峰的振幅。当界面粗糙度 σ_{Si} 为 0 时，反射率曲线的振荡非常强烈。随着界面粗糙度的增加，反射率曲线的振荡逐渐削弱，最后变得非常微弱而接近消失。这是由于对反射率起主要影响的是空气与薄膜界面的表面反射 X 射线。如果只改变界面粗糙度（基片粗糙度），受到影响的主要是膜内的反射 X 射线强度，而与表面反射的 X 射线叠加后，对反射曲线的整体强度影响不大，只是减小了振荡峰的振幅。

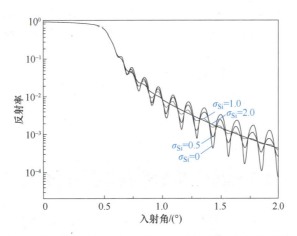

图 2-30　在不同表面粗糙度的 Si 片上沉积 Au 膜的 X 射线反射率曲线

2.6.3　X 射线反射测定薄膜厚度

根据薄膜性质对反射率的影响规律，得到薄膜的反射率曲线之后，按照反射光振幅、波矢的 z 分量 k_z 与厚度 d 进行拟合，就可得到薄膜的厚度、密度、表面粗糙度值，以及界面粗糙度值。由此可知，反射率以 $2k_z d$ 为周期发生振荡，$2k_z d \approx 2p\pi$，其中 p 为正整数，$k_z = k\sin\theta$，因此

$$d \approx \frac{p\pi}{k_z} = p\frac{\lambda}{2\sin\theta} \qquad (2\text{-}65)$$

进而得到 $p_i \approx \frac{2d}{\lambda}\theta_{max}$。其中，$\theta_{max}$ 是振荡峰的峰位，p_i 则是对应的振荡峰的数目。若取入射角 θ 为横轴，振荡峰的数目 p_i 为纵轴，则从 θ-p_i 关系曲线上拟合出的斜率就是 $2d/\lambda$，从而确定膜厚 d。图 2-31 是对沉积在 Si 片上的 30nm 的 Au 膜厚度的拟合估算，原始数据如图 2-26 所示，拟合计算出的厚度为 34.7nm，略有误差。

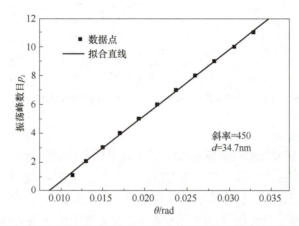

图 2-31 对沉积在 Si 片上的 30nm 的 Au 膜厚度的拟合估算

此外，还可对薄膜厚度进行简单估算，在对厚度要求不十分精确时采用。当把薄膜表面和界面之间的 X 射线干涉看成是两个晶面之间的 X 射线干涉时，就可以利用布拉格公式 $2d\sin\theta = n\lambda$ 进行近似计算（d 为薄膜厚度）。对于相邻的两个振荡峰，有

$$2d[\sin(\theta + \Delta\theta) - \sin\theta] = \lambda \qquad (2\text{-}66)$$

式中，$\Delta\theta$ 为相邻两个振荡峰之间的峰位差。由于掠入射条件下，θ 值非常小，有 $\sin\theta \approx \theta$（$\theta$ 单位为 rad）。整理之后得到

$$d = \frac{\lambda}{2\Delta\theta} \qquad (2\text{-}67)$$

2.7 其他 X 射线技术及其展望

为了更全面地表征纳米材料的物理化学性质，除了前面提到的 XRD、X 射线反射、GIXRD 等，还有一些其他的 X 射线技术，比如 X 射线光电子能谱（X-ray photoelectron spectroscopy，XPS）、原位 XRD、同步辐射 X 射线技术、二维 XRD、X 射线三维成像等。XPS 技术将在本书其他章节进行详细介绍，下面对原位 XRD、二维 XRD、同步辐射 X 射线技术、X 射线三维成像测试技术进行简要介绍。

普通的离位 XRD 测试只能得到试样的静态数据，但是，有时需得到材料在外场（力场、温场、电场等）或气氛环境下的动态演变数据，此时需进行原位 XRD 测试，以反映材料在高温下的结构变化、压电陶瓷在电场下的相变、电池材料在循环内的组分变化等动态过程。图 2-32 是钠离子电池材料 $Na_{0.67}Fe_{0.5}Mn_{0.5}O_2$（FMR-0）和 $Na_{0.67}Fe_{0.5}Mn_{0.45}Ru_{0.05}O_2$

（FMR-0.05）的原位充放电 XRD 图谱。对比可知，在 4V 左右的高压区间，FMR-0.05 的（002）峰存在加宽的现象，可以推断 FMR-0.05 在高压区间接近相变临界点。

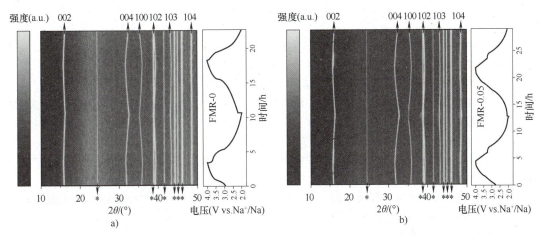

图 2-32　$Na_{0.67}Fe_{0.5}Mn_{0.5}O_2$ 和 $Na_{0.67}Fe_{0.5}Mn_{0.45}Ru_{0.05}O_2$ 的原位充放电 XRD 图谱（扫二维码看彩图）

　　传统的粉末衍射仪对衍射线测量限制在衍射仪平面，如想分析织构以及残余应力的分布等各向异性的性质将会比较困难。二维 XRD 技术允许通过附有可调整摆角的二维探测器来收集三维空间的衍射信号。通过调整探测器的摆角，可以捕获来自不同方向的衍射信号，从而可得到完整的衍射环图谱的测试结果。这些衍射环图谱不仅包含径向的衍射信息，还包含环向的织构、残余应力或晶粒尺寸分布等信息。图 2-33 所示为各向同性和各向异性的液晶弹性体材料的二维广角 X 射线衍射环图谱，各向同性材料的衍射环比较均匀，而各向异性材料的衍射环并不均匀。

图 2-33　各向同性和各向异性的液晶弹性体材料的二维广角
X 射线衍射环图谱（扫二维码看彩图）

　　同步辐射 X 射线光源与普通 X 光源相比有宽能谱范围、高纯净、高准直、高光通量等特点，同步辐射 X 射线光源常用于测试电子结构、轨道占据、价态、配位、键合及变化等信息，最常用的测试项目为 X 射线吸收精细结构（X-ray absorption fine structure，XAFS）、X 射线吸收近边结构（X-ray absorption near edge structure XANES）、拓展 X 射线吸收精细结构（extended X-ray absorption fine structure，EXAFS）等。

　　X 射线还可以对材料进行三维成像分析。X 射线穿过物体时，一部分被物体吸收，透射线的强度发生变化。试样各个部位对 X 射线的吸收率不同，对试样进行数字 X 射线摄影（digital radiography，DR），每旋转一定的角度拍摄一次，旋转 360° 之后拍摄数千张 DR 图像，通过工程软件的算法，将这些 DR 图像信息重组，可获得三维图像及其二维剖面图像。

思 考 题

1. X 射线的本质是什么？它的波粒二象性如何体现？

2. 连续 X 射线谱和特征 X 射线谱如何产生？分别与哪些因素相关？

3. 相干散射的本质是什么？为什么相干散射可形成衍射图样？

4. 记普朗克常数为 h，光速为 c，电子静止质量为 m，在 X 射线的非相干散射过程中，记入射 X 射线波长为 λ，入射波与反射波方向的夹角为 φ，则与自由电子碰撞而产生的非弹性散射波波长是多少？

5. 推导布拉格方程及其衍射级数的取值范围。

6. Al 为面心立方结构，其 $a = 0.405\text{nm}$，求采用 Cu K_α（波长为 0.15416nm）X 射线照射时，（111）晶面族衍射峰的峰位。

7. 设某晶体的某晶面族面间距为 0.0715nm，Cu K_α 和 Mo K_α（波长为 0.07107nm）的 X 射线照射下，该晶体晶面族能产生多少条衍射线？

8. 计算 MgO 消光因子的表达式。

9. 推导纤锌矿 ZnS 的消光条件。

10. 粉末衍射仪的基本组成单元有哪些？

11. 粉末 XRD 测试的滤波片应如何选择？铜靶和钼靶光源做粉末 XRD 分析需使用什么材料作为滤波片？简要说明理由。

12. 测试薄膜的 X 射线衍射/散射方法都有哪些？

13. X 射线衍射峰宽化的成因有哪些？

14. 利用谢乐公式计算晶粒尺寸时，应注意哪些问题？

15. 二维 XRD 测试中，如果纳米材料中存在部分大晶粒，衍射环将会如何变化？

16. 利用物相分析软件（如 JADE 等）和标准卡片数据库，尝试自己查找 Au 的晶体学数据和 XRD 衍射峰数据。

17. 欲证明纳米 Pt 颗粒和 TiO_2 的复合材料体系中，Pt 元素仅以单质的形式出现，使用本章提到的哪种测试方法最合适？

参 考 文 献

［1］ 王英华. X 射线衍射基础 ［M］. 北京：原子能出版社，1993.

［2］ 潘峰，王英华，陈超. X 射线衍射技术 ［M］. 北京：化学工业出版社，2016.

［3］ 周玉. 材料分析方法 ［M］. 4 版. 北京：机械工业出版社，2023.

［4］ 孙学军. X 射线引发的诺贝尔奖传奇 ［J］. 百科知识，2011（21）：27-28.

［5］ 黄继武，李周. X 射线衍射理论与实践 Ⅰ ［M］. 北京：化学工业出版社，2021.

［6］ 朱林繁，彭新华. 原子物理学 ［M］. 合肥：中国科学技术大学出版社，2017.

［7］ 秦秀芳，赵睿，张婷，等. 铈离子掺杂对钴铁氧体结构和磁性的影响 ［J］. 稀有金属，2023，47（10）：1380-1388.

［8］ ZHONG J X, YANG X Y, LYU T, et al. Nuanced dilute doping strategy enables high-performance GeTe thermoelectrics ［J］. Science bulletin, 2024, 69（8）：1037-1049.

［9］ CHEN Z W, YANG M L, CHEN G J, et al. Triggering anionic redox activity in Fe/Mn-based layered oxide for high-performance sodium-ion batteries ［J］. Nano energy, 2022：94106958.

［10］　CHEN G C, FENG H J, ZHOU X R, et al. Programming actuation onset of a liquid crystalline elastomer via isomerization of network topology ［J］. Nature communications, 2023, 14：6822.

［11］　张倩, 毛俊, 曹峰. 现代材料测试分析方法 ［M］. 哈尔滨：哈尔滨工业大学出版社, 2023.

［12］　蓝闽波. 纳米材料测试技术 ［M］. 上海：华东理工大学出版社, 2009.

［13］　张爱梅, 吴小山. 薄膜和多层膜的X射线散射方法与应用 ［J］. 物理, 2007, 26 (7)：516-523.

［14］　王晓春, 张希艳. 材料现代分析与测试技术 ［M］. 北京：国防工业出版社, 2010.

［15］　梁敬魁. 粉末衍射法测定晶体结构 ［M］. 2版. 北京：科学出版社, 2011.

［16］　厦门大学化学系物构组. 结构化学 ［M］. 2版. 北京：科学出版社, 2008.

［17］　KÜHL S, GOCYLA M, HEYEN H, et al. Concave curvature facets benefit oxygen electroreduction catalysis on octahedral shaped PtNi nanocatalysts ［J］. Journal of materials chemistry A, 2018, 7 (3)：1149-1159.

第 3 章

透射电子显微学

透射电子显微镜（TEM）简称透射电镜，是现代科学研究中一个不可或缺的工具，特别是在材料科学、凝聚态物理、纳米技术、生物医学等领域，它的应用几乎无所不在。自从1931年由德国物理学家恩斯特·鲁斯卡和马克斯·克诺尔（Max Knoll，1897—1969）发明以来，TEM已经极大地推动了科学技术的进步，尤其在材料显微组织结构及其与材料制备和性能之间的关系研究方面。其基本原理是使用高能电子束穿透超薄样品，电子束与样品中的原子相互作用后形成的透射电子携带了样品的晶体结构和原子内部信息。收集、测定和分析从样品局部区域产生的这些信号，并给出样品内局部信息的学说和技术，以及在材料科学、凝聚态物理、化学和生命科学中的应用，构成了透射电子显微学的全部内容。与传统光学显微镜相比，TEM遵从射线的Abbey成像原理，具有更高的分辨率，能够观察到原子尺度的结构信息，这对于纳米科学和技术的发展至关重要。

在材料科学领域，TEM可用来观察材料的微观结构和晶体缺陷，分析材料的相变和晶粒大小，探讨新材料的制备方法及性能。在凝聚态物理研究领域，TEM可以研究材料的电子结构和能带，探索磁性材料和超导材料的特性，分析材料的物理性能与微观结构之间的关系。对于纳米科技，TEM可以观察纳米材料的形貌和尺寸，分析纳米材料结构与功能的关系，研究纳米器件的制造和性能。在生物医药领域，TEM则可以观察病毒和细胞的细微结构，帮助科学家更好地理解疾病的机理和开发新的治疗方法。

相较于其他显微技术，透射电子显微术的优势在于其极高的分辨率，甚至达到亚埃级别，这使得研究人员能够观察到原子排列、晶体缺陷、相界面等精细结构，为揭示材料的本质特性提供了关键数据。同时，TEM还可以结合其他技术，如电子能量损失谱（electron energy loss spectrum，EELS）和能量色散X射线谱（X-ray energy dispersive spectrum，EDS），提供样品的成分和化学信息，进一步丰富了材料表征的手段。

本章主要介绍TEM的基本概念、仪器构造、工作原理以及样品制备方法，电子衍射分析、衍衬像和高分辨像以及扫描透射电子显微术（scanning transmission electron microscopy，STEM）、EDS、EELS等分析电子显微方法，通过一系列实例来展示TEM在不同领域的应用。

透射电子显微学是一门极具挑战和创新的科学技术，它不仅为我们提供了观察微观世界的窗口，还极大地推动了科学技术的发展。通过本章的学习，将了解到透射电子显微学的科学意义和应用价值，为材料及相关领域的科学研究和工业应用打下坚实的基础。

3.1　透射电子显微学基础

3.1.1　电子显微学发展历史

电子显微学的发展是科学技术史上的一项重要成就，它极大地推动了人类对微观世界的认知和探索。从最初的光学显微镜到现代的电子显微镜，视野已经从宏观世界扩展到了原子和分子层面。TEM 从理论设计到商业生产以及材料学的广泛应用只经历了短短的 20 年，其发展的主要里程碑如图 3-1 所示。

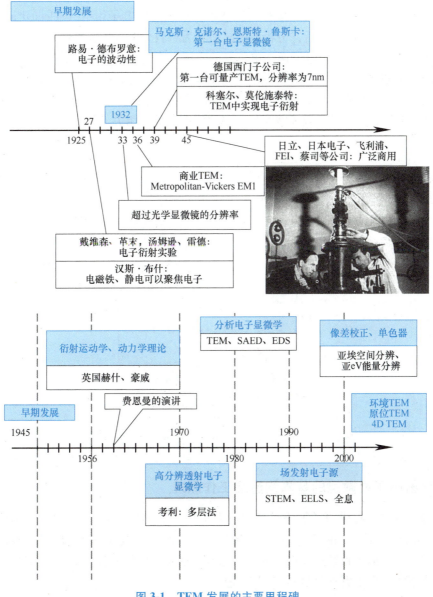

图 3-1　TEM 发展的主要里程碑

19 世纪，光学显微镜的发展达到了物理极限，分辨率约为 0.2μm。由于可见光成像的局限性显现，1925 年，法国物理学家路易·德布罗意提出了电子具有波动性的理论，为电子显微镜的发展奠定了理论基础。1932 年，恩斯特·鲁斯卡和马克斯·克诺尔成功使用电磁透镜将电子会聚，制造了第一台电子显微镜，实现了其技术原理。由于高速电子的波长远小于可见光的波长，因此，其分辨率明显优于光学显微镜。1986 年，恩斯特·鲁斯卡因其在电子光学领域的基础工作和第一台电子显微镜的研制而获得诺贝尔物理学奖。

1936 年底至 1937 年初，西门子公司实现了第一台商业电子显微镜（Metropolitan-Vickers EM1）的研发，并在柏林设立了电子显微镜实验室。1939 年，他们研发出第一台能够批量生产的"西门子超显微镜"，其分辨率达 7nm。直到 20 世纪 70 年代，高分辨透射电子显微学（high-resolution TEM，HRTEM）的发展将材料表征带入原子尺度，使得材料学研究得到快速发展。20 世纪 80 年代，引入多种探测技术，集成选区电子衍射（selected area electron diffraction，SAED）和 EDS 分析，分析电子显微学为材料分析提供了新的工具。

20 世纪 90 年代，场发射电子源、单色器的应用和像差校正技术的出现进一步提高了电子显微镜的分辨率和成像质量，TEM 的空间分辨率正式进入亚埃时代，能量分辨率也达到了毫电子伏（meV）级别。随着科学技术水平和认知需求的进一步提高，亚埃分辨逐渐走进人们的视线。图 3-2 给出了显微镜空间分辨率的演进历程及相关人物。

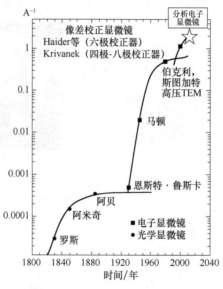

图 3-2　不同显微镜空间分辨率的演进历程及相关人物

3.1.2　透射电子显微镜的基本构造及工作原理

TEM 是一种能够提供原子级分辨率的强大工具。了解其工作原理和构造，有助于更好地掌握透射电子显微术，并应用于材料分析研究。本小节主要介绍 TEM 的组成部分。通过理解电子的产生、加速和聚焦过程，以及高能电子束与物质相互作用形成显微图像和电子衍射谱的工作原理，可以更有效地利用 TEM 进行材料分析。

1. TEM 的基本构造

TEM 是一种利用电子束作为照明源，通过电子与样品相互作用产生的信号来获取样品的微观结构信息的高分辨率电子显微镜。其基本构造包括照明系统、成像系统、记录系统以及辅助系统，如图 3-3 所示。TEM 的构造涵盖了从电子源的产生到图像的记录和分析的全过程。通过精细地控制和校准各个系统之间的配合，才能够获取理想的电子显微像。

（1）照明系统（illumination system） 照明系统负责产生并调节电子束，以确保高质量的成像，主要包括电子枪、聚光镜、光阑装置。电子枪是照明系统的核心，用于发射电子。根据工作原理的不同，电子枪可分为热发射型（如钨丝和 LaB6）和场发射型，主要构造如图 3-4 所示。热发射电子枪通过加热产生电子，而场发射电子枪则利用强电场诱导电子发射。评价电子枪的好坏需综合其亮度、相干性、稳定性以及成本等多种因素。

热发射电子枪技术成熟，成本相对较低，操作简便，维护容易。然而，由于电子的发射面积大，电子束的亮度相对较低，且高工作温度导致其寿命较短。相对而言，场发射电子枪的横截面积较小，能够产生方向性更好的电子束。冷场发射电子枪工作温度低，寿命较长，但稳定性较低，维护成本较高。热场发射电子枪（Schottky FEG）具有较高的电子束发射电流、良好的时间和空间稳定性以及较长的寿命等，成为当前 TEM 最广泛使用的电子枪。不同类型电子枪的参数见表 3-1。

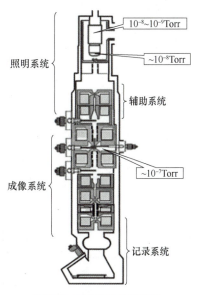

图 3-3 TEM 的基本构造

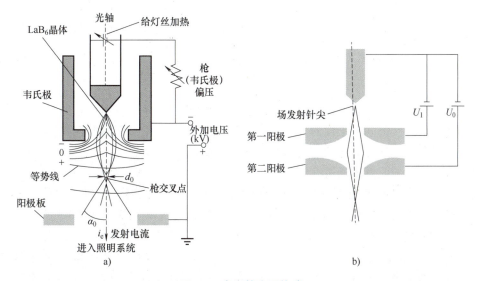

图 3-4 电子枪主要构造

a）热发射电子枪 b）场发射电子枪

表 3-1 不同类型电子枪的参数

参数	单位	钨	六硼化镧	肖特基场发射枪	冷场发射枪
功函数 Φ	eV	4.5	2.4	3.0	4.5
理查森常数	$A/(m^2 \cdot K^2)$	6×10^9	4×10^9		
操作温度	K	2700	1700	1700	300
电流密度（100kV 时）	A/m^2	5	10^2	10^5	10^6
横截面积	nm	$>10^5$	10^4	15	3
亮度（100kV 时）	$A/(m^2 \cdot sr)$	10^{10}	5×10^{11}	5×10^{12}	10^{13}
能量扩散（100kV 时）	eV	3	1.5	0.7	0.3
发射电流稳定性	%/h	<1	<1	<1	5
真空度	Pa	10^{-2}	10^{-4}	10^{-6}	10^{-9}
寿命	h	100	1000	>5000	>5000

注：sr 为球面度，立体角的国际单位。

评价电子源质量最重要的是发射电子束的相干性，它代表了不同电子束之间的一致程度。电子束的时间相干性定义了电子波的"步调一致性"。相干长度 λ_c 定义为

$$\lambda_c = \frac{Uh}{\Delta E} \tag{3-1}$$

式中，U 为电子束加速电压；h 为普朗克常数；ΔE 为电子束的能量发散度。λ_c 越大表示电子束具有越优的时间相干性。可以看出为了获得良好的时间相干性，需要稳定的电源和高压供应，以确保所有电子具有较小的 ΔE，从而获得稳定波长的电子束。

电子束的空间相干性则与电子源的大小有关，理想情况下，如果所有电子都从源的同一点发出，则具有完美的空间相干性。通常，通过有效源的大小 d_c 来评价电子束的空间相干性：

$$d_c = \frac{\lambda}{2\alpha} \tag{3-2}$$

式中，λ 为电子束波长；α 为电子源在样品表面的汇聚角。可以使用更小的光阑来减少 α，以提高空间相干性。空间相干性对于电子显微镜的空间分辨率、相位衬度像的质量、衍射花样的清晰度以及晶体样品成像的衍射衬度都非常重要。

电子显微镜的照明系统通过多级聚光镜来调节和优化电子束的密度、角度和尺寸，从而提高成像质量。常见的聚光镜包括电子枪聚光镜，C_1、C_2、C_3聚光镜以及现代透射电子显微镜中的迷你聚光镜，它们协同工作，实现不同的照明光路和模式，如图 3-5 所示。

（2）成像系统　成像系统是电子显微镜的关键部分，用于捕捉、放大和显示通过样品的电子束形成的图像，主要由物镜、投影镜系统、荧光屏等组成。物镜是 TEM 最核心的部分，由上极靴和下极靴组成，负责将穿透过样品并携带样品信息的电子束进行会聚，如图 3-6 所示。物镜也是成像系统的第一个透镜，任何由物镜造成的像差都会在投影镜系统中放大，并导致明显的图像畸变。因此，需要尽可能减小物镜缺陷引起的各种像差。

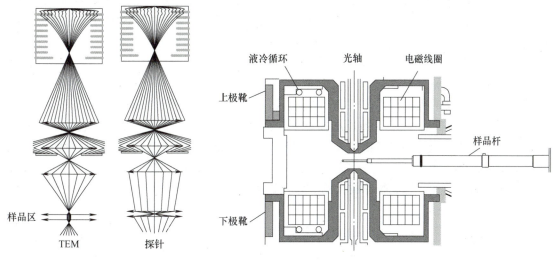

图 3-5　多级聚光镜调制样品区
平行光路和会聚光束

图 3-6　物镜的横截面示意图

中间镜位于 TEM 中的物镜和投影镜系统之间，是一个可变倍率的弱磁透镜。通过改变中间镜的磁强度，可以控制成像系统，从而在荧光屏上获得电子像或电子衍射谱。中间镜的下一级是由多组透镜组成的投影镜，通过改变投影镜的电流强度，可以在荧光屏上实现 $5000 \sim 10^6$ 倍率的图像放大。

（3）记录系统　TEM 中投影镜下方是用于观察和记录图像的系统。观察图像通常通过荧光屏进行，而记录图像则可以采用多种方法，包括照相底片、成像板、电荷耦合器件（charge coupled device，CCD）探测器以及互补金属氧化物半导体（complementary metal oxide semiconductor，CMOS）探测器等。

早期的电子显微镜使用底片对电子束进行曝光以获取电子显微图像。随着技术的进步，CCD 探测器逐渐取代了底片曝光技术。CCD 是一种金属-绝缘体-硅器件，能够存储由光或电子束产生的电荷。通过光电转换器将电子束信号转换为输出端的电压信号，经过外部电路放大和处理后形成可观测的图像。

近年来，CMOS 探测器在电子显微镜中的应用也越来越普遍。与 CCD 相比，CMOS 探测器具有更高的速度、更低的功耗和更好的集成度。CMOS 探测器能直接将电子束信号转换为电压信号，并通过内置的放大器和处理电路形成图像信号。

目前，大多数商业 TEM 都配备了 CCD 或 CMOS 探测器，可以将电子显微图像的信号传输至计算机，实现实时观察和记录。这种技术的应用大大提升了电子显微镜在科学研究和工业应用中的效率和精度。

（4）辅助系统　TEM 中，凡是电子运行的区域都要求有尽可能高的真空度。高速电子与气体分子相互作用会导致随机的电子散射，引起电子束能量、行进方向、相位等发生变化，从而携带了不必要的信息，导致成像质量严重下降，影响样品数据的分析解读。残余气体还会腐蚀炽热的灯丝，缩短灯丝的使用寿命。对于大多数 TEM，整个电子光路系统需保持 $10^{-7}\,\mathrm{mbar}$（$1\,\mathrm{bar} = 10^5\,\mathrm{Pa}$）的真空度。对于电子枪系统，则需保持 $10^{-10}\,\mathrm{mbar}$ 的超高真空度。

除了真空系统，还需温度控制系统、稳态电源系统以及减振系统等来控制 TEM 的散热、磁场以及振动的影响。一台 TEM 需要多种辅助系统之间的精密协调配合才可实现稳定的亚埃级空间分辨观察，以帮助人们探索微观世界。

2. TEM 的工作原理

从功能和工作原理上讲，电子显微镜和光学显微镜是相同的。其功能都是将细小物体放大到肉眼可以分辨的程度，工作原理都遵从射线的阿贝成像原理（Abbe's principle of image formation）。简单来说，阿贝成像原理描述了一束单色平行光照射到平面物体上，使整个系统成为相干成像系统。光波经物体发生夫琅禾费（Fraunhofer）衍射，在透镜后焦面上形成物体的衍射花样。随后，透镜后焦面上所有的衍射点作为新的次波源发出相干的球面次波，在像平面上相干叠加，形成物体放大的实像，如图 3-7 所示。

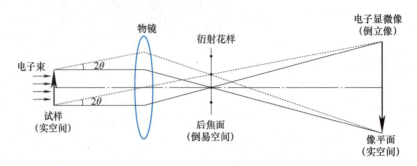

图 3-7　阿贝成像原理

与光学显微镜不同的是，<u>TEM 使用高能电子束作为射线源</u>。电子枪发射出电子束照射样品，由于电子束的能量很高（如 200~300keV），它可以穿透薄的样品（一般小于 100nm），经过物镜形成放大的像，之后通过中间镜和投影镜进一步放大投射到荧光屏。通过照相底片感光、慢扫描 CCD、CMOS 相机记录，得到高倍率的放大像。除了成像，还可以获得反映样品晶体结构的衍射像。对于成像，也有利用各种衬度原理所成的像。

（1）成像模式与衍射模式　介绍成像系统时就已经提到，通过改变中间镜的励磁强度，可以选择物镜的后焦面或像平面进行投影，也对应了 TEM 的衍射模式和成像模式。若选择物镜的后焦面作为中间镜的物平面进行放大，则可以获取样品的电子衍射花样（样品的倒易空间）。若选择物镜的像平面作为中间镜的物平面进行放大，则可获取样品的实空间放大像。两种工作模式的光路如图 3-8 所示。

（2）像差　与光学透镜类似，磁透镜中也存在球差、色差以及像散等像差。球差对电子显微像的极限分辨率有重要的影响。球差是由于磁透镜近轴区域和远轴区域对电子束的会聚能力不同（即透镜中磁场的径向不均匀性）而造成的。电子通过远轴区域时，会发生更大的折射，因此电子的焦距点不是全部会聚在高斯正焦平面，而是延伸在一定长度上。在高斯正焦平面得到的图像是一个模糊的圆斑，如图 3-9 所示。最小散焦斑的半径为

$$r_{\min} = 0.5\, C_s \beta^3 \tag{3-3}$$

高斯面上模糊圆斑的半径为

$$r_g = 2\, C_s \beta^3 \tag{3-4}$$

式中，C_s 为球差系数，具有长度量纲；β 为电子束收集半角。由球差限定的分辨率为

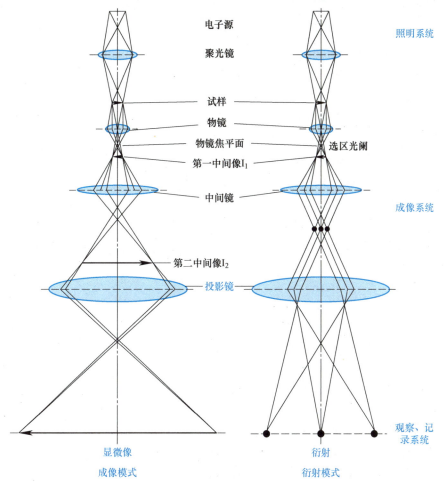

图 3-8 TEM 两种工作模式的光路图

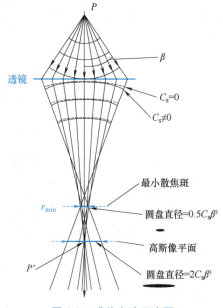

图 3-9 球差光路示意图

$$\delta_s = \frac{1}{4}C_s\beta^3 \tag{3-5}$$

因为$\delta_s \propto \beta^3$，如果使用小孔光阑挡住高角度离轴电子束，可以迅速减小球差的影响，但这会导致分辨率降低。因此，在实际操作中，必须平衡球差减小和分辨率之间的关系，以获得最佳的成像效果。

具体来说，减小孔径光阑的开孔大小，可以减少通过透镜的高角度离轴电子束，进而减小球差对图像质量的影响。然而，减小光阑开孔也会限制进入的电子束的数量，导致图像信噪比下降和分辨率降低。因此，选择合适大小的孔径光阑，既能有效减小球差，又能维持较高的分辨率和信噪比，是获得高质量电子显微图像的关键。

色差是成像电子的能量分散引起的，磁透镜对不同能量的电子聚焦能力不同，因而在高斯像平面上，一个物点的像变成了一个圆斑，如图3-10所示。圆斑的直径为

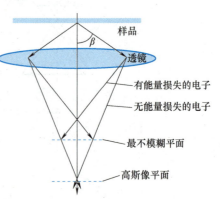

$$d_c = C_c\beta\left|\frac{\Delta E}{E}\right| \tag{3-6}$$

式中，C_c为色差系数，具有长度量纲；β为电子束的收集半角；ΔE为电子的能量分布；E为电子束的初始能量。

色差的存在使高斯像平面上的图像变得模糊，影响了显微镜的分辨率。为了减小色差对成像的影

图3-10　色差光路示意图

响，可以使用色差校正器或采用单色电子源，尽量减少电子束的能量分散。通过这些方法，可以提高电子显微镜的成像质量。

像散是电子在绕光轴旋转时受到不均匀磁场的调制，导致电子偏离光轴，从而产生图像畸变。这种缺陷的产生是因为我们无法制造出完全理想的软铁电磁透镜，使其在光轴附近的磁场呈现完全圆柱对称。此外，如果透镜或光阑受到污染，污染物会引起电荷积累，导致磁场变化，使光束偏转。

像散的产生有多种原因，包括透镜的制造缺陷、光阑的污染以及系统内其他不均匀因素。这些因素会导致图像衬度的不均匀，图3-11展示了一个孔洞周围的白色和黑色衬度受到像散影响下发生的畸变。

为了减小像散的影响，可以使用像散校正器，通过调整磁透镜的电流来补偿不均匀磁场，或通过定期清洁透镜和光阑，减少污染物对磁场的干扰。通过这些方法，可以改善图像的质量，减少像散带来的畸变。照明系统（聚光镜）和成像系统（物镜）都配备了像散校正器，以应对由不均匀磁场引起的图像畸变。

总之，球差、色差和像散是电磁透镜的三大主要

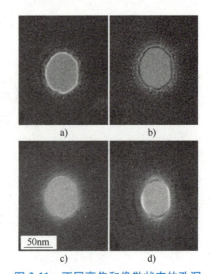

图3-11　不同离焦和像散状态的孔洞

a）欠焦无像散　b）过焦无像散
c）正焦有像散　d）欠焦有像散

缺陷。此外，电磁透镜还存在其他缺陷，例如，彗差和星形畸变等，这些也会引起像差。尽管这些缺陷在一定程度上影响了成像质量，但目前的像差校正技术已经相当成熟，能够大幅减少这些像差的影响。

虽然电磁透镜的设计尚未达到完全对称的理想状态，但先进的像差校正器和校正技术已经使 TEM 的空间分辨能力提升到原子尺度上。这些技术的进步显著提高了电子显微镜在科学研究和工业应用中的实用性和精度，使得我们能够更加清晰和准确地观察微观世界。

3.1.3　样品制备

1. 常见的样品制备方法

样品制备对于获得高质量电子显微图像至关重要。作为电镜分析的第一步，样品制备通常需耗费大量时间。随着电镜技术的进步，样品制备技术也在不断发展。在材料科学领域，样品制备技术主要分为两大类：生物样品制备和固态物质制备。本小节只讲述材料科学中的样品制备技术，这些试样大多是有一定硬度的固态物质。

制备固态物质样品，需将样品处理成薄膜。薄膜厚度直接影响电子束的穿透能力，通常 TEM 样品的观察区域厚度需小于 100nm。而对于高分辨率的原子像，样品厚度需要控制在 10nm 以下，甚至 5nm 以下，以确保电子能透过样品形成清晰图像。因此，进行电子显微学研究时，科技工作者不仅要了解电镜的结构和原理，还要精通样品制备技术，以确保能够获得满意的实验结果。

电镜样品的原始形态多种多样，如大块状材料、细小颗粒、粉末、纤维状材料、薄片等。根据材料的不同以及实验要求，需采取不同的方法制备成可以装载到电镜样品杆上的形态。通常，电镜样品杆装样区域的直径约为 3mm（少数为 2.3mm），可容纳的最大样品厚度约为 0.3mm。因此，样品必须制成直径小于 3mm、中心厚度小于 100nm 的薄片状。

针对样品的物理特性，选择合适的制样方法是关键。表 3-2 所示为不同块体材料适合的制样方法。以下是一些常见的块体材料和适合的制样方法：

表 3-2　不同材料适合的制样方法

初始材料	操作	速率	最终形状
厚带材（>0.25mm）	电解抛光	5~50mm/min	薄片
	化学抛光	50~500mm/min	
	扫描喷射	10~20mm/min	
	机械磨或手磨	多种速率	
	电火花抛光	50~500mm/min 取决于电火花能量	
厚板、棒或杆	电火花切割	500~1000mm/min 取决于电火花能量	
	化学切割	10~50mm/min	
棒或杆	"珠宝匠"锯	快	薄片/圆片
薄片（0.2~0.5mm）	C冲、超声或电火花穿孔、喷沙研磨	5~15mm/min	圆片

（1）大块状材料

1）机械研磨。使用金刚石锯片或线锯切割出薄片，再逐级砂纸打磨至所需厚度。

2）离子减薄。对于更高精度的薄片处理，使用离子束对样品进行进一步减薄。

（2）细小颗粒和粉末

1）分散法。将颗粒或粉末分散在液体中，滴涂到支持膜（如碳膜或硅膜）上。

2）压片法。将粉末压制成薄片后，再进行离子减薄处理。

（3）纤维状材料

1）聚集与固定。将纤维束聚集并用适当的黏合剂固定在支持膜上，或直接制成薄片进行观察。

2）离子减薄。对于需要更薄的纤维样品，可进行离子减薄处理。

（4）薄片材料

1）化学蚀刻。对于具有一定厚度的薄片，可采用化学蚀刻的方法减薄到所需厚度。

2）机械研磨与抛光。薄片先进行机械研磨，再抛光至所需厚度，最后进行离子减薄处理。

制备出片材后，还需对其进行最终减薄，以在样品上获得可以进行 TEM 观察的薄区。常见的减薄手段有电解双喷法和离子减薄法。

（1）电解双喷法　图 3-12 所示为电解双喷仪示意图。电解双喷仪中，圆片试样被夹持在两个喷嘴之间的聚四氟乙烯支架上，四周被试样夹盖住，只留中间区域进行减薄。具体步骤如下：

1）样品安装。试样被安装在聚四氟乙烯支架上，两个喷嘴对准试样的中间区域。试样连接到铂丝阳极，阴极焊接在两侧喷管。

2）电解过程。喷管缓慢喷射电解液，以减少气泡引起的不均匀扰动。通过光源和光导纤维控制减薄进程。

3）电解条件控制。选择合适的电压和电流条件，确保试样能获得光滑和均匀的薄区。如果电流密度过大，试样可能会局部早期穿孔；如果电流密度过低，表面可能会腐蚀发乌。

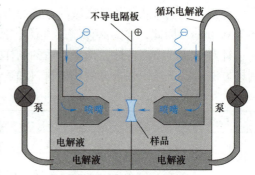

图 3-12　电解双喷仪示意图

4）抛光和清洗。抛光减薄完成后，打开试样夹，取出试样。选择合适的溶液对试样进行清洗，去除残留电解液。

运用电解双喷法制备 TEM 试样，需根据样品材料选择合适的电解液，确保减薄过程中不会对样品产生过度腐蚀。需要使用光源和光导纤维监控减薄过程，确保均匀减薄。抛光减薄完成后，立即将试样取出并用合适的溶液清洗，去除电解液残留，确保试样在干燥过程中不会受到污染。

电解双喷法可以有效减薄样品，获得适合 TEM 观察的薄区。此方法在最佳电压和电流条件下，能够得到光滑和均匀的薄区，从而提高电子显微镜的成像质量。

（2）离子减薄法　离子减薄法是一种适用于特定样品类型的制备方法，特别是对易于腐蚀、具有孔隙、组织中各相减薄速度差异大或难以清洗的样品。以下是离子减薄法的基本流程和关键因素：

离子减薄的制样流程包括切片、初磨、制凹坑、离子减薄四部分（图3-13）。首先，将样品切割成适当大小的片段，以便进行后续的处理。然后，使用机械磨片或抛光机对样品表面初磨，去除粗糙或不均匀的表面。接着，在样品表面选择性地制作凹坑或准备区域，用于后续离子轰击过程中的原子溅射和样品的局部薄化。将样品放置在离子减薄装置中，通过高能离子或中性原子轰击样品表面。高能离子击中样品表面后，会将表面原子溅射出去，逐渐使样品变得足够薄。控制离子束的能量和轰击时间，以确保样品表面均匀薄化。离子减薄后，用适当的溶液对样品进行清洗，去除可能的离子轰击产物和残留物。检查样品的表面质量和薄化程度，确保符合电子显微镜观察要求。

离子减薄过程中的关键因素包括喷溅速率和人为污染。

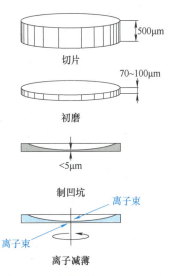

图 3-13 离子减薄的制样流程

喷溅速率直接影响试样表面的离子减薄效果。影响喷溅速率的主要因素包括入射粒子的流量和速度、入射角大小、试样原子和入射粒子的相对质量、试样原子的内聚能以及可能发生的化学反应。入射粒子的流量（束流密度）决定了单位面积上每秒被轰击的粒子数目，流量越大，喷溅速率越高。入射粒子的速度直接影响其动能，速度越高，粒子与试样原子碰撞时的能量转移越大，进而增大喷溅速率。入射角度的改变不仅影响入射粒子的入射动能，还会影响喷溅产物的运动方向和能量分布，从而改变减薄速度（图3-14），影响样品的表面均匀性和结构。试样原子和入射粒子的相对质量越大，入射粒子碰撞时传递的能量越高，喷溅速率也会相应增加。试样原子的内聚能越大，表明试样表面的原子被轰击时需要更大的能量才能喷溅出去，因此，喷溅速率可能会减小。此外，如果入射粒子与试样原子发生化学反应，可能会影响喷溅速率和表面化学组成，进一步影响样品的分析结果。

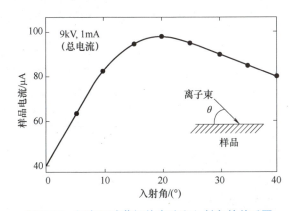

图 3-14 氩离子减薄铜片电流和入射角的关系图

人为污染是指外部因素或处理过程中引入的杂质、不均匀性或结构变化。这些因素可能使分析时的数据不准确或不一致，尤其对于需要获得晶体学信息的样品。例如，离子抛光过程可能在试样表面形成无定形的氧化物或其他化合物层，这些层可能掩盖或改变样品本身的性质。在 TEM 分析中，这种无定形层可能会干扰成分分析或表面形貌的观察。离子减薄过程中，由于加热或离子轰击，试样的化学成分可能发生变化或产生歧化。这可能导致分析结果产生误差，特别是在需要准确成分分析的应用中。离子抛光可能会影响试样表面的光洁度和表面粗糙度。如果离子抛光条件不恰当，可能会导致表面的不均匀性或磨损，从而影响后续的表征分析。

为了最大限度地减少离子减薄过程中的人为污染，现代化设备已经采取了多种措施。通过精确控制离子束的能量和角度，减少对试样表面的热和机械影响，降低晶体学取向变化和位错的形成。现代离子源和离子束设备能够提供更加均匀和稳定的离子束，减少了表面粗糙度值和无定形层的形成。采用低温和低能的离子减薄技术可以减少试样表面的结构变化和化学成分变化，从而保持样品的原始性质。

聚焦离子束（focused ion beam，FIB）技术是一种高精度的样品制备方法，特别适用于需要微米和纳米尺度精确切割的样品，如 TEM、扫描电子显微镜（scanning electron microscope，SEM）和原子力显微镜（atomic force microscope，AFM）样品的制备。

图 3-15 给出了 FIB 法制备样品的一般流程和关键步骤。

1）标记感兴趣区域。使用 SEM 或其他显微镜技术，标记出样品上感兴趣的区域。

2）沉积保护性铂条。在感兴趣的区域周围沉积一层铂条，这些铂条用于保护样品免受后续镓离子束的影响。

3）切割槽道（trenches）。使用高能镓离子束，在样品表面切割出所需的槽道。这些槽道通常用于定义最终要制备的样品结构或减薄区域的边界。

4）切割切片的底部和侧面。在槽道的底部和侧面进行更深入的切割，确保样品表面的平整和准确。

5）最终切割。对样品进行最终的切割和形状定义，制备出具有所需尺寸和形状的样品。

6）原位抛光。在 FIB 系统内部进行原位抛光，确保样品表面的平整度和质量。这一步非常重要，因为样品表面的平整度直接影响后续 TEM 观察质量。

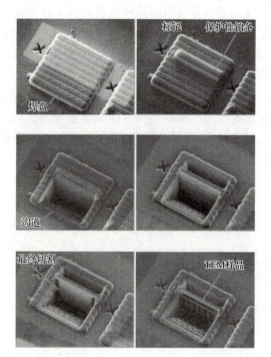

图 3-15　FIB 法制备样品的一般流程和关键步骤

7）取出 TEM 样品。样品制备完成后，将其从 FIB 系统中取出，准备进行 TEM 观察或其他分析。

2. 电子显微镜制样引入假象的讨论

TEM 分析虽然提供了高分辨率的显微观察能力，但是它属于破坏性分析，可能会受到多种因素的影响而产生假象。在薄膜制备过程中，位错的行为尤其需要谨慎对待。减薄过程中，长程应力的释放和机械变形可能导致位错的消失或重新排列，甚至不小心引入新的位错。因此，通过研磨方法制备的电镜样品，特别是观察位错时，须仔细判断观察结果的准确性。建议在研究位错时尽量避免机械研磨中的强力碰撞，确保所观察到的位错结构能够反映材料的典型特征。

在 TEM 样品制备和观察过程中，还需考虑减薄过程中可能出现的相变问题，主要涉及以下两种效应。①在抛光或离子减薄过程会产生热量积累导致的相变，特别是在高温条件下。②样品表面的性质对相变具有影响，例如淬火高碳钢的薄膜内缺少残留奥氏体就可能是减薄过程中相变的结果。此外，还存在一些偶然因素，如观察过程中电子束辐照引起的结构假象、碳氢化合物分解导致的污染、高能电子束轰击引起的电学效应等，这些因素都可能影响样品的实际观察结果。因此，在分析和报告任何显微结构时，特别是对于脆性和活泼试样，必须格外谨慎和注意，以确保结论和数据无误。

3.2　电子衍射谱

3.2.1　电子衍射的基本概念

1. 电子衍射与 X 射线衍射的比较

乔治·汤姆孙的实验观察到的电子衍射花样与 XRD 的基本一致性确实反映了它们遵循相似的布拉格衍射条件。电子衍射和 XRD 都是由晶格中原子排列引起的衍射现象，其衍射花样的形成和特性受到晶格参数和入射波的性质影响，但由于电子与 X 射线的物理性质有所不同，因此也有一些显著的区别：

从物理性质上看，X 射线是电磁波，不带电且没有静止质量，其波长在几纳米到几百皮米之间，在均匀介质中的速度不变，波动行为在时空上的分布呈简单的线性关系，适用于晶体结构的非破坏性分析。电子波是带负电的物质波，具有静止质量，并且其波长通常在几皮米到几十皮米之间，可以通过电子显微镜进行高分辨率的成像和晶体学研究。

作为物质波，电子在运动速度和时空分布上与电磁波有显著的不同。在均匀介质中，电子的运动速度可受到场效应和其他电磁相互作用的影响，从而导致其波长和频率的依赖关系与电磁波不同。电子的动量和能量与其波长和频率之间的关系显示出非线性分布特征。这种非线性关系在电子显微镜中尤为重要，因为它直接影响到电子在样品中的散射和衍射行为，进而影响到成像的空间分辨率和能量散射的分析结果。

电子带电使其更容易受磁场的控制，可通过调节磁透镜参数和增加光阑，将电子束的聚焦能力提高到微米甚至纳米级别，从而实现高分辨率的成像和衍射分析。X 射线难会聚，束斑大小通常是毫米、亚毫米量级。另一方面，X 射线为大角度散射，散射角可达到几十度，适用于晶格常数等宏观结构参数的精确性分析。电子衍射则通常展现出较小的散射角度（几毫弧度），能探测到样品中微小缺陷、局域应变等微观结构细节，对于界面结构、取向分布等具有高灵敏度。此外，电子能同时被原子中的电子和原子核散射，比 X 射线散射要强得多（大约是 X 射线散射的 10^4 倍），这使得在较短的曝光时间内就可获得清晰的衍射图像，从而提高时间分辨率和实验效率。

2. 电子衍射的几何原理

电子衍射与 X 射线衍射有相同的几何原理，即布拉格衍射定律。可以用布拉格公式或倒易点阵来描述产生电子衍射的几何原理。根据布拉格方程 $2d\sin\theta=n\lambda$，可以得出 $\sin\theta=n\lambda/(2d)\leqslant 1$。因此，电子束波长 λ、晶面间距 d 及其取向关系可用图 3-16 所示的 Ewald 球进行描述。

Ewald 球是以入射电子束波矢 k 的起点为中心，以电子波长的倒数 $1/\lambda$ 为半径的球。

当电子束 AO 照射到晶体上时，一部分电子会透射过去，形成透射波矢 k；另一部分电子会与晶面（hkl）发生相互作用，产生衍射，形成衍射波矢 k'。这些衍射波矢的终点都位于 Ewald 球上。

为了产生衍射，衍射波矢 k' 的终点（即衍射电子束的方向）必须与某个倒易点阵的点重合。在这个问题中，点 A、O、G 都位于 Ewald 球面上，但只有落在反射球上的倒易点（如点 G）才是干涉极大值点，能够产生明显的衍射。

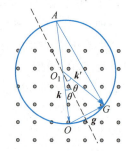

图 3-16　Ewald 球图解法解释衍射条件

对于加速电压为 200kV 的 TEM，电子波长是 0.00251nm，对应的 Ewald 球半径为 400nm^{-1}。而典型的晶面间距为 0.2nm，对应的倒易矢量长度为 5nm^{-1}。由于 Ewald 球的半径远大于典型的倒易矢量长度，因此可以将球面近似看作平面来处理。

综上所述，Ewald 球是布拉格定律的图解工具，能够直观显示晶体产生衍射的几何关系。在电子衍射中，只有落在 Ewald 球上的倒易点阵点才能产生明显的衍射。

需要注意的是，布拉格定律只是从几何角度讨论晶体对电子的散射，没有考虑反射面上的原子位置，也没有考虑此反射面的原子密度。因此，布拉格定律只是晶体对电子散射产生衍射极大的必要条件，还需考虑消光条件（见 1.2.6 节）。同时满足布拉格定律和消光条件才能出现衍射点。

3. 干涉函数

布拉格定律告诉我们，只有当入射电子束与晶面夹角正好满足布拉格定律时才可能产生衍射。实际上这一结论只适用于无限大的完美晶体，因为对于一个无限大的完美晶体，其倒易阵点尺寸无限小，只有严格满足布拉格条件时，Ewald 球才可能与倒易阵点相交，产生衍射强度。

对于真实晶体，它们总是具有有限的尺寸，并且包含各种缺陷（如位错、空位、杂质等）。这些因素导致晶体的倒易点阵不再是由无限小的点组成，而是具有一定的形状和大小。这种形状和大小通常与晶体的尺寸、缺陷分布以及晶体内部的应力状态等因素有关。

由于真实晶体的倒易点阵具有形状，Ewald 球与倒易点阵相交的可能性就大大增加了。即使入射波与晶面之间的夹角不完全满足布拉格定律，Ewald 球仍有可能与倒易点阵的某个部分相交，从而产生衍射。这种衍射现象虽然不如严格满足布拉格条件时那么强烈，但仍可以被探测到。

为了描述这种偏离严格布拉格条件的情况，引入偏离矢量 s。偏离矢量是从严格的布拉格位置（即倒易点阵的点）到 Ewald 球与倒易点阵相交点（即产生衍射的点）的矢量。它表示了实际衍射条件与理想布拉格条件之间的偏差。

如图 3-17 所示，偏离矢量 s 与入射波矢 k、衍射波矢 k' 以及晶面法线之间形成了一个几何关系。这个关系可以用来定量描述衍射现象的强度和方向性。

$$K = k' - k = r_{hkl}^* + s \tag{3-7}$$

偏离矢量实质是倒易矢量的扩展，反映了入射电子束波矢偏离布拉格衍射条件的程度。

在实际的电子衍射中，干涉函数 $I(s)$ 描述了偏离矢量 s 对电子衍射强度的影响。干涉函数是衍射理论中的一个重要工具，它综合考虑了晶体的结构特性［如结构因子 $F(g)$］以及电子波在晶体中的传播路径。衍射强度与偏离矢量的关系通常可以表达为干涉函数 $I(s)$ 的形式，即

$$I(s) \propto \left| \sum_j F_j (2\pi \mathrm{i} s \cdot r_j) \right|^2 \tag{3-8}$$

式中，F_j 为第 j 个原子的散射因子；r_j 为第 j 个原子的位置。

在电子衍射中，当偏离矢量 s 为 0 时，意味着入射电子束与晶面之间的夹角严格满足布拉格条件，此时衍射强度达到最大。而当 s 不为零时，即存在偏离布拉格条件的情况，衍射强度会随着 s 的增大而减小。这种变化不仅影响衍射点的强度，还会改变衍射点的形状和宽度。为了解释显微镜图像和电子衍射谱，需深入分析决定布拉格衍射束强度的各种因素。

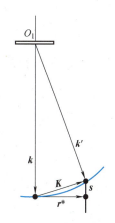

图 3-17 倒易点阵拉长情况下的 Ewald 反射球构图

对于一个有限晶体，在 3 个方向上分别有 M_1、M_2、M_3 个晶胞，晶体的衍射强度为

$$I = |\Phi_g|^2 = |F_g|^2 \frac{\sin^2(\pi M_1 s_1)}{\sin^2(\pi s_1)} \frac{\sin^2(\pi M_2 s_2)}{\sin^2(\pi s_2)} \frac{\sin^2(\pi M_3 s_3)}{\sin^2(\pi s_3)} \tag{3-9}$$

令

$$|G(s_1, s_2, s_3)|^2 = \frac{\sin^2(\pi M_1 s_1)}{\sin^2(\pi s_1)} \frac{\sin^2(\pi M_2 s_2)}{\sin^2(\pi s_2)} \frac{\sin^2(\pi M_3 s_3)}{\sin^2(\pi s_3)} \tag{3-10}$$

$G(s)$ 称为干涉函数，它代表晶体的形状和大小（有限尺寸）对衍射（倒易点阵）分布的影响。图 3-18 是 $|G(s_1)|^2$ 的强度分布图，严格满足布拉格条件的位置（$s = 0$）为衍射的主极大，表现为衍射斑点的展宽，其宽度为 $1/M_1$，且强度分布有一定的形状。在主极大附近，随着偏离的增加，还形成一系列次极大。但次极大的强度很小，仅相当于中心主极大的 4% 左右。干涉函数表明，衍射强度在倒易空间的分布与晶体的几何形状有关，样品不同方向上的晶胞数量会改变衍射强度在倒易空间的分布，被称为样品的形状效应。

图 3-19 显示不同形状的样品对应衍射点的变

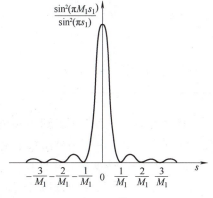

图 3-18 $|G(s_1)|^2$ 的强度分布

形。当晶体是有限尺寸的立方体时，衍射点沿着立方体表面的法线方向拉长，形成星状图案；立方体尺寸越小，衍射效应越强，衍射点在空间的分布范围更广，表现为衍射点变大。当样品是球形晶体时，衍射点的强度在空间呈球对称分布，形成球壳状的衍射图案。当样品是一个半径为 D、厚度为 t 的二维圆盘时，倒易点会沿圆盘的法线方向拉长，中心主级大的长度为 $1/t$。当样品是一个一维针状时，其倒易点会展开成椭圆的圆盘和圆环，椭圆的长轴垂直于纳米线的长度方向，而短轴则平行于针的长度方向。

综上所述，样品形状和尺寸对电子衍射图案有显著影响。通过分析和解释这些影响，可以更深入地理解电子衍射的物理机制，并应用于材料科学、晶体学等领域的研究中。

3.2.2 电子衍射的标定

研究衍射花样与晶体的几何关系在材料科学和晶体学中具有重要的意义，因为它允许我们通过衍射花样来分析和确定晶体的结构和取向。如图 3-20 所示，在离试样 L 处的屏幕上记录相应的衍射图案，底片上中心斑点 O' 到某衍射斑（如 G''）的距离 r 为

$$r = L\tan 2\theta \tag{3-11}$$

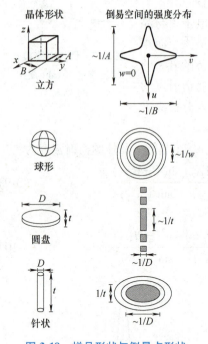

图 3-19　样品形状与倒易点形状

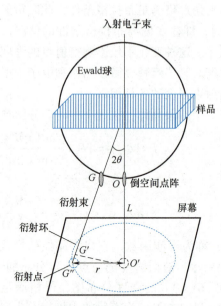

图 3-20　电子衍射的几何关系（Ewald 球半径与 L 不成比例）

它描述了屏幕上衍射斑点到中心斑点的距离 r 与相机长度 L 和衍射角 2θ 之间的关系。然而在实际实验中，由于满足布拉格定律的角度 θ 通常非常小（毫弧度量级），可以近似使用 $\tan 2\theta \approx 2\theta$ 和 $\sin\theta \approx \theta$ 来简化计算。

将这些近似关系代入布拉格公式 $2d\sin\theta = \lambda$，可以推导出

$$rd = L\lambda \tag{3-12}$$

式中，d 为对应的满足布拉格衍射条件的晶面间距；λ 为入射电子束波长。对于同一台

TEM，$L\lambda$ 是一个常数，称为衍射常数或相机常数，它是一个与 TEM 的具体设置相关的常数。

实际操作中，通过在屏幕上记录衍射图案，并测量衍射斑点到中心斑点的距离 r，就可利用式（3-12）计算出对应的晶面间距 d。这是衍射花样分析的基础，它直接关联衍射图案与晶体内部结构的空间周期性。此外，还可通过测量衍射照片中不同晶面间距的夹角，利用晶带定律对不同晶体的衍射花样进行标定。

1. 多晶衍射环的标定

多晶材料的衍射分析中，衍射花样的形状和分布提供了关于晶体结构的重要信息。对于取向随机的多晶材料，其衍射花样表现为一系列同心的圆环，这些圆环的半径与晶面间距的倒数成正比，这一关系由公式 $r=L\lambda/d$ 给出，如图 3-21 所示。在恒定的实验条件下，$L\lambda$ 是一个常数，因此衍射环的半径之比直接反映了晶面间距的倒数之比。

对于立方晶系，其晶面间距 d 与晶格常数 a 和晶面指数 (hkl) 的关系为

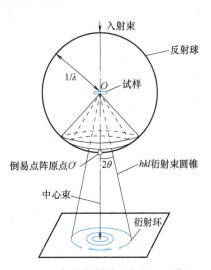

$$d=\frac{a}{\sqrt{h^2+k^2+l^2}}=\frac{a}{\sqrt{N}} \qquad (3\text{-}13)$$

式中，$N=\sqrt{h^2+k^2+l^2}$。通过测量多晶衍射环的半径之比，可以得到一系列 $\sqrt{N}$ 值，这些值对应于晶体点阵中可能的 N 值。

以面心立方点阵为例，由于面心立方点阵的消光条件，只有 (hkl) 全为奇数或偶数时，结构因子才不为零，因此 N 只能取满足这一条件的整数值。如果测量得到的半径之比为 $\sqrt{3}:\sqrt{4}:\sqrt{8}:\sqrt{11}:\sqrt{12}:$ $\sqrt{16}:\sqrt{19}:\sqrt{20}:\cdots$，则这些比值分别对应于 $N=$ 3，4，8，11，12，16，19，20，$\cdots$，从而可以判定该晶体具有立方晶系的面心立方结构。

图 3-21　多晶衍射的几何关系示意图

同样的方法也适用于立方晶系的其他点阵，如简单立方、体心立方和金刚石立方。每种点阵都有其特定的 N 值规律，这些规律可通过消光条件计算。图 3-22 给出了立方晶系中各种点阵可能的 N 值，这些值对于快速判断材料的晶体结构和对称性非常有用。

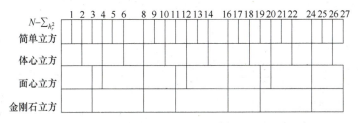

图 3-22　立方晶系中各种点阵可能的 N 值

对于其他晶系，虽然衍射环半径的规律可能不同于立方晶系，但同样可通过类似的方法来计算和判断。关键在于理解衍射花样的形成机制，以及它与晶体结构之间的几何关系。通过测量和分析衍射环的半径和分布，可以获得关于晶体结构的重要信息，如晶格常数、晶体

取向和对称性等。

2. 单晶电子衍射花样的标定

在单晶中，整个体积内的原子都按同一种规则排列，这种高度有序的结构使得单晶在电子衍射中展现出独特的衍射花样。当入射电子束与单晶样品某晶带轴平行时，此时的衍射花样为周期性点阵，这是由于电子束与晶体中的原子发生相互作用，产生衍射效应，进而在底片上形成一系列规则排列的斑点。这些斑点实际上是晶体内部倒易点阵在特定方向的投影和放大。

为了了解单晶衍射花样的标定，需要先熟悉倒易点阵的画法，这能帮助我们熟悉不同晶系倒易点阵的几何特征。

绘制倒易点阵一般遵循以下步骤：

1）**确定晶胞参数**。首先需要知道晶体的晶胞参数，包括晶胞的边长和夹角。

2）**计算倒易矢量**。根据晶胞参数，可以计算晶体中各晶面的倒易矢量。倒易矢量的大小与晶面间距成反比，方向与该晶面的法线方向相同。

3）**绘制倒易点阵**。以原点为中心，将各倒易矢量按照方向和大小绘制在倒易空间中，即可得到倒易点阵。

4）**确定倒易点阵**。根据平移对称性，填补没有包含的倒易阵点；确定新的最短及次短倒易矢量，给出新的平移操作；根据消光条件，去掉消光点，完成倒易面的绘制。

下面以面心立方点阵（211）*倒易面的绘制为例加以说明。

在面心立方点阵中，（211）*倒易面在坐标轴上的截距分别是 0.5、1、1，即 3 个截点分别是（100）*、（020）*、（002）*。将（100）*平移至倒易原点，得到 3 个新的点（000）*、（$\bar{1}$20）*、（$\bar{1}$02）*。根据消光规则，只有（hkl）全为奇数或偶数时，结构因子才不为零，从而可以得到两个倒易矢量

$$r_1^{*\prime}=[\bar{2}40]^*, r_2^{*\prime}=[\bar{2}04]^* \tag{3-14}$$

两个倒易矢量的夹角与长度之比为

$$\frac{r_2^{*\prime}}{r_1^{*\prime}}=1, \cos\alpha=\frac{1}{5} \Rightarrow \alpha=78.46° \tag{3-15}$$

如图 3-23 所示，确定 $r_1^{*\prime}$ 与 $r_2^{*\prime}$ 的夹角与长度之比后，根据平移对称性按比例绘制一个基本的周期性点阵（黑色阵点）。

利用面心立方的平移对称性对点阵进行补点，找到那些通过平移操作但尚未在基本点阵中明确标出的点，并将它们添加到点阵中（以灰色表示），从而形成一个完整、无遗漏的倒易点阵。

确定点阵中最短和次短的倒易矢量，在这个例子中，确定 $[\bar{1}11]^*$ 和 $[0\bar{2}2]^*$ 为最短和次短的倒易矢量。

验证所有的倒易阵点都符合面心立方的消光条件，完成面心立方（211）*倒易面的绘制。

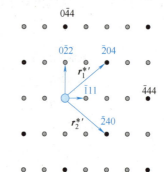

图 3-23　面心立方（211）*倒易面

如图 3-23 所示，面心立方（211）*倒易面中最短与次短倒易矢量围成的四边形是简单

矩形。这个矩形的形成是由于面心立方晶体的对称性导致的。表3-3进一步展示了倒易点阵中几种常见的几何特征及其对应的可能晶系。

表3-3　常见倒易点阵几何特征及其所属晶系

电子衍射图的几何图形	五种二维侧易点阵平面	电子衍射图及相应的点群	可能属于晶系
平行四边形		2(180°)	三斜，单斜，正交，四角，六角，三角，立方
矩形		2mm(90°) 90°	单斜，正交，四角，六角，三角，立方
有心矩形		2mm(90°) 90°	单斜，正交，四角，六角，三角，立方
四方形		4(90°) 90° 　4mm(45°) 45°	四角，立方
正六角形	120°	6(60°) 60° 　6mm(30°) 30°	六角，三角，立方

通过观察倒易点阵的几何特征，可以对样品的晶体结构做出初步判断，并为后续的实验分析提供有价值的线索。如在实验中观察到一个具有正六角形网格特征的倒易点阵，那么可

以初步推断该样品可能属于六方晶系、三方晶系或者立方晶系，再进一步通过其他实验手段（如 X 射线衍射、电子衍射等）来验证这一推断。

在单晶电子衍射的研究中，对衍射花样的标定是理解晶体结构的重要步骤。当晶体的点阵已知时，主要采用的标定方法包括 *uvw* 方法（图谱直接对照法）和 *hkl* 方法（试错法）。这两种方法各有特点，适用于不同的实验条件和目的。

（1）*uvw* 方法（图谱直接对照法）

1）原理。*uvw* 方法是通过将实验得到的电子衍射图谱与标准电子衍射图谱进行直接比较来标定衍射斑点。这种方法依赖预先计算或测量得到的、针对特定晶体结构的标准电子衍射图谱。

2）具体步骤。具体步骤如下：

① 准备标准图谱。根据已知的晶体结构信息（如晶胞参数、空间群等），使用计算机程序（如 CrystalMaker、MSC 等）生成标准电子衍射图谱。

② 实验图谱获取。在电子显微镜下对单晶样品进行电子衍射实验，获得实验图谱。

③ 图谱对比。将实验图谱与标准图谱进行直接对比，通过匹配相似的衍射斑点来标定实验图谱中的斑点。

④ 确定指数。根据匹配结果，确定实验图谱中各衍射斑点的指数（*uvw*），这些指数反映了晶体中电子波的衍射路径。

3）优缺点。该方法具有直观、快速等优点，特别适用于结构已知的晶体。但需要预先准备或获取标准图谱，且对实验条件（如样品取向、电子束能量等）要求较高。

图 3-24 给出了运用 *uvw* 法标定电子衍射谱的典型示例。图 3-24a 是实验获得的电子衍射图像，对比发现，实验图中 B/C 的值和体心立方 [013] 倒易点阵平面中 B/C 的值相等，实验图中测得的夹角为 90°，也与体心立方 [013] 倒易点阵平面中的理论值相等，从而推断样品具有体心立方结构，且电子束的入射方向平行于样品的 [013] 晶向。

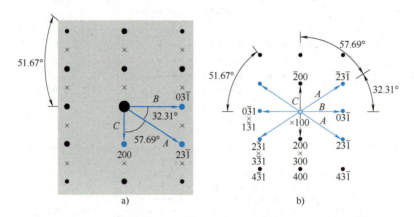

图 3-24 实验获得的衍射花样和体心立方 [013] 倒易点阵平面

使用 *uvw* 方法标定电子衍射谱以及编制相关软件时，需充分考虑晶体的对称性来准确确定所有独立的 [*uvw*] 方向。

如对于立方晶系，*u*、*v*、*w* 3 个指数可以互换而不改变点阵的物理性质，通常约定 $u \geq v \geq w$；点阵方向长度公式中，*uvw* 都以平方项出现，出于习惯，*uvw* 通常取正值。

除上述选择规律，还应排除有公约数的晶带轴。对于每一个独立的 $[uvw]$，需要计算由 $\bar{h} \sim h$、$\bar{k} \sim k$、$\bar{l} \sim l$，并且满足晶带定律的所有 (hkl)（消光衍射除外）。

（2）hkl 方法（试错法）

1）原理。hkl 方法是通过尝试不同的晶面指数 (hkl) 来模拟电子衍射图谱，并与实验图谱比对，从而确定正确的晶面指数。这种方法基于晶体学中的布拉格定律，通过计算不同晶面指数下的衍射角度，与实验图谱中的衍射斑点位置进行匹配。

2）具体步骤为：

① 选择初始参数。根据晶体的已知信息（如晶胞参数、可能的空间群等），设定一个初始的晶面指数范围。

② 计算衍射角度。使用布拉格定律，计算每个晶面指数对应的衍射角度。

③ 模拟图谱。根据计算得到的衍射角度，模拟出对应的电子衍射图谱。

④ 比对与调整。将模拟图谱与实验图谱进行比对，调整晶面指数来优化匹配度，直到找到最佳的匹配结果。

⑤ 确定指数。最终确定的晶面指数 (hkl) 即为实验图谱中各衍射斑点的正确指数。

3）优缺点。该方法灵活性高，适用于结构复杂或非完全已知的晶体。但计算量大，需多次尝试和比对，耗时较长。

图 3-25 给出了氧化亚铜单晶的电子衍射谱和衍射测量数据。测量电子衍射谱中 R_1 和 R_2 的长度，计算得到对应的晶面间距为 0.43nm 和 0.29nm，分别与氧化亚铜晶体中已知的 {001} 和 {110} 晶面族的晶面间距匹配。由于 {001} 和 {110} 晶面族在氧化亚铜晶体中的相对位置关系（垂直），以及 R_1 和 R_2 之间的夹角为 90°，可以确定 R_1 对应 $\langle 001 \rangle$ 倒易矢量，R_2 对应 $\langle 110 \rangle$ 倒易矢量。根据晶带定律，可以计算出该电子衍射谱对应的晶带轴是 $[1\bar{1}0]$。

（3）180°不唯一性　电子衍射谱中，由于晶体结构的对称性，一个衍射花样可以有两种不同的晶带轴标定方式，这两种方式在方向上相差 180°。在电子衍射分析中，这通常表现为 (hkl) 和 $(\bar{h}\,\bar{k}\,\bar{l})$ 的等价性。这种不唯一性源于弗里德定律，它指出 (hkl) 和 $(\bar{h}\,\bar{k}\,\bar{l})$ 的衍射强度相同。在电子衍射的二维图像中，这种等价性表现为一个虚拟的二次轴（反演中心），它允许将衍射花样旋转 180° 而不改变其外观。

图 3-25　实验获得的氧化亚铜单晶的电子衍射谱和衍射谱测量数据

	R_n/mm	d/nm	γ_{n1}	$\langle hkl \rangle$
R_{bar}	81.71	0.1		
R_1	18.67	0.43	0	$\langle 001 \rangle$
R_2	28.09	0.29	90	$\langle 110 \rangle$

在大多数情况下，180°不唯一性对电子衍射谱的标定没有直接影响，因为关注的往往是晶体的对称性和结构特征，而不是具体的晶带轴方向。然而，在需要精确确定晶体取向、晶体缺陷（如伯格斯矢量）或进行结构解析时，这种不唯一性可能会成为需要考虑的因素。综合利用双晶带电子衍射谱、试样倾转和高阶劳厄斑等信息，可以有效解决这一问题。

3. 复杂电子衍射谱

在电子衍射分析中，除了单晶衍射、多晶衍射这两种常见的衍射谱，还存在一系列复杂的电子衍射谱，这些花样往往提供更为丰富和深入的结构信息。常见的复杂电子衍射谱有孪晶衍射、二次衍射和多次衍射、菊池线、高阶劳厄带等。

（1）孪晶衍射 孪晶是指两个晶体（或一个晶体的两部分）沿一个公共晶面（即孪晶面）构成镜面对称的位向关系。这种特殊的晶体结构在电子衍射中会产生独特的衍射花样。

孪晶的衍射花样通常表现为沿孪晶面对称的两套衍射点。这些衍射点实际上来自孪晶的两个部分，它们各自产生一套衍射斑点，但由于孪晶的镜面对称性，这两套斑点在衍射图中呈对称分布。

孪晶在材料科学中具有重要意义，它们对材料的力学性能、物理性能以及相变过程等都有显著影响。

图 3-26 给出了一个典型的孪晶电子衍射谱及标定结果。电子衍射谱展示了沿孪晶面对称的两套衍射点，通过标定这些衍射点，可进一步分析孪晶的结构和取向关系。

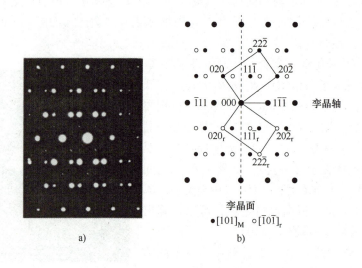

图 3-26　典型的孪晶电子衍射谱及其标定结果

a）面心立方晶体衍射　b）标定结果

（2）二次衍射和多次衍射 在电子衍射分析中，布拉格条件是产生强烈衍射束的基本条件。当电子束以特定角度入射到晶体时，如果满足布拉格条件，则会在晶体内形成强烈的衍射束。这些强衍射束在晶体内继续传播时，有可能作为新的入射源，在其他晶面再次发生衍射，形成所谓的"二次衍射"现象。

如图 3-27a 所示，二次衍射的几何关系可通过矢量加法来描述。即新的衍射束 $(h_3k_3l_3)$ 是由第一次衍射束 $(h_1k_1l_1)$ 与第二次衍射时涉及的晶面 $(h_2k_2l_2)$ 共同决定的，它们之间满足关系式：

$$(h_3k_3l_3)=(h_1k_1l_1)+(h_2k_2l_2) \tag{3-16}$$

这意味着，二次衍射的衍射指数是第一次和第二次衍射时各自衍射指数的矢量和。

如果二次衍射束的强度足够强，它们还可以继续作为新的入射源，在晶体内引发更高次

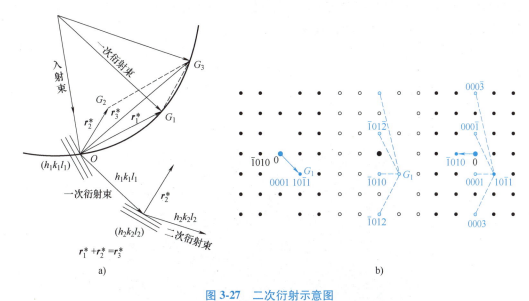

图 3-27　二次衍射示意图

a）二次衍射几何关系示意图　b）密排六方结构中的二次衍射

的衍射，如三次、四次等，这些统称为"多次衍射"。多次衍射在电子衍射分析中并不罕见，尤其在晶体较厚或电子束能量较高的情况下。

二次衍射和多次衍射对衍射花样的影响主要体现在两个方面：

1）出现不符合消光条件的衍射点。在某些情况下，由于多次衍射的作用，原本在单次衍射下应该消光的衍射点可能会出现。这是因为多次衍射过程中，电子束的路径和能量分布发生了变化，导致原本不满足布拉格条件的衍射也可能发生。

2）改变衍射点的强度。多次衍射还会改变衍射花样中各个衍射点的相对强度。这是因为多次衍射过程中，电子束的能量和分布会发生变化，导致不同衍射点的激发效率和强度产生差异。

如图 3-27b 所示，由于密排六方结构中的二次衍射，使得满足消光条件的（0001）衍射斑点在实际电子衍射谱中清晰可见。因此，进行电子衍射分析时，需充分考虑多次衍射的影响，尤其在解析复杂晶体结构和理解材料性能时。

（3）菊池线（Kikuchi lines）　当电子束穿过较厚的样品（通常大于 $0.1\mu m$）时，由于电子与样品中的原子发生多次弹性散射和非弹性散射的相互作用，会在衍射花样中形成一系列明亮相间的线条，即菊池线。这些线条随着样品的旋转而旋转，展现出与晶体结构紧密相关的特征。

菊池线的形成主要依赖于电子在晶体中的多次散射。当电子束进入晶体时，它们会与晶格中的原子发生碰撞，导致电子的方向和能量发生变化。这些散射电子中，一部分经历弹性散射，按照布拉格定律，在某些特定方向上会产生衍射。同时，非弹性散射（如声子散射、等离子体激发等）也会影响电子的轨迹，进一步增大了散射的复杂性。这些散射电子穿过样品后，会在探测器上形成一系列明暗相间的线条，即菊池线。菊池线的位置和形状与晶体的结构、取向以及样品的厚度等因素密切相关。

在 TEM 分析中菊池线具有广泛的应用，最为重要的是用于精确测定晶体的取向。由于菊池线对晶体取向极为敏感，因此通过观察菊池线的分布和变化来推断晶体的取向信息。这种方法具有非常高的精度，通常可以达到 0.01°甚至更高。

在实际应用中，通常会使用计算机程序来辅助分析菊池线。这些程序能自动识别菊池线的位置、方向和长度等参数，并据此计算出晶体的取向。此外，还可比较不同区域的菊池线来确定晶体中的缺陷、相变或应力分布等信息。图 3-28 所示为典型样品菊池线的实验图像。

图 3-28　典型样品菊池线的实验图像

（4）高阶劳厄带（high order Laue zone）　电子衍射中，Ewald 球是一个假想的球面，其半径等于电子波波长的倒数。当这个球面与晶体的倒易点阵相交时，交点对应于衍射斑点的位置。一般情况下，由于电子束的波长非常短，Ewald 球的半径可视为无限大，其与倒易点阵的交界面可以近似为一个平面。这种情况下，拍摄到的电子衍射图主要是 Ewald 球与某一层倒易面的截面，即零阶劳厄带（Zero-order Laue zone，ZOLZ），它表现为一系列周期性的点阵斑点。

然而，在某些条件下，Ewald 球的曲率变得显著，不再能够被忽略。此时，Ewald 球会与多层倒易面相交，这些额外的交点在电子衍射图像中表现为围绕中心点阵的圆环，即高阶劳厄带或高阶劳厄环。图 3-29 所示为高阶劳厄带在电子衍射中的几何关系。

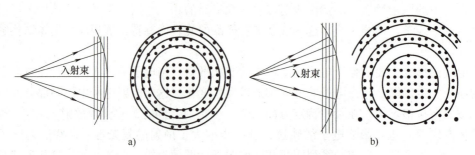

a)　　　　　　　　　　　　　　　　　b)

图 3-29　高界劳厄带在电子衍射中的几何关系示意图

a）对称的劳厄带　b）不对称的劳厄带

4. 电子衍射模拟及标定常用软件

常见的电子衍射模拟/标定软件有：

1）Single Crystal：https://crystalmaker. com/singlecrystal/download/。

2）Phase transformation crystallography（PTC）Lab：https://sourceforge. net/-projects/tclab/。

3）MacTempas：https://www. totalresolution. com/MacTempasX. htm。

4）Process Diffraction：https://www. cambridge. org/core/journals/microscopy-and-microa-nalysis/article/abs/processdiffraction-vi2-new-possibilities-in-manipulating-electron-diffraction-ring-patterns/83597A55E484FBE12F63C29A4BEEAD89。

5）Specification of Structural Viewer and Analytical Tool（JECP/SVAT）：https://digital-commons. unl. edu/cmrafacpub/113/。

6）JEMS：https://www. jems-swiss. ch/Home/jemsSE/jemsStudentEdition. htm。

7）CrysTBox - Crystallographic Tool Box：https://www. fzu. cz/en/crystbox。

3.2.3 获取电子衍射的实验方法

电子衍射刚出现时，科学家们需要用专门的电子衍射仪来获取电子衍射图像。现代的电子衍射已经被集成到 TEM 中，一般情况下，科学家们使用 TEM 进行选区电子衍射（SAED）方法对样品展开分析。SAED 是指在试样的像平面上，通过光阑选定一特定区域，使所获得的衍射图来自于试样所对应的微小区域，由此获得的衍射的方法也叫微区衍射。

获得高质量 SAED 图像一般需通过如下操作步骤来实现：

1）调整中间镜。调整中间镜电流，使选区光阑的边缘在荧光屏上清晰可见。该步骤使中间镜的物面与选区光阑平面重合，以确保选区的准确性。

2）调整物镜。调整物镜电流，使试样在荧光屏上呈现清晰的图像。该步骤使物镜的像平面与选区光阑及中间镜的物面重合。

3）抽出物镜光阑，减弱中间镜电流。物镜清晰成像后，抽出物镜光阑，减弱用于成像的中间镜电流，使其物面与物镜的后焦面重合，从而在荧光屏上获得电子衍射谱的放大像。现代电子显微镜中，通常可通过控制面板或软件转换到衍射模式，并调节衍射镜的电流来优化中心斑点的形状和大小，使其最小且最圆。

4）调节聚光镜。减小聚光镜的电流，降低入射束的孔径角，使电子束尽可能趋近平行，获得明锐的电子衍射谱。

通过这些步骤，可以有效地进行 SAED 操作，从特定区域获得清晰准确的衍射图案，用于进一步的晶体结构和取向分析。不同型号的 TEM 控制面板、软件可能略有差异，但是整体的操作流程类似。

3.3 电子显微像与衬度

获取电子显微像时，常会提到一个重要的概念——衬度，这是影响图像质量的关键因素之一。简单来说，衬度就是图像中不同部分之间的明暗差异。在之前的章节已经提到，电子显微镜中衬度是由样品对电子束的吸收、散射或相位调制引起的。这些效果决定了电子束通过样品后的强度变化，从而在成像屏幕上形成不同的明暗区域，使我们能够区分样品的不同结构和组成。

3.3.1 电子显微像的衬度

了解电子显微像时，先对图像衬度进行一个定义：假设图像中两个相邻的区域具有积分强度I_1、I_2，那么衬度C为

$$C = \frac{|I_2 - I_1|}{I_1} \tag{3-17}$$

通过式（3-17）可以看出，C通常小于100%，而当$C<10\%$时，人眼将很难分辨出图像不同区域间衬度的差异。当然，可通过计算机对数字记录的电子显微像衬度进行增强，以达到人眼的分辨能力，并详细分析其中包含的信息。然而，实际的TEM中所成的像是由电子束辐照在荧光屏上呈现的绿色荧光像，不能通过数字方法对衬度进行增强，后续内容中将讨论如何通过光阑来增强荧光屏上的衬度。

讨论图像时要注意区别强度和衬度。衬度通常用"强"和"弱"描述，而不是"明"和"暗"。强度则指电子束流密度，即轰击在单位面积（探测器、荧光屏）上的电子剂量。当所有区域的电子束流密度（强度）一致时，无论强度大小均无法在图像上观察到任何衬度，图3-30很好地描述了强度和衬度的区别。

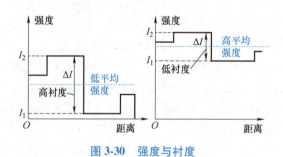

图 3-30　强度与衬度

接下来讨论透射电子显微像的衬度，根据电子的波动理论，电子波可用平面波公式来描述：

$$\psi = \psi_0 e^{2\pi i k \cdot r} \tag{3-18}$$

式中，ψ_0为电子波的振幅；$2\pi i k \cdot r$为电子波的相位。电子束穿透样品时会产生吸收、弹性散射和非弹性散射行为，将会对电子波的振幅和相位进行调制，由此产生了振幅衬度和相位衬度。本节仅对振幅衬度进行讨论。3.4节将讨论相位衬度。

3.3.2 质厚衬度

质厚衬度是电子显微像的重要衬度之一，其来源于样品各处组成物质种类和厚度不同而导致的散射电子束强度的差异，属于振幅衬度的一种。通常，电子束直接穿透样品的概率受加速电压、样品厚度以及材料原子序数的影响。样品对电子的散射引起透射电子束强度I的变化可以表示为

$$I = I_0 e^{-Qt} \tag{3-19}$$

式中, I_0 为入射的电子束强度; Q 为总散射截面; t 为透射电子的平均自由程。根据卢瑟福散射原理, 加速电压越高, 原子的散射截面越小, 即导致 Q 减小, 电子透射率增大, 质厚强度 I 减小。同理, 样品的厚度越厚和平均原子序数越高, 导致电子的总散射截面增大, 平均自由程减小, 从而使透射率降低, 质厚强度 I 增大。

几乎所有的透射电子显微像都会包含质厚衬度, 因为目前的手段几乎不可能将块体样品制成成分和厚度都完全一致的薄样品。实际操作中, 可通过在光轴上添加一个小孔径的物镜光阑来对质厚衬度进行增强, 如图 3-31 所示。

根据质厚衬度得到样品的质量和厚度的相对信息, 简单的描述就是更厚、更重的样品区域具有更高的衬度。如图 3-32 所示, 非晶的 PdCu 纳米颗粒在碳衬底上呈现更低的强度而显得灰暗, 相对于碳衬底, 有更高的衬度。质厚衬度对于观察非晶样品以及大多数样品的低倍形貌时十分有效, 任何质量和厚度的差异都会引起质厚衬度的产生, 有助于对样品局域成分的分析。

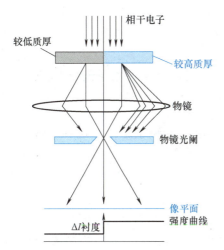

图 3-31　使用物镜光阑增强的质厚衬度像

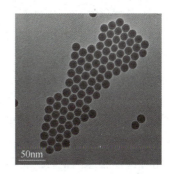

图 3-32　非晶 PdCu 纳米颗粒的质厚衬度图

3.3.3　衍射衬度

衍射衬度是晶体样品在 TEM 中形成的一种重要衬度, 也属于振幅衬度的一种。顾名思义, 衍射衬度来源于样品各处满足布拉格条件的差异而导致出射波电子束强度的不同。由此强度差异形成的 TEM 图像称为电子衍衬像, 简称衍衬。在这种方式成像过程中, 起决定作用的是晶体对电子的衍射。

衍射衬度高度敏感于样品的晶体结构、晶体取向及晶格缺陷, 这些差异会引起晶粒之间满足布拉格衍射条件的程度差异, 从而由衍射强度不同而导致衬度形成。例如, 显微像中两晶粒一明一暗时, 前者偏离布拉格条件大于后者。在样品中的缺陷引起的晶格畸变、微区的元素富集等因素也会改变局部的布拉格条件, 从而导致衍射衬度的产生。图 3-33 展示了缺陷

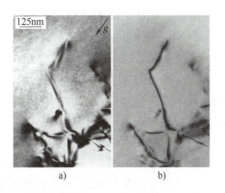

图 3-33　晶体样品中缺陷引起的衍射衬度

引起的布拉格条件变化产生的衍射衬度，通过倾转样品使得满足布拉格条件的程度发生变化，衍射衬度的变化如图 3-33b 所示。

衍射衬度广泛应用于大尺寸（>100nm）晶粒结构的研究，通常情况下，需将入射电子束调整到平行入射晶体样品，以获取高质量的衍衬像。从以上描述的内容来看，衍射衬度与衍射花样之间显然存在重要的关系，需要注意的是，如果以任何方式使衍射花样发生了变化，那么对应图像中的衬度都会发生变化。因此，需牢记衍射花样与衍射衬度之间的关系是不可分割的。

1. 明场像与暗场像

仅考虑晶体样品的情况下，平行电子束被晶体散射，若使某一组晶面的取向处于强激发状态，在物镜的后焦面可以获得两个强度相当的衍射斑点。此时，通过小孔径的物镜光阑仅让透射束或者衍射束透过光阑成像，即可获得电子衍射衬度像，其光路如图 3-34 所示。

图 3-34 所示为两种典型的衍射衬度像，当物镜光阑仅让透射电子束通过光阑时，所成的像为明场像。与明场像相反，当使用衍射束成像时，则称为暗场像。通常，薄晶体的衍射束强度远小于透射束且属于离轴光束，仅使用衍射束进行成像时，不仅图像强度过低，而且会引入额外的像差，从而导致图像的信噪比降低，图像模糊不清且分辨率也有所下降。基于此原因，实际操作中可以移动用于成像的衍

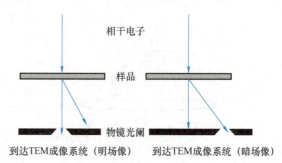

图 3-34 明场像与暗场像的光路示意图

射束使之与光轴平行，并通过倾转样品或电子束使得目标衍射束的强度增加至与透射束的强度相媲美。此时选择经过调整后的衍射束进行成像称为中心暗场像，不同像所使用的电子束以及成像对比如图 3-35 所示。

假如入射束的能量为 I_0，在透射束和衍射束强度相当的条件下，透射束的强度为 I_t，衍射束的强度为 I_d，则有

$$I_0 = I_t + I_d \quad 或 \quad I_t = I_0 - I_d \quad (3-20)$$

图 3-35 可以观察到明场像与暗场像之间是强度互补的，图 3-35a 选择透射束成像，使用物镜光阑阻挡了衍射束，使晶体颗粒位置的强度下降，亮度变暗。图 3-35b 则完全相反，使用晶体颗粒产生的衍射束进行成像时，晶体颗粒在图中则呈现高强度变亮。通过精心调整 TEM 状态获得的明暗场像，在晶体结构分析、缺陷检测以及微结构观察等方面有着重要的应用。

2. 双束条件成像

如果让透射束和任意一束衍射束通过光阑成像，就可达成典型的双束条件。双束条件对衍射

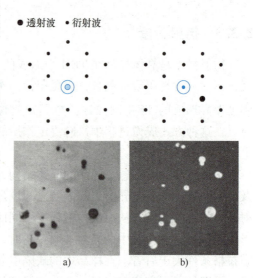

图 3-35 明场像与暗场像的衬度
a) 明场成像　b) 中心暗场成像

衬度有着极大的增强，并且会反映出晶体的周期性特征。再次从电子的波函数考虑，双束条件下出射波函数为

$$\psi=\psi_0 e^{2\pi i k \cdot r}+\psi_g e^{2\pi i(k+q) \cdot r} \tag{3-21}$$

式中，ψ_g 为衍射束的振幅。假设透射束振幅为 1，此时双束条件下图像的强度 I 为

$$I=1+R^2+2R\sin\left(\frac{2\pi x}{d_{hkl}}-\pi\alpha\right) \tag{3-22}$$

式中，x 为衍射级次；R、α 为实验参数，若实验条件恒定，则两参数的值保持恒定；d_{hkl} 为 (hkl) 晶面的面间距。由式（3-22）可以看出，在给定实验条件的情况下，强度 I 将沿着某 g 方向以 d_{hkl} 为周期变化，由此可以得到晶体的一维晶格像。在此条件下 g 总是垂直于晶格条纹的方向。在同一带轴下，可以选择多组不同的双束条件进行成像，如图 3-36 所示。若使用物镜光阑同时围住不同晶面族的衍射束，则可同时得到两个方向上的二维晶格条纹，它们叠加在一起形成二维晶格像，这将在之后的章节进一步讨论。

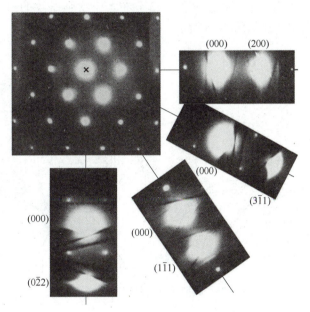

图 3-36　同一带轴下的多组双束条件

3. 等厚条纹与等倾条纹

等厚条纹和等倾条纹是两种常见的干涉现象，由于电子具有波动性，这两种条纹能够在透射电子显微像中观察到，从两种像中可以提取到关于样品厚度、晶体取向和内部应力状态的重要信息。对于楔形晶体样品，在样品边缘处可以观察到明暗相间具有周期性的条纹分布，这种衍衬现象称为等厚条纹，如图 3-37 所示。

在大尺寸晶体取向确定的条件下，衍射振幅的强度 I 有

$$I=\frac{\sin^2(\pi S_g t)}{(\xi_g S_g)^2} \tag{3-23}$$

式中，S_g、ξ_g 为样品相关的参数；t 为样品的厚度。当样品以及实验条件完全确定时，S_g、ξ_g 为恒常数，则衍射强度 I 沿样品厚度呈周期 $T=1/S_g$ 变化。

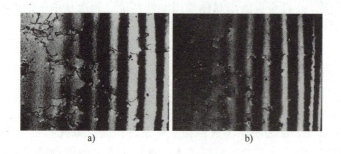

图 3-37 明暗场像下的等厚条纹
a）明场像 b）暗场像

等倾条纹则是厚度均匀的样品中出现的衍射衬度，此时样品取向参数 ξ_g 恒定，厚度 t 恒定，则衍射强度 I 随结构参数 S_g 变化而变化。金属薄膜样品易受力弯曲，导致局部区域发生 S_g 的连续变化，形成了强的中间条纹两侧连续分布若干次强条纹的衬度特征。该类型又称为弯曲消光轮廓，典型条纹如图 3-38 所示。

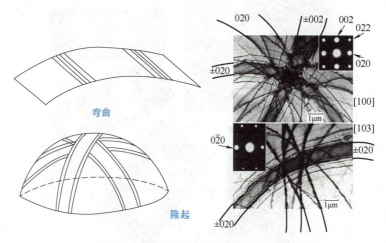

图 3-38 典型晶体样品等倾条纹衬度像

3.4 高分辨透射电子显微术

高分辨透射电子显微术（high-resolution transmission electron microscopy，HRTEM）是一种利用相位衬度成像的技术。目前国际领先水平的 TEM，如 Thermo Fisher Scientific 公司生产的 FEI Titan Themis G3 300 TEM，其点分辨率已优于 0.7 Å，这意味着它能够直接观察到材料中单个原子的位置和排列方式。这种超高的分辨率使得 HRTEM 成为研究材料微观结构、界面效应和缺陷行为等问题的强大工具，广泛应用于物理和材料科学、化学、矿物学、生物学等学科领域，成为现代科学研究的常用技术。

3.4.1 高分辨透射电子显微学的基本理论

HRTEM 的核心是相位衬度成像。电子穿透样品时，样品周期性势场对电子波的相位进行调制。与衍射衬度像不同，高分辨成像过程中，透射束和至少一束衍射束会同时通过物镜光阑。透射束与衍射束的相干作用会形成一种反映晶体点阵周期性的条纹像和结构像。由于这种衬度的形成是透射束和衍射束相位相干的结果，因此称之为相位衬度。

每一个衍射束都携带特定的结构信息，参与成像的衍射束越多，最终成像所包含的样品结构信息就越丰富。因此，在高分辨 TEM 中，通常选用大尺寸物镜光阑，让尽可能多的衍射束相干叠加参与成像，从而获得能够反映样品结构真实细节的高分辨相位衬度图像。

1. 高分辨像成像过程中的两个重要函数

高分辨像的形成过程可以由两个重要函数描述，分别是透射函数 $q(x, y)$ 与衬度传递函数（contrast transfer function，CTF）$T(g)$。透射函数描述了样品周期性势场对电子束的调制过程。衬度传递函数描述了物镜像差、色差、离焦量和入射电子束发散程度等各种因素对 $q(x, y)$ 的影响。

（1）透射函数　电子枪发射的电子波在经过样品晶格周期性势场调制后，在样品的下表面形成具有不同振幅与相位、携带样品结构信息的透射电子波。在不考虑相对论效应的情况下，加速电压 E 下 TEM 电子枪发射的电子波长 λ 为

$$\lambda = \frac{h}{\sqrt{2m_0 eE}} \tag{3-24}$$

式中，m_0 为电子静质量；e 为电子电荷的大小。

电子穿过样品时必然受到样品势函数的影响。样品的势函数来源于周期性排列的原子，用 $\varphi_0(x,y,z)$ 表示。入射电子波长在 $\varphi_0(x,y,z)$ 的调制下由 λ 变为 λ'，即

$$\lambda' = \frac{h}{\sqrt{2m_0 e\left[E + \varphi_0(x,y,z)\right]}} = \frac{\lambda}{\sqrt{1 + \varphi_0(x,y,z)/E}} \tag{3-25}$$

当电子波沿 z 方向穿过厚度为 t 的薄样品时，样品下表面各点的电子波相位会有所不同。下表面某点 (x, y) 处的电子波相位变化可以表示为

$$\alpha = 2\pi \int_0^t \left(\frac{1}{\lambda'} - \frac{1}{\lambda}\right) dz = \frac{2\pi}{\lambda} \int_0^t \left(\sqrt{1 + \varphi_0(x,y,z)/E} - 1\right) dz \tag{3-26}$$

考虑到 TEM 中，加速电压 E 远大于原子核与电子形成的周期性势场 $\varphi_0(x,y,z)$，因此，$\sqrt{1 + \varphi_0(x,y,z)/E} \approx 1 + \varphi_0(x,y,z)/(2E)$。这样式（3-26）可以简化为：

$$\alpha \approx \left(\frac{\pi}{\lambda E}\right) \int_0^t \varphi_0(x,y,z) dz = \frac{\pi}{\lambda E} \varphi_p(x,y) = \sigma \varphi_p(x,y) \tag{3-27}$$

式中，σ 为相互作用常数，$\sigma = \pi/(\lambda E)$，对于特定的加速电压，其为一个常数；$\varphi_p(x,y)$ 为样品势函数 $\varphi_0(x,y,z)$ 在电子入射方向 z 上的投影。

由此可见，总的相位变化仅取决于样品的势函数 $\varphi_0(x,y,z)$。通常，电子束穿过样品时，除了相位的改变，还可能由于样品对电子的吸收等原因导致强度的变化。设想一个很薄的样品，当电子束穿过它时，吸收效应可以忽略不计，电子束的能量损失也可以忽略不计，只有相位发生变化，这样的样品称为相位物体。

此时，到达样品下表面某一点 (x, y) 的透射波函数可写为

$$q(x,y) = e^{-i\sigma\varphi_p(x,y)} \tag{3-28}$$

它与样品势函数有关，携带了样品晶体结构信息，体现了样品对电子束相位的调制作

用，称为透射函数。

（2）衬度传递函数　透过样品的电子束会在物镜后焦面上会聚。由于实际的物镜存在色差、球差等缺陷，这些缺陷会对透射函数进行调制。物镜对透射函数的调制过程可以由一个变换函数 $T(\boldsymbol{g})$ 描述，这个函数称为衬度传递函数。综合考虑物镜光阑、离焦效应、球差效应以及色差效应等因素，物镜衬度传递函数可以表示为

$$T(\boldsymbol{g}) = A(\boldsymbol{g})B(\boldsymbol{g})E(\boldsymbol{g}) \tag{3-29}$$

式中，$A(\boldsymbol{g})$ 为物镜光阑函数，描述了后焦面上物镜光阑对参与相位衬度成像衍射点的限制。对于在物镜光阑选择的范围内的衍射点 $\boldsymbol{g}$，它们参与了成像，因此 $A(\boldsymbol{g})=1$。否则，$A(\boldsymbol{g})=0$。

$B(\boldsymbol{g})$ 是物镜函数，描述了物镜的离焦量和物镜球差对透射函数的调制，其可以表示为

$$B(\boldsymbol{g}) = \mathrm{e}^{-\mathrm{i}\chi_1(\boldsymbol{g})} \tag{3-30}$$

$$\chi_1(\boldsymbol{g}) = \pi\Delta f\lambda\, g^2 + \frac{\pi}{2}C_s\lambda^3 g^4 \tag{3-31}$$

式中，Δf 为离焦量（$\Delta f>0$ 为过焦，$\Delta f<0$ 为欠焦）；C_s 是球差系数。

$E(\boldsymbol{g})$ 是随 $\boldsymbol{g}$ 值增大而减小的衰减项，描述了色差效应引起的透射函数在高频区域的衰减。

2. 弱相位体近似

如图 3-7 所示，透过样品的电子束在物镜后焦面会聚，物镜对透射波函数 $q(x,y)$ 进行傅里叶变换。考虑物镜衬度传递函数对电子波的调制作用，在物镜后焦面上的电子波散射振幅 $Q(\boldsymbol{g})$ 为

$$Q(\boldsymbol{g}) = F[q(x,y)]T(\boldsymbol{g}) \tag{3-32}$$

根据阿贝成像原理，像平面处的电子散射振幅 $\Psi(x,y)$ 可通过对 $Q(\boldsymbol{g})$ 进行傅里叶逆变换获得：

$$\begin{aligned}\Psi(r) &= F^{-1}[Q(\boldsymbol{g})] = F^{-1}\{F[q(x,y)]T(\boldsymbol{g})\} \\ &= q(x,y) * F^{-1}[T(\boldsymbol{g})]\end{aligned} \tag{3-33}$$

从式（3-33）很难直接看出像衬度与样品结构间的对应关系。

如果样品非常薄，可以引入弱相位体近似（weak-phase object approximation，WPOA），此时 $\varphi_p(x,y) \ll 1$，则式（3-28）可简化为

$$q(x,y) = \mathrm{e}^{-\mathrm{i}\sigma\varphi_p(r)} \approx 1 - \mathrm{i}\sigma\varphi_p(x,y) \tag{3-34}$$

这就是弱相位体近似，其直观意思是，当样品非常薄时，透射波函数的振幅线性依赖于样品的投影势。其关键要求为样品极薄，一般认为中/轻元素组成的样品材料厚度至少在 5nm 以下才有可能符合弱相位体近似条件。

不考虑物镜光阑、色差与束发散度的影响，物镜衬度传递函数简化为

$$T(\boldsymbol{g}) = \mathrm{e}^{-\mathrm{i}\chi_1(\boldsymbol{g})} \tag{3-35}$$

将式（3-34）和式（3-35）代入式（3-33），就可得到弱相位近似条件下，像平面处的电子散射振幅 $\Psi(x,y)$ 及像强度 $I(r)$ 为

$$\Psi(x,y) = [1 - \mathrm{i}\sigma\varphi_p(x,y)] * F^{-1}[\mathrm{e}^{-\mathrm{i}\chi_1(\boldsymbol{g})}] \tag{3-36}$$

$$I(x,y) = |\Psi(x,y)|^2 \approx 1 + 2\sigma\varphi_p(x,y) * F^{-1}[\sin\chi_1(\boldsymbol{g})] \tag{3-37}$$

由此可见，相位衬度像的强度与样品投影势 $\varphi_p(x,y)$ 之间的线性关系被函数 $\sin\chi_1(\boldsymbol{g})$

调制。如果 $\sin\chi_1(\boldsymbol{g})=-1$，有

$$I(x,y)=|\varPsi(x,y)|^2\approx1-2\sigma\varphi_p(x,y) \tag{3-38}$$

此时，像衬度与样品的势函数投影呈线性关系，高分辨像反映样品的真实结构。

3. 谢尔策聚焦

电子显微镜中，图像的分辨率和像平面衬度直接受球差系数 C_s、入射电子波长 λ，以及离焦量 Δf 的影响。其中，$\sin\chi_1(\boldsymbol{g})$ 是一个重要的参数，它决定了图像的分辨率和衬度特性。

根据式（3-37），像平面衬度与样品投影势的对应关系主要受 $\sin\chi_1(\boldsymbol{g})$ 的影响。当 $|\sin\chi_1(\boldsymbol{g})|=1$ 时，像平面强度与样品投影势线性相关，这时可以直接反映样品的结构信息。

对于一台特定的 TEM，其球差系数 C_s 和入射电子束波长 λ 是确定的，$\sin\chi_1(\boldsymbol{g})$ 是离焦量 Δf 的函数，其在倒空间的变化可以通过图 3-39 中的曲线来展示。通常情况下，$\sin\chi_1(\boldsymbol{g})$ 随倒空间 $\boldsymbol{g}$ 的变化呈复杂的曲线，其中包括在特定离焦量下的"通带"（pass band）。这个通带对应着一个范围内 $\sin\chi_1(\boldsymbol{g})$ 的值趋近于 -1，这种情况下图像衬度受衬度传递函数的影响最小，从而能获得清晰、可分辨且不失真的图像。

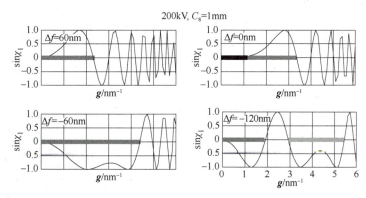

图 3-39　$\sin\chi_1(\boldsymbol{g})$ 在不同离焦量下随 g 的变化

特别地，当离焦量 $\Delta f=-60\mathrm{nm}$ 时，曲线显示出一个较宽的平台，这表明在此范围内像平面衬度受到的干扰最小，图像衬度与样品的投影势成正比，能直接反映样品的结构信息。因此，TEM 在这种离焦状态下达到了最佳的聚焦状态，通常称为谢尔策聚焦（Scherzer focus）或谢尔策欠焦。

谢尔策欠焦量 Δf_s 可通过式（3-39）进行近似表述，即

$$\Delta f_s\approx-1.2\sqrt{C_s\lambda} \tag{3-39}$$

一般取 $\sqrt{C_s\lambda}$ 作为欠焦量的度量单位，记为 Sch，它表示球差系数和电子波长（加速电压）对谢尔策欠焦量的共同影响。降低物镜球差和电子波长可以有效扩展衬度传递函数 $\sin\chi_1(\boldsymbol{g})$ 的通带宽度，使倒空间中更高的频率范围内能够获得较高的衬度传递效率，提高 TEM 的分辨率，在图像中得到更为清晰和详细的结构信息。

4. 弱相位体高分辨像的直接解释

由式（3-38）可知，在弱相位体近似和谢尔策欠焦条件下，像平面上衬度直接与样品的投影势函数成正比。这种特性使得我们能根据图像的衬度来理解样品的投影势，从而获得样

品的结构信息。

当然，实际上物镜的球差、色差以及电子束的聚焦状态会对分辨率和衬度的分布产生影响。相位衬度图像中的强度变化范围通常比对应的投影势分布要宽，这是由物镜的调制作用和样品的复杂性所致。

对于不同种类原子的样品，原子质量越大，其散射电子的能力越强，因而其投影势也相应更强。在相位衬度像中，重原子列的位置通常会表现为像强度较弱的区域。因此，理论上可通过分析像平面上的衬度变化直接确定重原子列的位置。

在样品同时存在晶体和非晶区域时，晶体和非晶体的势函数也会对像平面上的衬度产生影响。由于非晶体样品中原子的无序排列，其投影势分布偏离平均势较小，因此显示出的衬度较弱。相比之下，晶体样品的投影势随着样品的周期性分布，存在远超过平均势的极大值，这在衬度图像中会表现为明显的强度变化。

因此，通过电子显微镜的高分辨成像技术，特别是在弱相位体近似和谢尔策欠焦条件下，可通过像平面的衬度信息来推断样品中不同区域的原子组成和结构特征，为材料科学和纳米科学研究提供了强大的工具。

图 3-40 展示了一个在无定形碳膜上的钯纳米颗粒的高分辨率电子显微镜图像。钯纳米颗粒衬度显示出周期性点阵分布，与其晶体结构的周期一致。这反映了钯纳米颗粒在图像中的规则结构特征。特别是因为钯纳米颗粒是一个正二十面体，不同表面沿电子束入射方向具有不同的原子排列方式，这导致在同一个纳米颗粒的高分辨图像中出现了不同的衬度分布模式。

钯纳米颗粒周围无定形碳膜的衬度分布则显示出不规则和无明显周期性的特征。这表明了碳膜的非晶性质、原子的无序排列导致了衬度的变化没有明确的规律性，并且衬度强度明显弱于钯纳米颗粒区域。

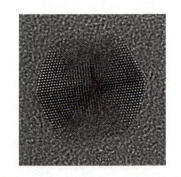

图 3-40　无定形碳膜上一个钯纳米颗粒的高分辨电子显微镜图像

5. 高分辨 TEM 的分辨率

在高分辨 TEM 中，分辨率是一个关键的性能参数，通常称为分辨本领，它直接影响电子显微镜在成像中能够分辨的最小细节大小。根据相位衬度的不同，通常讨论 3 种主要的分辨率参数：点分辨率、信息分辨率和线分辨率。

（1）点分辨率　对于薄样品，当物镜衬度传递函数在很宽的范围内保持近似恒定时，成像能很好地反映晶体势的分布，此时电子显微镜具备优良的分辨率。图 3-41a 中的衬度传递函数展示了这种特性，其中横坐标轴上第一次与衬度传递函数曲线相交的点，其对应倒易矢量 g 值的倒数，被定义为点分辨率。点分辨率反映了电子显微镜在特定成像条件下能够分辨的最小空间距离。

令式（3-31）等于零，电子显微镜的最佳离焦量即谢尔策欠焦量由式（3-39）给出，可以得到

$$\sqrt{u^2+v^2} = \sqrt{2.4}\, C_s^{-1/4}\, \lambda^{-3/4} \tag{3-40}$$

因此，高分辨 TEM 的点分辨率为

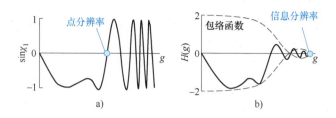

图 3-41　点分辨率和信息分辨率示意图

a）点分辨率　b）信息分辨率

$$d_p = 1 / \sqrt{u^2 + v^2} = 0.65 \, C_s^{1/4} \, \lambda^{3/4} \qquad (3\text{-}41)$$

考虑电子波长与加速电压之间满足 $\lambda \propto E^{-1/2}$，点分辨率还可以表示为

$$d_p \propto C_s^{1/4} \, E^{-3/8} \qquad (3\text{-}42)$$

可见，谢尔策欠焦条件下，减少球差系数 C_s 和提高加速电压 E 均利于提高分辨率。然而，它们的幂次分别为 1/4 和 −3/8。由此可见，相较于减小球差系数，提高加速电压以缩短电子波长是更为有效的提升 TEM 分辨能力的方式。

然而，现阶段 TEM 加速电压已经很高，电子波长已经满足实现原子尺度分辨能力的条件，球差成为限制 TEM 分辨能力的主要因素。为了进一步提高 TEM 的分辨能力，科学家们又开发出了球差校正 TEM。球差校正透射电镜的相关内容，请参阅本系列教材《先进表征方法与技术》。

（2）信息分辨率　当成像条件不满足弱相位物近似时，除了考虑高阶像差的影响，还要考虑其他分辨率限制因素，包括电子源相干性、色差、探测器和样品漂移等。这些影响一般被描述成包络函数 $H(g)$。由于包络函数的影响，传递函数出现振荡衰减，直到趋于零。包络函数趋于零对应的倒易矢量 g 值的倒数便是信息分辨率，又称信息分辨极限，如图 3-41b 所示。

当低阶球差不为零，信息分辨率一般要高于点分辨率。在点分辨率到信息分辨率范围内，传递函数存在正负振荡现象，表现在图像上的衬度具有一定的复杂性。要想提取信息分辨率水平的结构信息，就需结合基于电子显微学的图像处理技术。

（3）线分辨率　线分辨率是指在实验条件下可以观测到的最小面间距，通常受机械振动等实验环境因素的影响。理论上，线分辨率不可能优于信息分辨率。

综上所述，对于高分辨 TEM，理解和优化这些分辨率参数是提高图像质量和获取更多微观结构信息的关键。通过减小球差、优化电子波束参数和改善图像处理技术，科学家们不断努力提高 TEM 的分辨本领，以应对越来越复杂的材料和结构研究需求。

3.4.2　高分辨透射电子显微像和应用实例

1. 如何获得高分辨电子显微像

HRTEM 是一种高灵敏度的显微技术，能够观察原子级别的结构细节。高分辨透射电子显微镜观察是一项细致而费时的工作，因此对样品的质量以及拍摄过程有严格的要求。在实际观察拍摄过程中，需根据出现的问题，采取适当的措施。

（1）样品要求　为了获得高质量的高分辨透射电子显微像，样品需满足以下要求：

1）样品清洁与无污染。确保样品表面没有污染物或氧化层，这些可能会导致电子散射，影响图像清晰度。可使用化学清洗剂或惰性气体离子溅射来去除污染物和氧化物。

2）薄区与平整度。样品需要有薄区，厚度应小于10nm，以允许电子束有效穿透并形成清晰的图像。样品厚度要均匀，避免成像过程中像强度的畸变。通常，使用机械抛光或FIB来减薄样品，并控制减薄速度和温度，以减少应变层的产生。

3）避免人为信息特征。在样品制备过程中，尽量避免引入人为特征（如裂纹、划痕或其他缺陷），因为这些可能会干扰成像。夹持试样时要使用合适的夹具和工具，确保样品稳定，避免机械或热应变的引入。

4）磁性样品处理。对于磁性样品，体积应尽量小，以减少磁场对电子束的影响。有时需退磁处理，或选择适当的样品支架，以减小磁场对成像的干扰。

（2）高分辨电子显微观察和拍摄图像的程序　高分辨TEM观察和图像拍摄的程序可分为几个主要步骤，每个步骤都有其特定的目标和操作要求。以下是详细的流程：

1）合轴调整。确保样品和电子束的光轴对准，以获得清晰的图像。

打开电镜的透镜电流并加高压，然后进行系统的合轴调整，使电子束和样品的光轴对准。寻找样品中均匀无翘曲的薄区，待系统稳定后，即可进行高分辨显微像观察。

2）选取和设置合适的衍射条件。选择适当的衍射条件以获得准确的图像信息。

根据晶带定律 $hu+kv+lw=0$ 选取适当的低指数晶带 $[uvw]$，选择足够多的衍射束数目以提高计算精度；确定晶带轴方向，避免因轴倾斜带来投影势重叠。一般开始时选择取低的放大倍数以获得较大的视场，便于挑选合适的观察区域。

3）消像散。校正由于透镜畸变引起的像散，以提高图像质量。

插入物镜光阑，进行像散校正。调整物镜像散校正器，使衍射花样呈圆形对称形状（图3-42b）。调整消像散后，再检查和调整衍射条件以补偿可能的变化。

4）放大倍数设定。在保证获得足够结构信息的前提下，选择适当的放大倍数。

选择尽可能低的放大倍数以获得大范围的结构信息。避免过高的放大倍数，以减少视场狭窄和曝光时间增加引起的样品漂移。

5）设定最佳离焦量。确定最佳离焦量以获得最接近样品真实结构的图像。

根据TEM的物镜球差系数确定谢尔策欠焦量。改变焦距（如每5nm或10nm）拍摄几张照片。对比分析几张照片中的细节，选择最佳离焦量以获得清晰的显微图像。

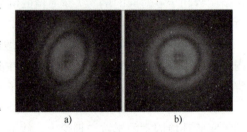

a)　　　　　　　b)

图3-42　非晶膜高分辨像的电子衍射花样
a）有像散　b）无像散

这些步骤不仅有助于提高图像的分辨率和清晰度，还确保了高分辨电子显微像的准确性。每一步的调整都需要细心和耐心，以确保最终获得最佳的图像质量。

2. 高分辨透射图像的类型和应用实例

高分辨TEM图像根据衍射条件和样品厚度的不同，能展现多种不同的结构信息。主要的高分辨透射图像类型包括晶格条纹像、一维结构像、二维晶格像和二维结构像。以下是对每种类型的详细介绍及其应用实例。

（1）**晶格条纹像**（lattice fringe image）　如果用物镜光阑选择物镜后焦面上的两束波来成像（透射波和衍射波），由于这两个波的干涉，可得到一维方向上强度呈周期变化的条纹花样，即一维晶格像，又称为晶格条纹像。获得该类型图像操作简单，无须特别设定衍射条件，不要求电子束准确平行于特定的晶格平面，在微晶和纳米晶中广泛应用，用于晶面间距的直接测量，晶区与非晶区的区分以及脱溶，孪生、晶粒间界和长周期层状晶体结构的观察等。但需要注意的是，晶格条纹像并不反映晶体结构信息，不可用于模拟计算。

图 3-43a 为 Si_3N_4 陶瓷中的平直晶界与三叉晶界的晶格条纹像，展示了三角晶区的部分非晶区域和晶界的非晶薄层。图 3-43b 为 Al_2O_3-ZrO_2 复合陶瓷的三叉晶界的晶格条纹像，图像显示三角晶区、晶界和相界均没有杂质相。

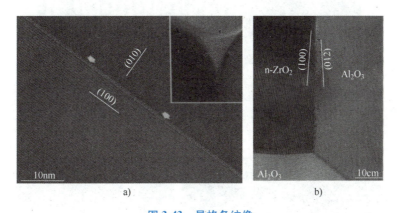

图 3-43　晶格条纹像

a）Si_3N_4 陶瓷中的平直晶界与三叉晶界　b）Al_2O_3-ZrO_2 复合陶瓷的三叉晶界

（2）**一维结构像**　晶格条纹像成像时的衍射条件不确定，因此不能用晶格条纹像得到原子位置的信息。通过样品的倾转操作，使电子束仅与晶体中的某一平行晶面发生衍射作用，形成衍射花样，衍射斑点相对于原点强度分布是对称的，如图 3-44b 所示。当使用大光阑让透射束与多个衍射束共同相干成像时，在最佳聚焦条件下所拍的高分辨像，能确定条纹所对应的原子的排列，含有晶体结构的信息，故称为一维结构像。图 3-44a 是 Bi 系超导氧化物（Bi-Sr-Ca-Cu-O）的一维结构像，图 3-44c 放大图中的亮细线条对应 Cu-O 原子层，数字表示层数。由此，从一维结构像就可以搞清多层结构的复杂堆垛方式。不同于晶格条纹像，一维晶格像反映一维晶体结构信息，可用于模拟计算。

（3）**二维晶格像**　当入射电子束沿平行于样品某一晶带轴入射时，能得到关于透射点对称的电子衍射花样，如图 3-45a 所示。此时透射束（原点）附近的衍射波携带了晶体单胞的特征（晶面指数），在透射波与附近衍射波（常选两束）相干成像所生成的二维图像中，就能观察到显示单胞的二维晶格像。二维晶格像只能反映晶体的二维平移周期信息，而不能给出单胞内原子投影分布的细节。所以，应用高分辨电子显微术研究晶体缺陷以及缺陷附近原子所处的真实投影位置时必须慎重。并且由于仅用了有限的几束衍射束，因此对电子显微镜的离焦量不要求谢尔策欠焦条件。二维晶格像可以清晰地展示晶粒内部和晶界结构，且操作并不那么复杂。如图 3-45b 所示，电子束沿 β 型碳化硅的 $[1\bar{1}0]$ 晶带轴方向入射，通过物镜光阑选取透射束加（002）、（111）衍射束相干成像。获得的二维晶格像显示了碳化硅

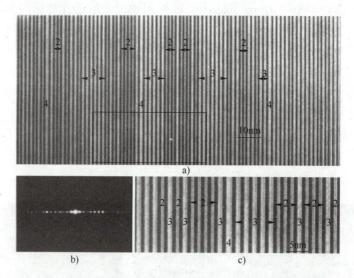

图 3-44　Bi 系超导氧化物（Bi-Sr-Ca-Cu-O）的高分辨 TEM 表征

a）一维结构像　b）相对应的电子衍射图样　c）a）中方框部分的放大像

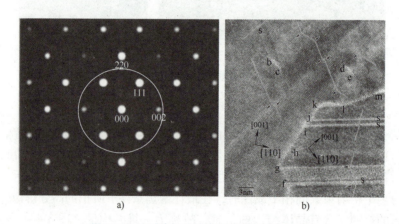

图 3-45　β 型碳化硅的高分辨透射电镜表征

a）电子衍射花样模拟图（白色圆圈代表物镜光阑）　b）相应的二维晶格像

晶体中丰富的缺陷态。图中，箭头所示为孪晶界，S 为层错的位置，b-c、d-e 为位错，标记 f 到 m 是一倾斜晶界。

（4）**二维结构像**　如果使电子束平行于某晶带轴入射，能够得到如图 3-46a 所示的相对于中心透射斑对称分布的二维衍射花样，白圈对应于分辨率为 0.17nm 的物镜光阑。在透射斑附近，出现反映晶体单胞的衍射波。在分辨率允许的范围内，用透射束与尽可能多的衍射束通过光阑共同干涉而成像，就能获得含有试样单胞内原子排列正确信息的图像。参与成像的衍射波数目越多，像中所包含的有用信息也就越多。这种图像可以反映晶体结构信息，因此被称为二维结构像，其可用于模拟计算。

图 3-46b 显示沿 c 轴入射的 β 型氮化硅的实拍高分辨电子显微像，右上角插图是设定 400kV、$\Delta f = -45nm$、样品厚度为 3nm 条件下的模拟计算像，右下角插图是原子排列示意图。

比较图 3-47b 和右下角插图，可清楚地看到，原子位置是暗的，与原子列的势函数投影一一对应，没有原子的地方是亮的。从中也可以看到原子在图像中暗区域内的具体位置。

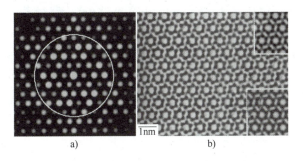

图 3-46　β 型氮化硅的高分辨透射电镜表征

a）c 轴入射的电子衍射花样计算机模拟图　b）二维结构像

3.4.3　高分辨透射电子显微像模拟

需要注意的是，二维结构像是严格控制条件下的二维晶格像。这些严格条件除了要求入射束严格平行于某晶带轴，还要求样品极薄，保证参与成像的衍射波振幅与试样厚度保持比例关系。图 3-47 为选定加速电压（400kV）和入射方向（c 轴），并在谢尔策欠焦（−45nm）条件下，模拟计算所得的不同厚度 β 型氮化硅的高分辨透射显微像。对比原子排列势函数投影图（图 3-46b 右下角插图），可以看出，样品厚度小于 7nm 时均可以得到结构像，而样品厚度大于 8nm 时，模拟像明显偏离了原子排列势函数投影。

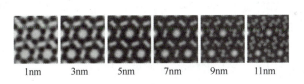

图 3-47　β 型氮化硅的高分辨像与样品厚度的关系

此外，不同于二维晶格像，拍摄二维结构像要求限定在谢尔策聚焦（最佳聚焦）条件附近。图 3-48 为选定加速电压（400kV）和入射方向（c 轴），并在极薄（3nm）条件下，模拟计算所得的不同离焦量对 β 型氮化硅的高分辨透射显微像的影响。对比原子排列势函数投影图（图 3-46b 右下角插图）可以看出，二维结构像只能在离焦量为 −50～−30nm 内获得；在离焦量为 20～40nm 时，出现了衬度的黑白翻转，因此应将离焦量设置在谢尔策聚焦（−45nm）附近。

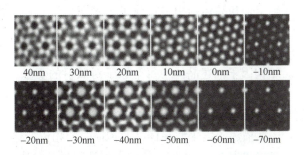

图 3-48　β 型氮化硅的高分辨像与离焦量的关系

为了获得准确的高分辨像，需进行计算机模拟。模拟计算可以帮助预测不同厚度和离焦量下的图像特征，从而更好地理解实验图像。

常用的模拟计算方法包括多层法（multi-slice method）、路径散射近似（path scattering approximation，PSA）、迭代法（iterative method）以及直接积分法（direct integrating method）等。多层法将样品分成多个薄层，计算每一层的电子散射并结合所有层的结果以得到最终图像，是最常用的模拟方法。路径散射近似考虑电子束路径上的散射影响，常用于处理较复杂的散射情况。迭代法通过迭代计算优化图像，可处理复杂的样品和散射情况。直接积分法直接计算电子散射和衍射的积分结果，适用于特定条件下的样品。

1. Cowley-Moodie 多层法的基本原理

Cowley-Moodie 多层法又称为多层法，是一种运用电子衍射动力学理论处理高分辨成像的有效方法。它由考利（J. M. Cowley，1923—2004）和穆迪（M. F. Moodie，1924—2018）于 20 世纪 50 年代提出，并在 HRTEM 的模拟计算中发挥了重要作用。

多层法的主要原理就是把试样沿垂直于电子入射方向分割成许多薄层（薄层的厚度一般取 0.2~0.5nm），将每一层看作一个相位体；上层的衍射束看成下层的入射束，并要考虑上层到下层之间的菲涅耳传播过程。各层的作用由两部分组成：①平面物对电子波的调制作用；②电子波在 Δz 厚度范围内的菲涅耳传播。如此迭代，直到最后一层。通过迭代计算每一层的相互作用，并综合所有层的结果，以生成最终的高分辨透射电子显微像。这种方法能够精确地描述电子束在样品中的传播过程，考虑实际的物理效应。

图 3-49 所示为多层法的基本原理，显示了样品的分层处理和菲涅耳传播过程。通过这种方法，可以在计算机中实现对电子束传播的精确模拟。

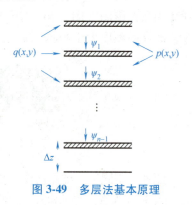

图 3-49　多层法基本原理

多层法提供了一个详细描述电子束在样品中的传播和散射过程的模型。这使得高分辨像的模拟计算更准确，能够反映实际样品的微观结构。绝大多数的高分辨像模拟计算程序都是基于多层法进行的。通过样品的分层处理，并考虑每层的相互作用，能够快速获得与实验图像高度一致的模拟结果。多层法结合了相位衬度理论的发展，利用计算机科学的进步，研究人员可以编写高效的计算机软件，以模拟真实的高分辨像，帮助解析材料的微观结构，广泛应用于材料科学的研究中。

2. 高分辨电子显微像的计算过程

HRTEM 像在分析和确定未知晶体结构中扮演了关键角色。然而，准确的结构确定涉及复杂的计算和验证过程。以下是 HRTEM 像计算的基本步骤。

（1）电子在物质内的散射

1）计算结构因子。结构因子描述晶体中每个原子对散射的贡献，计算时需考虑原子的散射因子和晶格常数。

2）计算透射函数 $q(x, y)$ 和传播函数 $P(u, v)$。透射函数 $q(x, y)$ 反映了样品的衍射特性，传播函数 $P(u, v)$ 描述了电子波在样品内传播时的相位变化。

3）运用多层法计算最终出射波振幅 Ψ_n。使用多层法将样品分成薄层，迭代计算每一层的散射效应，最终得到样品的出射波振幅 $\varPsi_n$。

（2）成像系统的衬度传递函数　成像系统的衬度传递函数（CTF）是描述成像系统在不同空间频率下的对比度传递能力。CTF 会影响电子波在后焦面上的调制效果。影响 CTF 的因素包括球差、离焦、色差、束发散、照明孔径角等。

计算成像系统衬度传递函数时，计算机程序通常基于多层法理论，输入参数包括与电子显微镜状态相关的参数和与被研究材料相关的晶体学参数。与电子显微镜状态相关的参数有加速电压 E、球差系数 C_s、色差系数 C_c、离焦量 Δf、照明孔径角 α_c 等。与被研究材料相关的晶体学参数包括晶格常数 d、原子在单胞中的坐标 r_i、德拜参数 B_i 以及原子散射因子 f_i 等。

3. 高分辨像确定未知结构的实例

使用高分辨 TEM 图像确定未知晶体结构时，首先需确认结构像，因为只有通过结构像才能直观确定原子位置。然而这一过程存在一个逻辑悖论：为了确定未知晶体结构，需要从高分辨像上决定原子位置；为了挑选出结构像，必须做像模拟计算；但是如果已经知道了这些结构参数，那么还需要用高分辨电子显微术确定晶体结构吗？由此，确定未知晶体结构并非是一件一蹴而就的任务。

通常，确定未知晶体结构需经过以下四大步骤：

1）收集衍射数据。通过衍射实验获得晶体的衍射信息。

2）拍摄高质量的高分辨像。获取具有足够分辨率和对比度的高分辨电子显微镜图像。

3）构造晶体结构模型。基于已有的衍射数据和高分辨像，构建一个可能的晶体结构模型。

4）像模拟计算。对构建的晶体结构模型进行像模拟计算，与实验得到的高分辨像进行比较。

需要注意的是，晶体结构模型只有在计算像能够与系列实验得到的高分辨像匹配时，才能认为是正确的。如果仅有一、两张计算像与试验像相符，这并不足以证明结构模型的正确性。此时应检查以下两点：①高分辨像的质量是否足够高，②计算过程中是否考虑了所有可能的因素和参数。如果实验像和计算过程均无问题，但依然无法找到令人满意的匹配关系，则需要回到步骤3），检查之前构建的结构模型是否存在问题。步骤3）和4）可能需要反复进行多次，直至计算像和实验像之间找到令人可以接受的匹配关系。

图 3-50 所示为 FePt 纳米颗粒的高分辨像模拟，通过出射波函数重构系列欠焦高分辨像与高分辨像模拟相结合，定量研究 FePt

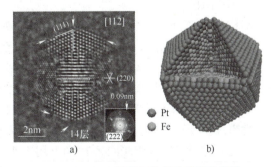

图 3-50　FePt 纳米颗粒的高分辨像模拟
a）高分辨像　b）模拟结构示意图

纳米颗粒的原子排列和晶格应变，发现 FePt 粒子具有正二十面体结构，且表面存在原子层间晶格弛豫和原子重构现象。如图 3-50a 所示，白色箭头标记部分填充的原子壳层，黑色箭头标记原子缺失的棱边。基于正二十面体结构表面原子层间晶格弛豫定量分析和高分辨像模拟计算，构建的具有富 Pt 壳层成分梯度的 FePt 颗粒的原子结构模型如图 3-50b 所示。

3.5 分析电子显微学

分析电子显微学是一门结合高分辨成像与成分分析的学科，利用电子显微镜对材料的微观结构和化学成分进行详细研究。通过先进的技术和方法，如 STEM、EDS、EELS 等，可获得样品在微米、纳米乃至原子尺度下的结构和成分分布信息。这些技术不仅能够揭示材料的微观结构和成分，还能深入了解材料的物理和化学特性，为材料科学、纳米技术、生物学等领域的研究提供了强有力的支持。本节将详细介绍这些分析技术的原理、应用及其在实际研究中的重要作用。

3.5.1 扫描透射电子显微术

1. 工作原理

扫描透射电子显微镜（scanning transmission electron microscopy，STEM）的成像原理是结合了 TEM 和 SEM 的特点，通过电子束在样品表面的扫描和透射电子的收集来形成图像。

STEM 使用场发射电子枪作为电子源，发射出高能电子束。电子束在加速管内被加速，并通过聚光镜系统聚焦成极细的束斑。这个束斑的直径可达到原子尺度，确保了对样品的精细扫描。STEM 利用扫描线圈控制电子束斑在样品表面逐点扫描。当电子束斑照射到样品时，电子与样品中的原子发生相互作用，产生透射电子、散射电子等信号。这些信号携带了样品的信息，如形貌、结构、成分等。STEM 在样品下方配置有不同的环形探测器来同步接收透射电子和散射电子等信号。这些探测器可以是环形暗场（annular dark field，ADF）探测器、高角环形暗场（high annle annular dark field，HAADF）探测器、低角环形暗场（low angle annular dark field，LAADF）探测器或环形明场（annular bright field，ABF）探测器等。探测器将接收到的电子信号转换成电流强度，并通过放大电路处理后显示在荧光屏或计算机屏幕上。由于样品上每一点都与产生的像点一一对应，因此，连续扫描完一个区域后，就形成了 STEM 图像。

STEM 能够实现原子尺度的分辨率，使得观察样品的微观结构和成分成为可能。通过配置不同的探测器和调整扫描参数，STEM 可以获得多种类型的图像，如 HAADF 像、LAADF 像、ABF 像等。这些图像具有不同的衬度机制和灵敏度，适用于不同的分析需求，广泛应用于材料科学、纳米科技、物理、化学、生物学等领域，它不仅可以观察样品的形貌和结构，还可以结合 EDS 或 EELS 等分析手段，对样品成分进行定量分析。

随着球差校正器的引入，STEM 的空间分辨率达到亚埃尺度，可实现单列原子柱的成像观察；尤其是原子序数依赖的 Z 衬度可用来表征原子序数差异较大的双组分、多组分样品的原子结构，如合金、金属间化合物等。STEM 模式由于其衬度高、损伤小等特点，非常适合有机高分子、生物等软材料的结构分析；并且综合能量分辨率为亚电子伏的电子能量损失谱分析，STEM 能够实现在纳米和原子尺度上对材料微结构与精细化学组分的表征与分析。

STEM 模式将电子束汇聚成一个点，对样品逐点扫描获得图像。电子散射会随着电子束入射角的改变而改变，如果电子束入射角度改变，会使图像衬度难以解释，所以要保证扫描时电子束角度不变，因此其 STEM 模式光路结构比 TEM 模式更复杂。如图 3-51 所示，经第一和第二聚光镜后，通过双偏转扫描线圈让光束经过前焦面旋转中心，之后利用第三聚光镜偏折，使电子束保持同一角度。

　　在成像过程中，电子束斑聚焦在试样表面，通过线圈控制在试样上逐点扫描，扫描每一点的同时，样品下方的探测器同步接收穿过样品的电子，对应于每个扫描位置的探测器接收到的信号转换成电流强度显示于荧光屏或计算机屏幕上。拍摄明场像时，使用明场探测器，接收透射电子。拍摄环形暗场像或高角环形暗场像时，分别使用 ADF 或 HAADF 探测器接收散射电子。由于明场探测器位于衍射花样平面中透射束的位置，ADF 探测器位于衍射束的位置，所以二者的图像衬度互补。拍摄 HAADF 图像时，当电子束斑正好扫在原子列上时，这个强信号显示计算机屏幕上的就是亮点，而当电子扫在原子列中间的空隙时，数量很少的散射电子被接收，因此在计算机屏幕上将形成一个暗点。STEM 成像需依次获得单个信号，并将其与扫描位置关联再绘制出图像。由于有时需要多达 4096 条

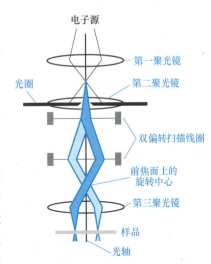

电子源
第一聚光镜
光圈
第二聚光镜
双偏转扫描线圈
前焦面上的旋转中心
第三聚光镜
样品
光轴

图 3-51　STEM 模式光路图

扫描线才能在记录屏上构成一幅图像，因此进行 STEM 测试时，一张图像的获得往往需要几秒甚至数分钟，它是串行记录而非并行记录。

　　根据卢瑟福总散射截面公式：

$$\sigma_{\text{nucleus}}(\theta) = 1.62 \times 10^{-24} \left(\frac{Z}{E_0} \right)^2 \cot^2 \frac{\theta}{2} \tag{3-43}$$

　　可以看出，散射截面取决于电子束能量 E_0、散射角 θ 和原子序数 Z。在 STEM 成像过程中，电子束能量和接收散射信号的角度不变，因此 HAADF（或 HAADF-STEM）像的信息主要来源于卢瑟福散射，接收的散射信号强度与原子序数 Z 的平方成正比，因此，HAADF 像又称 Z 衬度像。需要注意的是，这一关系并非绝对严格，其有效性取决于多种因素，如探测器的具体设计、电子束的散射条件等。研究表明，在特定条件下（如探测器内环孔径角大于 180° 时），HAADF 像的强度与原子序数 Z 的平方之间的关系更接近。然而，在一般实验条件下，这一关系更接近 Z 的 1.7 次方。由于 HAADF 像衬度主要为 Z 衬度，不会出现衬度反转，像中的亮点总是反映真实的原子，并且点的强度与原子序数平方成正比，可以确认样品的元素组成。

　　Z 衬度像是非相干高分辨像，其非相干性与样品厚度无关，且成像过程中抑制了衍射信号，平均了大部分干涉效应，只显示探测器收集的总信号强度。因此，随着扫描位置的变化，HADDF 的图像衬度只反映样品中不同位置化学成分的变化，不会随样品厚度和电子显微镜的聚焦变化发生明显的变化。如图 3-52 所示，通过 HAADF-STEM 像可以清晰分辨出 MoS_2 基底表面存在的 Au 纳米颗粒和单原子，从而可以观察

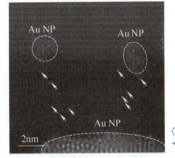

Au NP　　Au NP
Au NP
2nm

◌ Au纳米颗粒
➤ Au单原子

图 3-52　MoS_2 表面的 Au 纳米颗粒和单原子

到 Au 单原子在 MoS_2 表面的迁移过程。

2. 明场像和暗场像

电子束穿过样品时，由于电子与样品相互作用，电子会产生弹性散射和非弹性散射，导致入射电子的方向和能量发生改变，因而在样品下方的不同位置将会接收到不同的信号。根据 STEM 探测器接收到的透射电子散射角度的不同，由小到大可分为明场（BF）像、环形明场（ABF）像、环形暗场（ADF）像和高角环形暗场（HAADF）像。如图 3-53 所示，明场像的收集角 $\theta_3<10mrad$，接收到的电子主要是透射电子束和部分散射电子，获得的图像类似于 TEM 明场像，θ_3 越小，形成的像与 TEM 明场像越接近。环形明场像、环形暗场像和高角环形暗场像接收到的电子主要是散射电子。

为了获得更高的 STEM 理论分辨率，需要更好的电子源、聚焦条件以及信号接收装置。

1）电子源。TEM 中有两种电子源，一种是热电子源，被加热时产生电子。另一种是场电子源，在电子源和阳极之间加一个电势产生电子。肖特基电子源是热发射和场发射电子源的结合。相比于热发射，场发射的电子单色性更好、亮度更高、寿命更长。所以，现在主流的 TEM 通常采用肖特基场发射电子枪。

2）光路。电子枪发射出电子之后，需要透镜系统会聚电子束，虽然我们希望将电子束会聚为一点，但相差的存在使理论上的一个点变成了一个圆盘。在 TEM 中限制分辨率的主要是色差和球差。色差是由于电子枪发射的电子并不完全是同一能量，电子经过磁透镜后的偏转程度不同。球差是由于磁透镜边缘电子的偏转能力强于旁轴电子，导致电子会聚位置不同。校正色差需采用色差校正器。因为 STEM 模式不需要磁透镜成像，所以只需聚光镜球差校正器来校正球差。装有色差和球差校正器的 TEM 可以将 HAADF 图像的分辨率由 1.2Å 提高到 0.6Å。

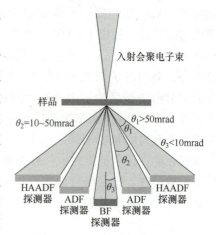

图 3-53 成像模式示意图

3）信号接收装置。信号接收装置也会极大影响图像分辨率。早期胶片式的图像接收装置已被如今的电子探测器取代，其中最主要的有电荷耦合器件（CCD）、采用标准互补金属氧化物半导体（CMOS）技术制造的单片有源像素传感器（active pixel sensor，APS），以及将光电二极管和特定应用的集成电路结合在一起的混合像素阵列检测器（PAD）。APS 探测器和 PAD 探测器的检测时间和检测效率通常高于 CCD 探测器，同一时间获得的数据质量会更好，也可以在更短的时间内获取更多的数据。

由于电子散射强度与原子序数相关，HAADF 图像中的轻原子，如 Li、Na、C、O 的信号较弱，所以扫描二维实空间并记录每一点二维动量空间数据的 4D-STEM 技术逐渐受到关注。积分差分相位衬度成像（integrated differential phase contrast，iDPC）和叠层衍射成像（Ptychography）等技术可以将分辨率进一步提升，并将轻原子清晰地拍摄出来。如图 3-54 所示，通过叠层衍射成像技术，可以清晰地区分出 $PrScO_3$ 中相邻的 Pr 原子和 Sc 与 O 原子，图像的分辨率达到 0.2Å。

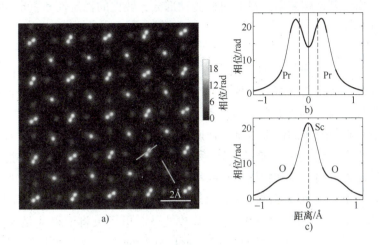

图 3-54　通过叠层衍射成像技术研究 PrScO₃ 的原子结构

a）从实验数据的多层电子叠层照相重建得到的［001］取向的 PrScO₃的总相位图
b）沿 Pr-Pr 哑铃方向的相位分布　c）沿 O-Sc-O 方向的相位分布（粗实线说明了不同
原子柱上约 60 个轮廓的变化；细线是它们的平均值，示例位置在 a）中标记为线段）

3.5.2　能量色散 X 射线谱

1. 工作原理

能量色散 X 射线光谱仪（energy dispersive X-ray spectrometer，EDS 或 EDX，简称 X 射线能谱仪）是一种重要的分析仪器，通过分析试样发出的元素特征 X 射线的波长和强度，测定试样所含的元素及含量。

EDS 的工作原理是基于 X 射线与物质的相互作用。当一束高能粒子（如 X 射线）与原子相互作用时，如果其能量大于或等于原子某一轨道电子的结合能，就会将该轨道电子逐出，形成一个空穴，使原子处于激发态。由于激发态不稳定，外层电子会向空穴跃迁，使原子恢复到平衡态。这一跃迁过程中，原子会释放出具有特征能量和波长的电磁辐射，即特征 X 射线。特征 X 射线与元素有一一对应关系，通过测量特征 X 射线的波长和强度，可实现对元素的定性和定量分析。根据谱线中峰的能量位置识别元素种类，信号强度对应于元素的浓度。

EDS 的核心组件是锂漂移硅 Si（Li）半导体检测器和多道脉冲分析器。当能量为数千电子伏的入射电子束照射样品时，会激发出特征 X 射线，这些 X 射线通过 Be 窗直接照射到 Si（Li）半导体检测器上，导致 Si 原子电离并产生大量电子-空穴对，其数量与 X 射线能量成正比。通过测量这些电荷，可以确定 X 射线的能量。探测器输出的信号经过放大和处理后，转换为能量谱图，X 射线强度作为能量的函数显示在谱图上。每个峰对应于样品中某元素的特定电子跃迁，分析这些峰的位置和强度，可以定量和定性地分析样品中的元素组成。

EDS 检测效率高，能够在较小的电子束流下工作，减小束斑直径，能提高其空间分析能力。在微束操作模式下，EDS 能分析的最小区域可达纳米级，能量分辨率可达 130eV 左右。EDS 能够同时检测和计数分析点内的所有 X 射线光子能量，仅需几分钟即可获得全谱定性分析结果。由于其结构简单，没有机械传动部分，数据的稳定性和重现性较好，定量分析误差为 2% ~ 10%。

2. 应用举例

（1）元素定性与定量分析　　EDS 最直接的应用是元素的定性和定量分析。材料科学研究中，了解材料的成分及其分布对于理解其性能至关重要。例如，研究合金的相变、陶瓷材料的相界或者半导体材料的掺杂效果时，精确的元素分布信息必不可少。EDS 能提供关于样品中各元素的存在与分布的详细信息，帮助科研人员优化材料的组成和处理工艺。

（2）元素面分布和线扫描　　通过 EDS 系统，可进行元素的空间分布映射。在 TEM 中，电子束可以被精确地控制，使其扫描样品的特定区域。EDS 检测器收集从这些区域发出的 X 射线，并分析其能量，从而得到该区域的元素分布图。这种技术特别适用于研究材料中的相界、缺陷或者异质结构的化学组成。STEM 模式下，电子束将汇聚成足够小的点，并在样品上逐点扫描，从每个点收集数据，以此形成样品的点扫描、线扫描以及面扫描能谱图。图 3-55 展示了利用 EDS 扫描成像的方法，表征了高熵合金 CrMnFeCoNi 中元素的面分布，通过线扫描强度分析证实了各元素在材料体相中的均匀分布。

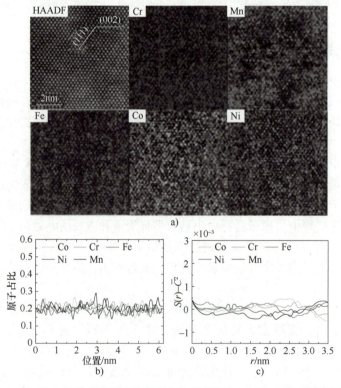

图 3-55　EDS 扫描成像研究高熵合金中元素的分布（扫二维码看彩图）

（3）原子级成分和缺陷分析　　通过 TEM 结合 EDS，可在原子级别上观察缺陷，并分析缺陷处的元素组成。这对于理解材料失效机制以及开发更高性能的材料具有重要意义。例如，通过分析缺陷处的元素分布，了解材料在实际使用过程中的变化，进而改进材料设计以提高其耐久性和性能。

3.5.3　电子能量损失谱

1. 工作原理

EELS 是一种通过测量电子在与样品相互作用后的动能变化来确定样品原子结构和化学特性的方法。EELS 可以提供丰富的信息，包括原子的种类、数量、化学状态以及原子与近邻原子的集体相互作用。电子束穿过样品时，与原子的内壳层电子和价电子发生非弹性散射，导致电子能量损失。这些能量损失过程包括样品表面原子电子电离、价带电子激发、价带电子集体振荡以及电子振荡激发等（图 3-56）。随着电子在时间和空间上的随机碰撞，遵循不同的轨迹，散射角和能量损耗构成了连续的分布。这些非弹性散射电子的能量分布揭示了原子中电子的空间环境信息，与样品的物理和化学性能密切相关。通过收集这部分非弹性散射电子的信息，便可得到 EELS，获取样品的化学成分、电子结构、化学键等信息。

EELS 谱主要分 3 个区：零损失区、低能损失区和高能损失区。

（1）零损失区　该区域包括未与原子发生任何散射作用的"零损失"电子、与原子核发生弹性散射未损失能量的电子和发生很小能量损失的非弹性散射。通常以

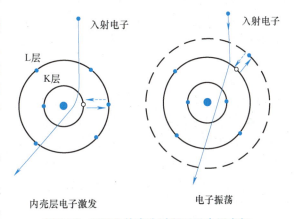

图 3-56　EELS 的产生过程以及电子在与原子相互作用后能量损失的不同机制

零损失峰的半峰宽（full width at half maxima，FWHM）来定义谱仪系统的能量分辨率。

（2）低能损失区（<50eV）　该区由入射电子与固体中原子的价电子非弹性散射作用产生的等离子峰及若干个带间跃迁小峰组成。在一些特定场合，这种散射作用发生在原子尺度上，它使得一个电子从满带跃迁到高的空能带，能带中状态密度的变化在 EELS 的低能谱区引起明显的精细结构，出现小峰。例如半导体或绝缘体中价电子发生越过能量间隙的带间跃迁。EELS 的低能损失区可提供和光吸收谱同样的信息，包括一些有价值的信息，例如能带结构、材料的介电性能等。

低能损失区可用于样品厚度的测算。公式为 $t=\lambda_{\mathrm{p}}\ln(I_{\mathrm{t}}/I_0)$，其中，$I_0$ 为零损失强度；I_{t} 为在谱仪设定的能量范围（0~E）内谱线的总强度；λ_{p} 为等离激元振荡平均自由程。

低能损失区还可用于等离激元损失显微分析。利用体等离激元振荡的特征频率来进行固体的电子密度测算和合金成分的定量分析。

（3）高能损失区（>50eV）　高能损失区的信息主要来自入射电子与试样原子内壳层电子的非弹性散射。高能损失部分主要包括吸收边、能量损失近边结构（energy loss near-edge structure，ELNES）和扩展能量损失精细结构（extened energy-loss fine structure，EXELFS）。吸收边对应内壳层电子能量和费米能之差，可用于确定元素的种类。能量损失近边结构出现在吸收边后 50eV 左右，反映元素的能带结构、化学及晶体学状态等。

高能损失区可用于元素的定性分析。利用高能损失区的吸收边，可轻松进行元素的定性分析。对于原子序数小于 13 的元素，常使用 K 吸收边来进行分析；而对于原子序数大于 13

的元素，可选择 L 或 M 吸收边进行分析。在高能损失区 50~2000eV，主要可以观察到以下吸收边：元素 Be-Si 的 K 吸收边，元素 Si-Rb 的 L 吸收边，以及较重元素的 M、N、O 吸收边。K 吸收边能比较清晰地显示电离临界能，因此容易鉴别相应的元素。

高能损失区还可用于元素的定量分析。吸收边前的背景强度主要取决于由低能损失区尾部的延伸，而吸收边后的背景强度则取决于吸收边尾部的延伸。一般来说，样品越厚或接收半角越大，背景强度越高，检测灵敏度越低。因此定量分析时，必须扣除背景强度。

高能损失区可用于元素成分分布成像。元素成分分布图是利用某一特征能量损失的电子信号来成像，根据所成图像可以了解该元素的分布规律。EELS 的元素成分分布图主要有两种：TEM-EELS 图像和 STEM-EELS 图像。

通过上述 3 个能量损失区的综合分析，EELS 技术能够在纳米尺度上提供材料微结构与精细化学组分的全面表征，成为研究材料科学不可或缺的工具。图 3-57 所示为 20nm 厚的碳化钛样品在装有能量过滤分光仪的传统 200keV 的 TEM 中获得的 EELS。

EELS 和 EDS 都是材料科学常用的分析方法，它们都可以测定试样中所含的元素及含量，两种方法均可在 STEM 模式下工作，在材料的微区分析方面具有明显的优势。然而，这两种技术在原理、应用范围和细节上存在一些差异，各有其独特的优点和不足，实际应用中应根据研究需求选择合适的分析方法。一般而言，STEM-EELS 在需要高分辨率和化学信息丰富的场合具有优势，而 STEM-EDS 则更适用于快速检测和重元素分析。表 3-4 系统比较了 STEM-EELS 和 STEM-EDS 分析样品的优点和不足。

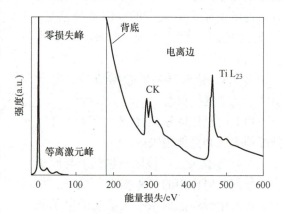

图 3-57　20nm 厚的碳化钛样品在装有能量过滤分光仪的传统 200keV 的 TEM 下的 EELS

表 3-4　STEM-EELS 和 SETM-EDS 分析样品的优点和不足

类型	STEM-EELS	STEM-EDS
优点	高能量分辨率（小于 0.7eV），能够精确区分不同元素的特征峰 对轻元素敏感，包括氢、氦等，这是 EDS 难以做到的 能同时提供元素分布和化学键结构的信息，为材料科学研究提供丰富的数据支持 很方便地测出薄膜厚度	检测速度快，可以在几分钟内完成元素的快速定性和定量分析 对重元素（$Z>11$）的检测灵敏度高，能够准确测定其含量 设备成本相对较低，易于普及和应用于各种实验室 对样品损伤小
不足	样品制备复杂，需要超薄样品以减少多次散射的影响 数据处理和分析相对复杂，需要专业的软件和技能 测试成本较高，设备昂贵且维护成本也不低	能量分辨率相对较低（约 130eV），无法像 EELS 那样精确区分不同元素的特征峰 对轻元素的检测能力较弱，尤其是氢、氦等元素可能受到样品表面污染和电荷累积的影响，导致分析结果出现偏差

2. 应用举例

STEM-EELS 点、线、面元素分析已被广泛应用于纳米材料表界面结构的研究。图 3-58

展示了利用 EELS 研究催化剂-载体界面结构和金属-载体强相互作用的示例，单点采集 EELS 信号发现 Au 催化剂表面存在氧化钛覆盖层，并进一步通过 EELS 近边结构分析迁移到催化剂表面的氧化钛和载体氧化钛的 Ti 电子结构差异。

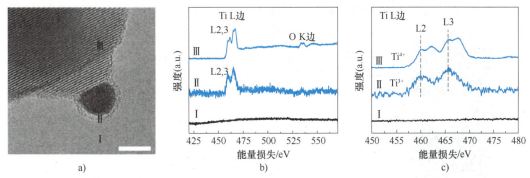

图 3-58 基于 EELS 点信号采集研究催化剂-载体界面结构及强相互作用

　　EELS 面扫描以及 EELS 谱近边结构也可用于表征纳米材料表面的元素分布状态以及结构。利用原位 ETEM 和 EELS 技术，从原子层面揭示金属与 SiO$_2$ 界面原子结构和组成、演变过程及其对催化反应的影响。结合原子分辨原位球差电子显微镜、衬度像模拟、EELS 成像和能谱模拟，发现 Co 与 SiO$_2$ 界面存在 Si 原子层，形成 Co-Si-SiO$_2$ 界面（图 3-59），解释了高温环境下难还原型氧化硅在金属表面的反应行为。

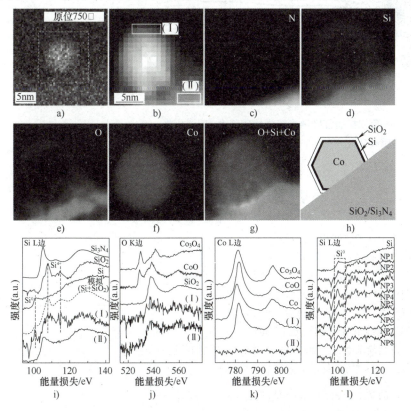

图 3-59 基于 EELS 面扫描及 EELS 近边结构表征 Co 与 SiO$_2$ 界面原子结构及强相互作用（扫二维码看彩图）

EELS 面扫描分析方法进一步应用于研究纳米材料生长机制。根据球差电子显微镜高分辨成像定量分析和 EELS 面扫描元素成像的方法，揭示了在 $600 \sim 800 ℃$ 反应条件下，C 原子扩散进入 Co 金属催化剂亚表面，随后析出至催化剂表面，C 原子在催化剂亚表面周期性的溶解和析出诱导了碳纳米管的成核和生长（图 3-60）。

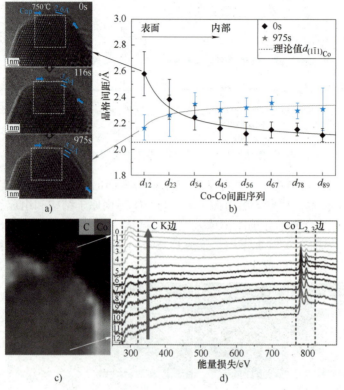

图 3-60 基于 EELS 面扫描表征碳纳米管成核过程中 Co 催化剂表面碳质量分数分布（扫二维码看彩图）

思 考 题

1. 简述电子枪的时间相干性和空间相干性。

2. 什么是景深和焦深，它们之间有何联系？

3. 什么是球差和色差，其主要来源是什么？如何降低球差和色差？

4. 简述电子显微镜制样的特点及其在材料微结构分析中的作用。

5. 哪些材料适合电解双喷制样，哪些材料适合离子减薄制样。

6. 请说明电子衍射和 X 射线衍射的相同点和不同点。

7. 什么是结构因子？总结简单立方、面心立方、体心立方结构的消光条件。

8. 计算说明简单立方、面心立方、体心立方多晶衍射环的花样特点。

9. 请证明相机常数公式的基本形式 $L\lambda = Rd$ 和精确表达式 $Rd \cong L\lambda \left(1 + \dfrac{3R^2}{8L^2}\right)$。

10. 绘制 hcp$(211)^*$ 的倒易面。

11. 按照电子束与物质相互作用的机理，电子显微学的衬度有哪几种类型？各有什么特点？

12. 什么是等厚条纹，什么是等倾条纹？简要说明其形成原理。

13. 简述明场像和暗场像的原理。

14. 简要说明晶格像和结构像的异同。

15. 什么是谢尔策聚焦？谢尔策成像与哪些因素有关？

16. 什么是点分辨率、线分辨率、信息分辨极限？

17. 如何理解运用高分辨像模拟确定未知晶体结构的逻辑悖论，即一方面需要从高分辨像上决定原子位置，另一方面又要通过像模拟计算来挑选出结构像。

18. 简述高分辨电子显微观察和拍摄图像的程序。

19. 简述 Z 衬度原理，说明 Z 衬度和样品的什么性质有关。

20. STEM 探测器接收的不同角度的散射电子代表了什么？什么是 HAADF 像？

21. 简述 EDS 原理。

22. 简述 EELS 原理，EELS 谱分为几部分？分别代表电子与样品什么样的相互作用？

23. 简述 EDS 与 EELS 各自的优缺点及适用情况。

参 考 文 献

［1］ WILLIAMS D B, CARTER C B. Transmission electron microscopy：a Textbook for materials science ［M］. 2nd. Berlin：Springer，2009.

［2］ 黄孝瑛. 材料微观结构的电子显微学分析［M］. 北京：冶金工业出版社，2008.

［3］ 章晓中. 电子显微分析［M］. 北京：清华大学出版社，2006.

［4］ EGERTON R F. 电子显微镜中的电子能量损失谱学［M］. 段晓峰，高尚鹏，张志华，等译. 2 版. 北京：高等教育出版社，2011.

［5］ 王荣明. 纳米表征与调控研究进展［M］. 北京：北京大学出版社，2022.

第 **4** 章

扫描电子显微术

扫描电子显微镜（SEM）简称扫描电镜，是一种用聚焦电子束扫描样品的表面来产生样品表面图像的电子显微镜。因其具有非接触、放大倍数高和测量范围广等特点，广泛应用于材料科学、纳米科技、生命科学、物理学、化学以及工业生产等领域的微观研究中。

扫描电镜的发展历史可追溯到 1932 年，德国科学家克诺尔首次提出了扫描电镜可放大成像的概念，并于 1935 年制成极其原始的扫描电镜模型。1938 年，德国学者阿登纳在 TEM 上添加了扫描线圈，制成了第一台采用缩小透镜，用于透射样品的扫描电镜，并获得了第一张扫描电镜图像。在较长的一段时间内，由于不能获得高分辨率的表面电子像，扫描电镜只能在电子探针 X 射线微分析仪中作为辅助成像装置。此后，在许多科学家的努力下，逐步解决了扫描电镜从理论到仪器结构等方面的一系列问题。1953 年，英国剑桥大学的麦哲马伦等人研制成功第一台实用型扫描电镜，分辨率达到 50nm。1965 年，英国剑桥科学仪器公司研制成功第一台商用扫描电镜 Mark I，它使用二次电子成像，分辨率达 10nm，从此揭开了扫描电镜商业化研发、制造和应用的开端。1968 年，在美国芝加哥大学，克鲁（Albert Creue）成功研制了场发射电子枪，并将它应用于扫描电镜，获得了较高分辨率的透射电子像，这对于扫描电镜的发展起到了极大促进作用。1970 年，他发表了用扫描透射电镜拍摄的铀和钍中的铀原子和钍原子像，这使扫描电镜又进展到一个新的领域。1975 年，美国将微型计算机引入扫描电镜中，用于程序协调控制加速电压、放大倍数和磁透镜焦距的关系，二次电子图像分辨率可达到 6nm。2005 年，美国发布全球第一台具有超高分辨率的带有低真空的场发射电镜，其分辨率为 1.0nm。2010 年，冷场扫描电镜的上市将分辨率提升到了 0.4nm。本章将讨论扫描电镜的原理和应用，并介绍扫描电镜在纳米材料中应用的新进展。

4.1 扫描电镜的工作原理和构造

4.1.1 工作原理

在扫描电镜中，电子枪安装在镜筒的顶部，当电子的动能大于电子源材料的功函数时，就会被释放出来，然后加速向阳极移动。通过电磁透镜聚焦和电场加速最终形成高能电子束流，并照射到样品表面。在扫描线圈的控制下，高能电子束在样品的一个矩形区域内从左到右、从上到下逐点逐行依次扫描。扫描过程中，束流电子与样品原子核或核外电子发生多种相互作用，引起束流电子的运动方向和能量发生变化，从而产生许多不同类型的电子、光子或其他辐射（详见 1.3.5 节）。对于扫描电镜，用于成像的主要是二次电子和背散射电子。二次电子能量较低，一般小于 50eV。其产生区域较小，仅能从样品表面 5~10nm 的深度逸出，这也是二次电子像分辨率高的原因之一。而背散射电子一般是从样品 0.1~1μm 深处发射出来。由于入射电子进入样品较深，入射电子已被散射开，故背散射电子像的分辨率比二次电子低，但是背散射电子能够反映离样品表面较深处的情况。这些被激发出来的电子信号，最后利用相应的探测器和采集放大系统检测并分析，就可以获得样品的不同特征图像。而在信号收集处理和图像显示记录系统中，采用闪烁计数器检测二次电子、背散射电子和透射电子的信号。当样品中出来的信号电子被电场加速到达检测器的闪烁体，闪烁体将电子能量转换为光子并通过光导管传送到光电倍增管，使得光信号放大，转化成电流信号输出。电流信号经视频放大器放大后就成为调制信号，最后转换为在阴极射线管荧光屏上显示的样品表面形貌扫描图像，供观察和照相记录。

4.1.2　基本构造

扫描电镜的构造可以分为电子光学系统、信号收集和处理系统、图像显示和记录系统、真空系统、电源和控制系统五个部分。图 4-1 所示为扫描电镜的结构示意图。下面介绍扫描电镜的基本构成。

1. 电子光学系统

电子光学系统是扫描电镜的核心部分，包括电子枪、电磁透镜、扫描线圈和样品室等。

镜筒顶部的电子枪可以产生电子并将其加速到 0.1~30keV 的能量。电子枪主要分为场致发射和热发射两种（详见 3.1.2 节）。热发射电子枪产生电子束束斑直径较大，无法直接形成高分辨率图像。因此，需通过电磁透镜和光阑来聚焦和限定电子束，在样品上形成较小的聚焦电子束。此过程可以将电子束束斑直径由 50μm 缩小至 1~100nm。在热发射扫描电镜上，通常会装配两组电磁透镜：一组会聚透镜，装配在电子枪之下，用来会聚电子束，但与成像聚焦无关；另外一组为物镜，位于真空柱的最下方，负责将电子束的焦点会聚到样品表面。

扫描线圈的作用是偏转电子束，使其在样品表面的特定区域进行扫描。如图 4-2 所示，电子束在样品表面的扫描方式主要有两种。对样品进行形貌分析一般采用光栅扫描方式。当电

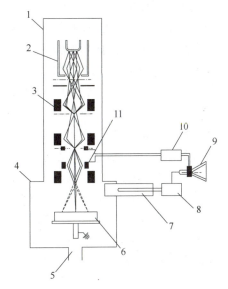

图 4-1　扫描电镜的结构示意图

1—镜筒　2—电子枪　3—电磁透镜　4—样品室
5—真空室　6—样品和样品座　7—探头
8—放大器　9—显像管　10—扫描发生器
11—扫描线圈

子束进入上偏转线圈时，方向发生转折，随后由下偏转线圈再次调整方向，经过二次偏转的电子束通过末级透镜入射到样品表面。在上下偏转线圈的共同作用下，电子束在样品表面逐行扫描出方形区域。相应地，显像管的荧光屏上也扫描出成比例的图像。对样品进行电子通道花样分析则一般采用角光栅扫描方式。这时电子束经上偏转线圈后经下偏转线圈时不再改

变方向，而是直接由末级透镜折射到入射点位置。

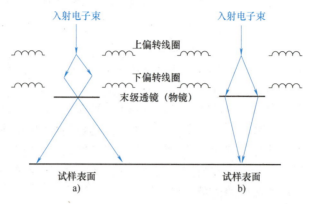

图4-2　扫描电镜中电子束的两种扫描方式

a）光栅扫描　b）角光栅扫描

2. 信号收集和处理系统

经过一系列电磁透镜成束后，电子入射到样品表面与样品相互作用，会产生二次电子、背散射电子、俄歇电子以及X射线等一系列信号。扫描电镜的信号收集和处理系统负责从样品表面收集、放大、处理和分析这些信号，以获得所需的信息，主要包括二次电子和背散射电子探测器、吸收电子探测器等。扫描电镜中使用最广泛的二次电子探测器是埃弗哈特-索恩利探测器，最常见的背散射电子检测器是固态背散射电子检测器。探测器中接收到的微弱信号进一步经信号放大器放大，以便后续处理和分析。

3. 图像显示和记录系统

图像显示和记录系统将探测器收集到的信号，送到阴极射线管上成放大像。由于镜筒中的电子束和显像管中的电子束是同步扫描的，荧光屏上每一点的亮度是根据样品上被激发出来的信号强度调制形成的。因此，样品表面上各点的状态各不相同，接收到的信号也不同。这些不同的信号会在显像管上形成一幅反映样品表面各点状态的扫描电镜图像。

4. 真空系统

扫描电镜的真空系统主要用于维持样品区域的高真空环境，以确保电子束与样品之间的相互作用不受气体分子的干扰。如果镜筒内的真空度不够而存在其他原子和分子，它们与电子相互作用，会使电子束发生偏转，从而降低成像质量。高真空环境也可以提高镜筒内探测器对电子的收集效率。为了保证扫描电镜的电子光学系统正常工作，一般扫描电镜的镜筒内要保持 $10^{-3} \sim 10^{-2}$ Pa 以上的真空度。

5. 电源和控制系统

扫描电镜另有一套电子系统以提供电压控制和系统控制。

4.2　扫描电镜的主要性能

表征扫描电镜性能的参数包括分辨率、放大倍数、景深、工作距离等，本节主要讨论分辨率和放大倍数。

4.2.1 分辨率

1. 分辨率的定义

空间分辨率是扫描电镜的主要性能参数，定义为可以被分开视为两个物体的最小距离。扫描电镜的成像原理与光学显微镜和透射电子显微镜完全不同。它不是通过透镜放大成像，而是通过采集电子束在样品表面扫描时激发出来的各种物理信号来成像。因此，扫描电镜的分辨率与被采集物理信号的种类高度相关。表 4-1 中列出了扫描电镜主要信号的空间分辨率。

表 4-1 扫描电镜主要信号的空间分辨率

信号种类	二次电子	背散射电子	吸收电子	特征 X 射线	俄歇电子
分辨率/nm	5~10	50~200	100~1000	100~1000	0.5~2.0

2. 影响分辨率的因素

影响扫描电镜分辨率的因素主要有 3 个：电子束的实际直径、电子束在样品中的散射和信号噪声比。

（1）电子束直径对分辨率的影响　在扫描电镜的电磁透镜作用下，从电子枪出来的电子被会聚到直径为 d_0、张角为 α 的电子束中。考虑电磁透镜的球差、色差、衍射效应等原因，入射到样品表面的电子束的实际直径为 d，比 d_0 要大。在扫描电镜的工作条件下，电磁透镜的球差引起的弥散圆直径远大于色差和衍射效应所引起的弥散圆直径，因此在讨论扫描电镜的电子束直径对分辨率影响时，可以只考虑电磁透镜的球差影响。根据 Smith 近似式，d 可以写为

$$d = \sqrt{d_0^2 + d_s^2} \tag{4-1}$$

式中，d_s 为透镜球差所引起的电子束的弥散圆直径，$d_s = \dfrac{1}{2} C_s \alpha^3$，$C_s$ 是电磁透镜的球差系数。

由式（4-1）可知，当 d_0 和 α 变小时，入射到样品表面的实际电子束的直径 d 变小，电子束照射到样品上的范围变小，分辨率提高。但随着 d_0 和 α 变小，束流强度也会下降。当 d_0 缩小到一定的程度时，束流强度过低，不能再从样品表面激发出足够的二次电子信号，此时图像噪声变大，反而降低了最终的成像效果和分辨率。

因此，理想的电子束要求尺寸小且束流大。冷场发射枪的电子束斑直径仅为钨灯丝发射枪的 1/5000~1/1500，而束流强度约为钨灯丝发射枪的 1000 倍。因此，高分辨扫描电镜都使用冷场发射电子枪。

（2）电子受样品散射对分辨率的影响　由表 4-1 的数据可以看出，二次电子信号的空间分辨率较高，相应的二次电子像的分辨率也较高；而特征 X 射线信号的空间分辨率最低，此信号调制成的显微图像的分辨率也相应最低。不同信号的分辨率差异可用图 4-3 说明。电子束进入轻元素表面后会形成一个滴状作用体积。在被样品吸收或散射出样品表面之前，入射电子束在这个体积内活动。

如图 4-3 所示，二次电子和俄歇电子因其本身能量较低以及平均自由程很短，只能在样

品的浅层表面内逸出。一般情况下能激发出二次电子的层深为 5~10nm，激发出俄歇电子的层深为 0.5~2nm。入射电子束在该深度尚未横向扩散开来，因此二次电子和俄歇电子仅在一个和入射电子束束斑直径近似的圆柱体内激发，所以这两种电子的分辨率就相当于束斑直径。

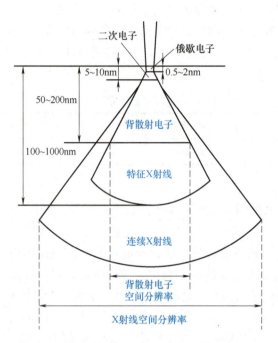

图 4-3　不同信号的滴状作用体积

入射电子束进入样品较深部位时，横向扩展的范围变大，从这个范围内激发出的散射电子能量很高，它们可以从样品的较深处逸出表面，横向扩展后的作用体积大小就是背散射电子的成像单元（为 50~200nm），从而使它的分辨率大为降低。

入射电子束还可以在样品更深部位激发出特征 X 射线。从图 4-3 中 X 射线的作用体积以及表 4-1 中的空间分辨率来看，若用 X 射线调制成像，它的分辨率比背散射电子更低。

此外，电子束入射重元素样品时，作用体积将不再是滴状，而是半球状。电子束进入表面后立即横向扩展。因此，在分析重元素时，即使电子束束斑很小，也无法获得较高的分辨率，此时二次电子的分辨率和背散射电子的分辨率之间的差距明显变小。

（3）信号噪声比对分辨率的影响　信号噪声比也是影响扫描电镜分辨率的重要因素。在扫描电镜中，噪声来源于两个方面：一为电噪声，它主要来源于放大器、电路等，可通过改进电路设计、提高元件质量，把电噪声降低到最小的程度；二为统计涨落噪声，它来源于进入探测器中的电子信号本身的统计涨落，这是本征、不可消除的。下面讨论统计涨落噪声以及它对分辨率的影响。设进入探测器的信号电流为 I_s，构成一幅扫描电镜像的像元数目为 N，扫描一帧图像的时间为 τ，电子电荷为 e，则贡献给每个像元信号的电子数为

$$n_s = \frac{I_s \tau}{Ne} \tag{4-2}$$

根据统计涨落理论，信号的统计涨落理论噪声为 $\sqrt{n_s}$，信噪比 P 为

$$P = \frac{n_s}{\sqrt{n_s}} = \sqrt{n_s} = \sqrt{\frac{I_s \tau}{Ne}} \qquad (4\text{-}3)$$

由式（4-3）可见，为了提高信噪比，可采取以下措施：

1）提高电子束流。由于探测器接收到的信号电流 I_s 与电子束流成正比，故可采用较大的电子束流来提高 I_s。提高电子束流有两个途径，一是通过增大电子束斑来增加电子束流，但电子束斑的增大会使图像分辨率下降；二是改用强电子源，比如 LaB_6 电子枪或者场发射枪。

2）适当延长帧扫描时间 τ。由于电路稳定度的限制，τ 不能太长，目前最慢扫描速度约为 100s。

3）减少像元数目 N。这会降低图像清晰度。

4.2.2 放大倍数

当入射电子束作光栅扫描时，若电子束在样品表面扫描的幅度为 A_s，相应地在荧光屏上阴极射线同步扫描的幅度是 A_c，则扫描电镜的放大倍数 M 为

$$M = \frac{A_c}{A_s} \qquad (4\text{-}4)$$

扫描电镜的荧光屏尺寸是固定的，电子束在样品上扫描一个任意面积的矩形时，在阴极射线管上看到的扫描图像大小都与荧光屏尺寸相同。因此，可以通过调节扫描线圈上的电流来调节电子束的扫描幅度。只要减小电子束的扫描幅度，就可得到高的放大倍数；反之，若增加扫描幅度，则放大倍数减小。

为了充分发挥扫描电镜的作用，其放大倍数与分辨率应保持一定的关系。在一定的放大倍数下，图像上实际能分开的最近两点的能力，即分辨率，还受人眼分辨能力限制。如果实际观察的放大倍数不变，为了保证足够的信噪比，有时采用较低的仪器分辨率反而会改善图像的清晰度。例如，人眼的最大分辨率约为 0.1mm，采用的放大倍数为 M，则仪器的分辨率满足如下条件即可

$$Q \leqslant \frac{0.1}{M} (\text{mm}) \qquad (4\text{-}5)$$

可以看出，盲目使用高放大倍数，并不一定能提高仪器的实际分辨能力。比如，使用钨丝热发射电子枪的扫描电镜，其最高分辨能力弱于 3nm，如果使用 50000 倍以上的放大倍数，是没有实际意义的。

4.3 扫描电镜成像的衬度原理

电子束与样品相互作用过程中，电子束流穿透样品的深度（几纳米到几微米）取决于入射电子的能量和材料本身。在此过程中，电子与材料原子间的相互作用，可产生各种信号，其中一些信号将从样品中逸出并被检测器收集。扫描电镜中，利用不同种类电子成像便可以获得不同的衬度信息。

4.3.1 二次电子成像原理及其衬度

1. 二次电子产生规律

二次电子由电子束流在样品内非弹性散射产生的。其一般都是在表层 5~10nm 深度范围内发射出来的，对样品表面形貌十分敏感，因此能非常有效地显示样品的表面形貌。

二次电子的来源比较复杂。由入射电子束直接产生的二次电子记为 SE_1，包含了电子束辐照区域的局部信息。当电子束斑直径达到纳米级甚至亚纳米级时，SE_1 会包含高分辨率信息。由入射电子束经过多重散射在材料内部产生的二次电子记为 SE_2，该信号产生范围取决于电子射程 R。当电子能量较大时，产生信号的范围远大于 SE_1，因此 SE_2 提供低分辨率信息。此外，背散射电子撞击样品室的表面，也会产生一些二次电子。

二次电子的产率 δ 与电子束能量 E_0 有关。如图 4-4a 所示，二次电子的产率 δ 随 E_0 的增大先增大后减小，最大值记为 δ_m。金属的典型值为 $0.35 \leqslant \delta_m \leqslant 1.6$，$100eV \leqslant E_{0,m} \leqslant 800eV$；绝缘体的典型值为 $1 \leqslant \delta_m \leqslant 10$，$300eV \leqslant E_{0,m} \leqslant 2000eV$。此外，$\delta_m$ 并不随原子序数线性增加，还受样品表面条件和真空质量的影响。

如图 4-4b 所示，二次电子的产率随入射电子束角度 θ 的增加而增加，二者之间满足以下关系

$$\delta(\theta) = \frac{\delta_0}{\cos\theta}, \delta_0 = \delta(\theta = 0) \tag{4-6}$$

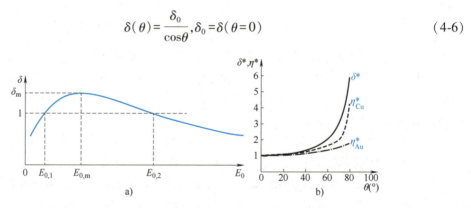

图 4-4　二次电子和背散射电子的产率与电子束能量和入射角的关系
a) 二次电子产率 δ 与电子束能量 E_0 的关系　b) 归一化二次电子产率 δ^* 和背散射电子产率 η^* 与电子束入射角的关系

二次电子产率随 θ 的依赖性为二次电子图像中的形貌衬度提供了基础。

2. 二次电子成像衬度及其应用

（1）形貌衬度　对于扫描电镜，入射电子的方向是固定的，但样品表面并不平整，所以电子束与样品表面的夹角不同，二次电子的产率就不同。同时，二次电子探测器的位置是固定的，样品表面不同取向的平面相对于探测器的收集角也不同，最终导致图像上的亮度也不同。如图 4-5 所示，食盐颗粒不同表面的方向不同，朝向探测器的平面被接收的二次电子更多，所以亮度明显强于另一侧。此外，凸起部分二次电子的产率也会大于凹陷部位，使凸起部分亮度更高。

（2）Z 衬度　二次电子产率 δ 随原子序数 Z 的变化如图 4-6 所示。相比于背散射电子，二次电子的产率与原子序数相关性更弱。原子序数大于 20 后，二次电子产率没有明显变化，

所以只有原子序数较小的元素，原子序数变化引起的衬度才能在图像中体现出来。而原子序数较大时，则区别较小，因此很少用二次电子图像来判断样品的成分信息。

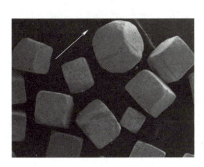

图4-5 在10kV下记录的镀有金的
食盐晶体的二次电子图像

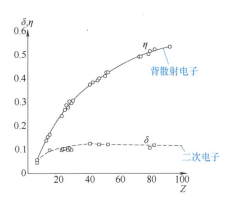

图4-6 二次电子和背散射电子的
产率与原子序数的关系

（3）**电位衬度** 样品表面电势分布不同将导致二次电子产率不同，在负电势区的电子更容易逸出，因此负电势区域会更亮，这就形成了电位衬度。对于导体，入射电子束产生的电荷会因接地而导出，但半导体或绝缘体表面会由于电荷积累而增大表面电势，引起多种效应，包括亮度变化、放大倍数变化和"鱼眼"效应等。

电位衬度引起的亮度变化分为两种：正电荷伪影和负电荷伪影。正电荷伪影是样品表面带正电势，二次电子发射减少，使图像相比临近区域变暗，如图4-7a所示。反之，样品表面带负电势，二次电子发射增加，图像比周围更亮，如图4-7b所示。当负电荷积累过多，产生的电场将足以偏转电子束，导致放大倍数改变，相比于图4-7b，同一位置长时间扫描后生成的图4-7c的放大倍数明显减小。此外，电子束的偏转还将产生鱼眼效应，这与光学镜头中的鱼眼镜头类似，在图像中产生球形扭曲，如图4-7d所示。在实验中，通常采用喷涂金属导电涂层的方法避免荷电效应，但是需要注意图层厚度不均匀可能会影响样品表面的真实形貌。另一种降低荷电效应的方法是降低扫描电子显微镜的工作电压。

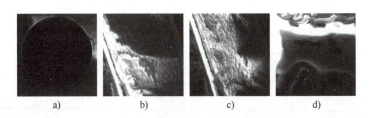

a)　　　　　b)　　　　　c)　　　　　d)

图4-7 电荷积累导致的不同效应
a）正电荷伪影 b）负电荷伪影 c）放大倍数变化 d）鱼眼效应

4.3.2 背散射电子成像原理及其衬度

1. 背散射电子成像原理

大部分背散射电子是样品内电子束多次散射造成的，能量范围为 $50eV < E_{BSE} \leqslant E_0$，其

中，E_0 为入射电子束能量。主要分为两类：电子束辐照区域产生的背散射电子记为 BSE_1，在辐照范围外多次弹性和非弹性散射后产生的背散射电子记为 BSE_2。产生 BSE_2 的范围随电子束能量增加而增大。当电子束能量固定时，产生 BSE_2 的范围随样品原子序数增加而减小。与电子束直接产生的二次电子 SE_1 一样，BSE_1 同样包含局域的高分辨信息，而 BSE_2 包含更大范围的低分辨信息。背散射电子能量较高，其逃逸深度及弹性和非弹性散射的范围都要大于二次电子，所以比二次电子包含更多的深层信息，但分辨率要低于二次电子图像，最佳分辨率只能达到几十纳米。

在 10~30keV 范围内，背散射电子的产率 η 近似独立于电子能量 E_0。而对于中高原子序数，η 随着 E_0 的减小而减小，对于低原子序数和低于 5keV 的电子束，η 随着 E_0 的减小而增加。如图 4-6 所示，背散射电子产率对原子序数 Z 的显著依赖性为原子序数 Z 衬度提供了基础。此外，如图 4-4b 所示，与二次电子一样，背散射电子的产率也随电子束入射角增大而增加。

2. 背散射电子成像衬度及其应用

如图 4-6 所示，在原子序数小于 40 时，背散射电子的产率对原子序数 Z 十分敏感。因此，从样品上原子序数较高的区域可获得比从原子序数较低区域更多的背散射电子。这样，在背散射图像中原子序数较高的区域要比原子序数较低的区域更亮，这便是背散射电子的 Z 衬度原理。因此，可以利用原子序数引起衬度变化对材料进行定性的成分分析。

与二次电子相比，背散射电子能量更高，其散射路线接近直线，只有在背散射电子探测器收集的立体角内的轨迹才能被记录。因此，背散射电子探测器需要较大的收集角收集足够多的电子，使获得的图像具有更少的阴影和更强的对比度。图 4-8 展示了收集角与衬度的变化关系。图中区域 A、B 为钢，区域 C、D 为氧化铁，两种材料之间有明显的对比度差异，这就是背散射电子 Z 衬度引起的。相同材料之间的对比度随收集角 θ 的增大而减小。图 4-8c 和图 4-8d 收集角大于 50°，此时具有较低原子序数的氧化铁晶粒 C 比最暗的钢晶粒 B 更暗，这就是收集角度带来的衬度差异。此外，θ 也影响信息深度，随着 θ 变大，一些在 θ 小时可见的钢颗粒消失，而样品内部的其他钢颗粒变得可见。比较钢晶粒 A 和 B 以及氧化铁晶粒 C 和 D 的对比度变化，每种材料的对比度随着 θ 的增大而减小。当 θ 为 73°~78° 时，图像主要由原子序数信息组成。

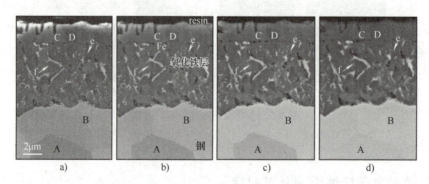

图 4-8 热处理钢横截面的背散射电子图像（注：成像用加速电压 $E_p = 15V$）

a) $\theta = 27° \sim 36°$　b) $\theta = 39° \sim 49°$　c) $\theta = 50° \sim 60°$　d) $\theta = 73° \sim 78°$

在常规探测器的基础上，还可通过控制样品上方的电场来控制电子束到达样品时的能量，并将发射的背散射电子对准光轴。与传统固定收集角的探测器相比，这样可以获得高角度的信息。在低能量下获得完整的角分布，使背散射电子图像可以提供更多晶体和电子结构的信息。

4.3.3　其他电子成像及其衬度

1. 吸收电子成像

入射电子中的一部分电子与样品作用后，由于能量损失无法逃逸出样品表面，这部分电子就是吸收电子。因为总电子数是一定的，逸出的二次电子和背散射电子越少，吸收电子的数量越多，信号越强。如果将吸收电子信号调制成图像，则其衬度刚好与二次电子和背散射电子图像衬度相反。由于二次电子在较高原子序数的范围内产额变化较小，所以背散射电子越多的位置吸收电子越少，反之吸收电子越多。因此，吸收电子也有原子序数衬度。但是，吸收电子成像信噪比较低，所以分辨率比二次电子图像和背散射电子图像低很多，一般只有几百纳米。

2. 扫描透射电子成像

当样品厚度接近或小于电子射程 R 时，会有一部分电子束透过样品，这部分电子既有弹性散射电子也有非弹性散射电子，利用这部分电子所成图像称为扫描透射电子像。扫描透射电子成像要求样品足够薄，通常小于 100nm。在不同角度分别设置探测器，便可实现与 TEM 类似的明场像和暗场像。如果样品足够薄，电子束的展宽可以忽略，则扫描透射电子像的分辨率与电子束斑直径相关，也可达到纳米级。

3. 俄歇电子成像

扫描电镜也可利用俄歇电子成像。由于俄歇电子与轨道能级的电子结合能相关，因此可通过俄歇电子的能量确认样品元素。但是俄歇电子能量与背散射电子能量范围重合，而且信号很弱，获得俄歇电子图像需要在特定的范围内进行能量过滤等一系列处理。俄歇电子的产生范围只有样品表面以下几个纳米，所以俄歇电子成像通常用于表面成分分析。

4. 阴极发光成像

阴极荧光是由电子轰击半导体和绝缘体产生的光发射。当电子撞击样品材料表面时，会激发样品材料中的电子从价带跃迁到导带，形成电子-空穴对。由于导带能量高不稳定，被激发的电子会重新跳回价带，电子-空穴发生复合，并释放出能量，从而辐射出阴极荧光。

无机材料、半导体和有机分子中发生的辐射过程不同。在无机材料中，本征发射由电子-空穴对的直接复合而产生。外在发射由被捕获的电子和空穴分别在施主能级和受主能级上的复合引起。在半导体中，辐射复合由电子与空穴的直接碰撞以及声子的发射造成的。根据材料能带结构的性质，复合可以是直接的或间接的。在有机材料中，激发发生在单个分子内部。电子从基态跃迁至单线态激发态，退激发的过程可发生复合也可以不发生。现代的扫描电镜有些就配有阴极荧光谱仪，实验人员就可以在扫描电镜下观察所研究试样是整体发光还是只在某些部位发光。由于光谱成像的限制，其分辨率最高仅有 20nm，与电子成像也有显著区别，如图 4-9 所示。

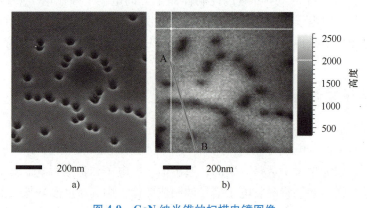

图 4-9　GaN 纳米锥的扫描电镜图像

a）二次电子图像　b）荧光光谱图像

4.4　电子背散射衍射技术

电子背散射衍射（electron back scatter diffraction，EBSD）技术通过固定的电子束辐照一个倾斜结晶样品的特定区域，随后通过荧光屏接收电子束与样品相互作用后产生的背散射电子，并在荧光屏上形成衍射图案。这个图案包含电子束所辐照区域的晶体结构和取向特征信息。衍射图案可用于测量晶体取向、测量晶界错配度、区分不同材料之间的晶体结构，并提供有关局部晶体缺陷的信息。当电子束在多晶样品上扫描时，所得到的信息能反映组分晶粒的形态、取向、边界及材料中存在的晶体择优取向（织构）。因此，通过 EBSD 可帮助建立样品完整且定量的微观晶体结构信息。

EBSD 技术的发展可以追溯到 1928 年，日本物理学家菊池正士等首次在透射电镜中首次观察到云母薄膜的完整带状电子衍射花样，即菊池花样。在扫描电镜的背散射电子衍射中同样发现了这种电子衍射花样，称为背散射电子衍射花样。20 世纪 70 年代，英国物理学家维纳布尔斯等通过使用直径为 30mm 的荧光屏和闭路电视摄像机在扫描电镜中观察到背散射电子衍射菊池线，角度范围达到了约 60°，即所谓的高角菊池线（区别于透射电镜中获得的低角菊池线）。此发现开创了新的取向结构分析技术，允许在线分析样品的同时以高空间分辨率测量晶体取向。20 世纪 80～90 年代，英国丁利等实现了磷光体和电视摄像机的组合，开发出能用计算机标定取向的 EBSD 设备。将它们与图形叠加在一起，使实验人员能够明确 EBSD 中衍射发生区域的位置。使用这种方法，一天内可以测量数百个晶粒的取向。这一进展成功地将 EBSD 技术商品化。20 世纪 90 年代初，研究人员先后实现了自动计算取向、有效图像处理以及自动逐点扫描技术，更便捷地完成菊池线位置与类型的确定。其中，Hough 变换自动识别菊池线的方法，是目前使用最多的方法。这一阶段的进展极大地便利了 EBSD 的测试与标定，测定过程中测试人员无须在场，可在结束后直接获取结果进行分析。另一个 EBSD 发展的关键节点是在 20 世纪 90 年代后期，EDS 分析与 EBSD 分析的有效结合，实现了对微区的取向与成分的同时定量成像，扩大了 EBSD 的应用场景。此外，EBSD 的标定速度也同计算机的运算速度一起得到了极大提升，从最初的每秒十几个发展到今天的每秒 3000 个以上。

本节将对 EBSD 的硬件系统、原理、标定、样品制备以及应用等内容展开介绍。

4.4.1　电子背散射衍射技术的硬件系统

EBSD 数据采集与分析系统的主要组件如图 4-10 所示，包含电子束系统、样品、样品台系统、SEM 控制器、CCD 相机、图像处理器、计算机系统等。在扫描电镜中，将样品从水平方向向荧光屏倾斜（一般倾斜 65°～70°），以通过减少背散射电子离开表面的路径来减少吸收信号，从而获得足够强的背散射衍射信号。电子束与样品发生相互作用后产生的背散射电子，在离开表面的过程中会产生衍射，因此叫作电子背散射衍射技术。形成的菊池花样，投影到荧光屏上发出荧光，得到衍射图案。在荧光屏后面放置一台 CCD 相机，再经由图像处理器对信号放大以及扣除背底等处理，就可实时观察样品特定区域的电子背散射衍射花样。随后，计算机系统通过 Hough 变换自动确定菊池线的位置、宽度、强度、带间夹角等，再与计算机晶体学数据库中的标准值比对，就可确定样品的晶面指数与晶带轴，进而确定样品特定区域的晶体取向。

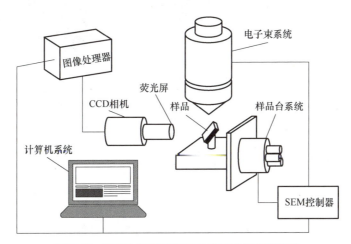

图 4-10　EBSD 数据采集与分析系统的主要组件

4.4.2　菊池花样产生的原理

在扫描电镜中，当电子束以一个较大角度入射到晶体样品内时，会发生非弹性散射而向各个方向传播，散射束的强度随散射角的增大而减小。若以方向矢量的长度表示强度，则在散射点发出的散射束强度分布构成一个液滴状区域。在表层的几十纳米的范围内，非弹性散射电子损失的能量相比原有能量可以忽略不计，电子波长视为基本不变。向各个方向散射的电子会有一部分与晶面（hkl）之间的夹角满足布拉格衍射定律 $\lambda = 2d\sin\theta$。其中，λ 为电子束波长，d 为晶面间距，2θ 为入射束与衍射束方向的夹角。这些电子经过弹性散射后产生加强的电子束。由于会有各方向的非弹性散射电子参与这一过程，因此布拉格电子衍射也出现在各个方向，在三维空间中构成了衍射锥形环，该锥形环与（hkl）反射面法线方向夹角为 $90°-\theta$。与此同时，（$\overline{hkl}$）面也会产生一个中心轴线位于水平面以下的衍射锥，与（hkl）面产生的衍射锥呈对称分布（图 4-11）。代入电子束的波长与样品的晶面间距，会发现得到的布拉格角很小，意味着产生的两个衍射锥的顶角都接近 180°，即接近平面。当这两个接近于平面状态的衍射锥在三维空间中与荧光屏相交时，就在荧光屏上得到了近似直线并且成对出现的菊池线。成对出现的菊池线通常呈一强一弱的状态，其中弱的菊池线由中心轴线位于水平面以下的衍射锥产生，强的菊池线由与之对称的另一衍射锥产生。仅当衍射平面恰好垂直于水平面时，两条菊池线强度相等。若多个平面参与衍射，荧光屏与空间中各平面产生的衍射锥相交，就得到了菊池花样。不同的菊池线相交产生菊池极。由于不同菊池线对应晶体中的不同晶面族，因此菊池极代表着相交的不同晶面族的共有方向，即晶带轴方向。通常，菊池极具有旋转对称性，其旋转对称性映射出晶体结构的空间对称性。

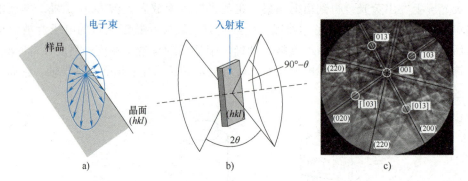

图 4-11 菊池花样产生的原理示意图

a）非弹性散射电子束强度与方向的关系 b）菊池线的形成示意图
c）菊池花样中菊池线对应衍射晶面族（交点为菊池极，对应晶带轴）

菊池线强度的相关机制比较复杂。作为近似，(hkl) 面的菊池线强度 I_{hkl} 可以表示为

$$I_{hkl} = \left\{ \sum_i f_i(\theta)\cos\left[2\pi(hx_i + ky_i + lz_i)\right] \right\}^2 +$$
$$\left\{ \sum_i f_i(\theta)\sin\left[2\pi(hx_i + ky_i + lz_i)\right] \right\}^2 \tag{4-7}$$

式中，$f_i(\theta)$ 为电子的原子散射因子；x_i、y_i、z_i 为原子 i 在单胞中的分数坐标。一般应将实验所得衍射花样与根据式（4-7）所获得的模拟花样进行对比，以确保解释衍射花样时仅用到产生可见菊池线的平面。这一点在解释包含多种原子的晶体材料时尤为重要。

4.4.3 电子背散射衍射花样的标定

对于 EBSD 衍射花样的标定，"手工"标定的过程繁重且单调。发展至今，人们已经探索出了通过计算机自动标定菊池花样的方法。计算机对菊池花样进行 Hough 变换以识别菊池线的位置并计算菊池线之间的夹角，然后与数据库中的标准值进行比对，从而实现对菊池花样中菊池线和菊池极的标定。

其中，Hough 变换是计算机完成菊池花样标定的关键。如图 4-12 所示，Hough 变换是将原始衍射花样上的一个点 (X_i, Y_i) 按

$$\rho(\varphi) = X_i\cos\varphi + Y_i\sin\varphi \tag{4-8}$$

的原则转变成 Hough 空间的一条正弦曲线，而原始图中同一条直线上的不同点在 Hough 空

间中相交于同一点，即原始图一条直线对应 Hough 空间的一点。这样，菊池线经 Hough 变化后的强度有大幅度提高。计算机根据菊池线在 Hough 空间的坐标，可获得菊池线的位置、强度和带宽。一条菊池线经 Hough 变换后为一对最亮和最暗的点，两点间距对应菊池线的宽度。计算机根据前 5 条最强菊池线的位置与夹角，确定出晶面指数和晶带轴指数并计算出晶体取向。实际过程要更复杂一些，Hough 变换过程中，为了加快标定过程，还会采用 5×5 像素等于 1 点的简化方式，最终这一过程只需不到 0.01s。

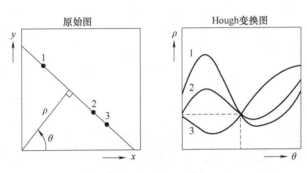

图 4-12　Hough 变换将原始图中的点转变为 Hough 空间中的线

4.4.4　电子背散射衍射样品的制备

样品制备对于 EBSD 表征非常重要，是获得高质量 EBSD 数据的前提条件。因为其对晶体完整性非常敏感，EBSD 样品表面必须足够光滑，以避免在衍射花样中产生干扰。对 EBSD 样品最基本的要求是：样品表面要"新鲜"、无应力、干净平整、有良好的导电性。

实际中，需因地制宜，根据材料种类选择适当的制备方法。对于金属与绝缘体，一般程序是使用导电树脂固定，机械磨削，金刚石抛光，最后用硅胶体抛光液进行抛光。这种抛光方法可以有效地避免表面损伤。对于金属材料，电解抛光也是一种可选方法。对于陶瓷等脆性材料，通常可通过快速断裂来获得适用于 EBSD 表征的样品表面。对于传统金相学不适用的材料，如锆和锆合金，可以用离子刻蚀的方法。装有 EBSD 的双束电子显微镜，也可以进行 EBSD 样品的原位制备。此外，等离子刻蚀可用于微电子器件样品的制备。

对于非导电样品的荷电问题，可通过沉积导电层来消除荷电。沉积层必须尽量薄，比如 2~3nm 的碳层，否则将无法获得衍射图案。这是因为电子需要穿入及穿出沉积层。为此可以增加电子加速电压以穿透导电层。进行 EBSD 测试时，通过倾斜样品或者在低真空扫描电镜中分析样品也可以有效减少荷电。

4.4.5　电子背散射衍射技术的应用

在 EBSD 点分析中，通常将电子束定位在样品感兴趣的点上，收集衍射图案，然后计算晶体取向。在面分析中，电子束在样品上按照点阵逐点扫描，每个点获取一个衍射图案，并测量晶体取向。得到的数据经计算处理与整合后可显示为晶体取向图，或者进行其他自动处理，还可以提供有关样品微观结构的各种信息，如织构和取向差分析、晶粒尺寸及形状分布分析、应变分析、相鉴定与相比计算等。正是由于 EBSD 技术可以便捷、快速获取晶体材料的全面微结构信息，越来越多的金属学、陶瓷学以及地质学研究者将其作为强有力的研究工具，应用于各个领域。现对 EBSD 在材料研究中的典型应用简单总结如下。

1. 物相鉴别

EBSD 可用于区分晶体学上不同的相，并显示它们的位置、丰度和择优取向关系。对于相的鉴定，一般首先使用 EDS 来表征成分组成与分布，然后基于构成元素的晶体数据库快速搜索可能的相。最后，根据 EBSD 花样从候选相中搜索出最佳匹配的相。图 4-13a 所示为云母样品的 EDS 面扫图，可知其中含有 Fe、Ca、Mg 等元素，其中，红色区域为白云石、绿色为菱铁矿、蓝色为方解石。得知样品的元素分布后，再结合采集的衍射花样进行处理，即可获得如图 4-13b、c 所示的不同物相中的晶粒取向的分布。

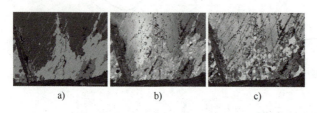

a)   b)   c)

图 4-13　云母样品的扫描电镜表征（扫描二维码看彩图）

a）EDS 面扫图　b）EBSD 衍射花样显示方解石相对于母晶粒平均取向（红色）和理论孪生取向（绿色，青绿色）的取向（与这些取向的偏离度小于 10° 的标为蓝色）

c）EBSD 衍射花样显示菱铁矿相对于 b）中使用的相同 3 个取向的取向误差

2. 晶粒尺寸与晶界类型分析

通过 EBSD 获得的晶体取向图，可以了解样品微观结构中所有晶粒和晶界的位置。此外，与传统的光学显微镜成像测量晶粒尺寸不同，EBSD 可以将一些用传统方法很难显示的晶界（如低角界、孪晶界）显示出来。目前 EBSD 的分辨率已经达到了纳米级别，可以对晶粒尺寸在纳米级的材料进行晶界以及晶粒尺寸的分析。图 4-14a 所示为铜表面的晶粒取向分布图，不同颜色代表不同的取向，可以看出明显的晶界。图 4-14b 所示为根据此分布图统计得到的晶粒尺寸分布，可知晶粒的平均尺寸为 $2.8\,\mu m$ 左右，并且晶粒越大，其数量越少。此外，晶界错配角度的分布数据也可通过 EBSD 获得。图 4-14c 可以看到该铜样品中晶粒间错配角大多对应高角度晶界（大于 15°）。

晶界的特征是轴、角以及晶界面的错配。某些晶界满足特定的几何准则，并且它们在材料中的存在可能会赋予材料特定的性质。当晶格在晶界两侧共享一部分位点时，它们被称为重位点阵。重位点阵由重位点阵晶胞大小与标准晶胞大小的比值 Σ 来表征。图 4-14d 所示为 EBSD 数据统计出的晶界类型分布图，由上可见 $\Sigma3$ 占比最多，接近 60%。

3. 织构分析

晶粒很少在多晶材料中完全随机混乱取向，通常会受制备方法的影响而存在选择取向，即织构。织构会影响材料的许多性质，如通过控制材料中的晶粒择优取向可对材料的弹性模量、磁性能、强度和塑性等进行调控。通过 EBSD 对材料晶粒的取向测量，可获得样品中形成的织构。尽管 X 射线衍射也可测量材料的织构，但 EBSD 可以测量样品微区的织构以及织构在样品中的分布情况，并且可以跟晶粒取向直接对应。此外，EBSD 还可以对样品织构进行精准的定量分析，而 X 射线衍射的测量结果通常具有 15% 以上的偏差。因此，EBSD 是微区织构分析的常用技术之一。但同时 EBSD 也存在样品制备相对麻烦等缺点，EBSD 和 X 射线衍射通常作为互补技术，用于织构分析。

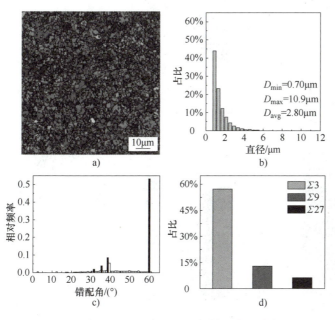

图 4-14　铜的 EBSD 分析结果（扫描二维码看彩图）

a）晶粒取向分布图　b）不同晶粒尺寸分布　c）晶粒间错配角分布　d）晶界类型分析图

EBSD 可通过极图、反极图、取向分布函数等形式来表达织构。图 4-15 是 NiTi 合金的 EBSD 晶粒取向图与反极图，显示了样品上表面到下表面分布的压缩区、中性区以及拉伸区。可以看到，在压缩区中马氏体板条为绿色，而在拉伸区的马氏体板条为红色，这表明两区域中择优取向的明显差异。图 4-15b、图 4-15c 分别显示了压缩区和拉伸区织构的择优取向。

4. 应力应变分析

晶体材料中如果存在应力应变，也会影响其衍射花样的质量。例如，晶体畸变会导致菊池线宽度发生变化，并且会使得菊池线强度及锐化程度降低。因此，可通过 EBSD 获得的衍射花样质量图来分析材料内部的应力应变分布情况。通常可以用质量参数（IQ）来快速评价样品表面微区应力的分布。IQ 是通过对衍射花样中的几条菊池线进行 Hough 变化，再对变换后的峰强求和得出，因此其与菊池线的衍射强度直接相关。但需要注意的是，影响衍射花样质量的因素很多，除应力应变导致的晶体缺陷外，还有样品表面质量、材料种类、晶粒取向、晶粒尺寸等因素。因此，IQ 只能定性描述表面应变状态。将样品 IQ 值作图，可得到反应晶粒内部应变的灰度图。其中，明亮的点对应高花样质量，暗的点对应低的花样质量。图 4-16 所示为 EBSD 获得的高锰钢样品 IQ 图，可以看到晶粒内部明暗不一，反映了样品内部的应变状况。

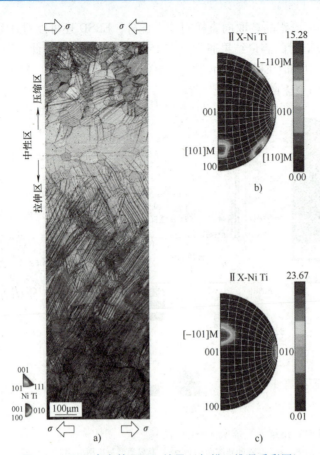

图 4-15 NiTi 合金的 EBSD 结果（扫描二维码看彩图）

a）晶粒取向图　b）压缩区反极图　c）拉伸区反极图

图 4-16 EBSD 获得的高锰钢样品的 IQ 图

思　考　题

1. 扫描电镜由哪几部分组成？每部分的功能分别是什么？
2. 什么是二次电子和背散射电子？其成像特点是什么？

3. 电子在到达样品前会受到哪些因素的影响？这些因素如何影响分辨率？

4. 电子照射到样品时，样品有可能发生哪些变化？如何尽量避免这些因素对样品的影响？

5. 扫描电镜中不同成像模式有什么区别？为何要使用不同模式拍摄样品？

6. 一张高质量的扫描电镜图像需符合什么条件？

7. EBSD 如何测量与分析材料内部微观应变？

8. EBSD 与 XRD 在晶体结构分析中的优势和局限性分别是什么？两种分析技术在应用场景上有何区别？

9. 讨论 EBSD 分别与扫描电镜或透射电镜结合使用时的优势和可能的挑战。

参 考 文 献

[1] HAWKES P, SPENCE J C H. Springer handbook of microscopy [M]. Cham：Springer Nature Switzerland AG, 2019.

[2] TAN Y Y, SIM K S, TSO C P. A study on central moments of the histograms from scanning electron microscope charging images [J]. Scanning：the journal of scanning microscopies, 2007, 29 (5)：211-218.

[3] AOYAMA T, NAGOSHI M, SATO K. Influence of primary electron energy and take-off angle of scanning electron microscopy on backscattered electron contrast of iron oxide [J]. Surface and interface analysis, 2014, 46 (12-13)：1291-1295.

[4] EDWARDS P R, JAGADAMMA L K, BRUCKBAUER J, et al. High-resolution cathodoluminescence hyperspectral imaging of nitride nanostructures [J]. Microscopy and microanalysis, 2012, 18 (6)：1212-1219.

[5] PEARCE M A, TIMMS N E, HOUGH R M, et al. Reaction mechanism for the replacement of calcite by dolomite and siderite：implications for geochemistry, microstructure and porosity evolution during hydrothermal mineralisation [J]. Contributions to mineralogy and petrology, 2013, 166 (4)：995-1009.

[6] WANG W, LI Z, CHEN S, et al. The overlooked role of copper surface texture in electrodeposition of lithium revealed by electron backscatter diffraction [J]. ACS energy letters, 2023, 9 (1)：168-175.

[7] XIAO J F, CAYRON C, LOGÉ R E. Revealing the microstructure evolution of the deformed superelastic NiTi wire by EBSD [J]. Acta materialia, 2023, 255：119069.

[8] KIES F, KÖHNEN P, WILMS M B, et al. Design of high-manganese steels for additive manufacturing applications with energy-absorption functionality [J]. materials & design, 2018, 160 (12)：1250-1264.

第 5 章

扫描探针显微术

20 世纪后半叶，随着材料科学技术特别是纳米材料技术的发展，人们越来越认识到微介观结构对材料性质的决定性作用。当时，尽管已经由 X 射线和电子衍射技术从倒易空间间接获得晶体在原子尺度的结构信息，但是人们尚未在原子级的分辨率上直接观测到实空间的材料结构。为了达到这一目标，需要使用空间尺寸和控制精度均在纳米量级的物体作为探针与待测物质发生微区相互作用。历史上，人们主要通过电子束和实物针尖两条技术途径实现这一目的。在前面的章节中，已经详细介绍了利用聚焦电子束作为探针的 SEM 和 TEM 在材料微观表征上的巨大成功。电子显微镜具有亚原子级的空间分辨率，同时电子与物质作用时产生的散射、衍射、能谱等多重信息帮助人们在极高的空间分辨率下获得材料的各种性质。然而，由于电子束 keV 级的能量远超化学键的能量尺度，很难获得材料在低激发态时的本征性质；同时，电子束所要求的高真空条件也限制了其使用范围。

另一条技术途径是直接利用纳米级甚至原子级细的实物针尖作为探针，直接与材料表面接触而发生相互作用，从而获得材料表面在原子级尺度分辨的信息。这种技术被统称为扫描探针显微术，相应的仪器称为扫描探针显微镜。自 20 世纪 80 年代被发明以来，扫描探针显微镜家族不断壮大，在物质结构、电子信息、化学化工、生物医药等领域发挥越来越重要的作用，成为人类探索微观物质结构不可或缺的技术手段。

5.1 扫描探针显微镜的构造和工作原理

5.1.1 扫描探针显微镜的工作原理

扫描探针显微镜（SPM）是利用原子级细的实物针尖与材料表面微区发生相互作用，通过精确地沿表面扫描探针，获得表面不同位置的相互作用信息，从而得到具有原子级空间分辨率的图像。根据针尖-材料相互作用的不同，可以收集到不同物理量的空间分布信息，从而衍生出了多种类型的扫描探针显微镜。1981 年，IBM 苏黎世实验室的格尔德·宾宁（Gerd Binnig）和海因里希·罗雷尔（Heinrich Rohrer）首次实现了真正意义上的扫描探针显微镜。他们的仪器是利用导电针尖与导电样品间传导电子的量子隧道效应，借助隧道电流与针尖-样品间距的敏感关系，获得了材料表面原子的排列图像，称为扫描隧道显微镜（scanning tunnel microscope，STM）。STM 的发明使人类第一次"看到"（确切地说是"摸到"）了单个原子，为揭示物质微观结构开启了一扇大门。为了解决不导电样品表面探测的难题，宾宁与魁特（Quate）、格贝尔（Gerber）等人在 STM 基本结构的基础上，由测量探针电流改为测量探针受力，发明了原子力显微镜（AFM）。力是物体之间最基本、最普遍的相互作用，其种类和形式多样。原子力显微镜的力探测器可以很容易地用来测量其他微观尺度的力，从而产生了扫描力显微镜（scanning force microscope，SFM）这个大的分支，包括静电力显微镜（electrostatic force microscope，EFM）、磁力显微镜（magnetic force microscope，MFM）、压电力显微镜（piezoresponse force microscope，PFM）、开尔文探针力显微镜（Kelvin probe force microscope，KPFM）或扫描开尔文探针显微镜（scanning Kelvin probe microscope，SKPM）、摩擦力显微镜（friction force microscope，FFM）等。可以说，只要在微观尺度上存在对探针的作用力，都可以用 SFM 探测，这大大地拓展了 SPM 的应用范围。除了"力"和"电"这两种基本相互作用外，还发展了用局域光场作为探针的扫描近场光学显微镜（scanning nearfield optical microscope，SNOM）、用局域温度场作为探针的扫描热显微镜（scanning thermal microscope，SThM）、用局域化学反应作为探针的扫描电化学显微镜（scanning electrochemical microscope，SECM）等。表 5-1 总结了 SPM 家族的主要类型，并对其基本原理和性能进行了比较。

表 5-1　SPM 的主要类型及用途

探针作用类型	仪器名称	简称	用途
力	原子力显微镜	AFM	表面形貌，力曲线，摩擦力
	静电力显微镜	EFM	电场梯度分布，静电荷分布
	磁力显微镜	MFM	磁场梯度分布，磁畴
	开尔文探针力显微镜	KPFM	表面功函数分布
	（扫描开尔文探针显微镜）	SKPM	表面电势分布
	压电力显微镜	PFM	压电系数，极化方向，电畴
电流	扫描隧道显微镜	STM	原子级形貌，局域态密度，单原子操纵
	导电型原子力显微镜	C-AFM	表面电导率分布
光	扫描近场光学显微镜	SNOM	超分辨光学成像
热	扫描热显微镜	SThM	高分辨表面温度场
化学反应	扫描电化学显微镜	SECM	微区电化学反应

各种类型的 SPM 通常具有相似的结构。图 5-1 展示了一台典型的 SPM 应具有的结构和部件，包括用于驱动探针靠近样品表面并扫描的机械扫描系统，用于实时控制探针运动方式的反馈控制系统，用于收集测量信号并处理成像的数据处理系统，用于环境振动隔离的隔振系统，以及提供特定测试环境条件的环境控制系统等。测量时，SPM 的计算机控制系统指挥探针逐步靠近样品表面，同时不断监测与距离相关的物理量（如隧道电流、针尖受力等），以确定针尖-样品距离。待距离达到要求后，反馈控制系统控制机械扫描装置移动针尖，在样品表面特定区域逐行扫描。扫描过程中，测量的物理量实时反馈到控制系统，获得当前像素的高度或其他特征，并据此确定针尖的下一步动作。逐行逐点地收集数据，计算机系统就可获得并绘制待测物理量在该区域的二维分布图。不同类型的 SPM 测量的物理量不同（表 5-1），获得的图像也就不同。特别地，如果被测量是针尖-样品距离敏感量，则可得

到样品表面高低起伏的形貌图。

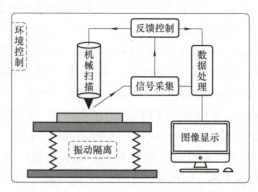

图 5-1　SPM 的基本结构

5.1.2　振动隔离系统

固体材料中，原子间距离通常在亚纳米尺度。为了实现材料表面单原子成像，就要求探针在优于 0.01nm 的精度下精确地定位和扫描。然而，自然环境中不可避免地存在各种形式的机械振动，包括地面物体运动产生的地表振动、空气中传播的声音振动、仪器自身部件产生的机械振动、甚至是地震波等偶然振动等。这些振动的振幅通常在 μm～mm 量级。如果不加限制地让这些振动传入 SPM，所引起的探针位移噪声将远超待测形貌的尺度。因此，为了获得原子级的空间分辨率，有效的振动隔离措施是所有 SPM 中关键的技术环节。

为了减少系统振动，SPM 设计一般从振源、仪器结构、振动传播途径三方面进行考虑。首先，SPM 实验室一般选在远离强振源的位置，优先设置在低楼层甚至是地下室内。高精度的 SPM 在安装前，还会在仪器下方深埋巨大的水泥地基以增加稳定性。其次，SPM 自身结构的刚度和紧凑程度也十分重要。由于隔振系统对低频振动的隔离效果往往欠佳，频率低于 1Hz 的振动成为 SPM 的主要噪声来源。如果将 SPM 核心部件设计得小巧紧凑且刚度较高，探针与样品间相对振动的自然频率就非常高。在外来低频驱动力的作用下，探针与样品将近似同步运动。这样就有效减小了低频振动对针尖-样品相对距离的影响。

在 SPM 系统结构与设备工作环境既定的条件下，阻断振动传播途径的振动隔离系统尤为重要。在工作中，SPM 底板连同周围环境作振幅为 X_0 的振动，并驱动 SPM 核心单元作振幅为 x_0 的受迫振动。在底板与 SPM 之间放置的振动隔离系统，能有效减小 SPM 的振幅。通常定义：

$$K(\omega) = \left| \frac{x_0}{X_0} \right| \tag{5-1}$$

为系统的传递函数或响应函数，表示系统对角频率为 ω 的振动噪声的衰减能力。传递函数越小，隔离振动的性能也越好。

悬挂弹簧是最常见的振动隔离装置。其基本结构是用竖直放置的弹簧将 SPM 单元悬挂起来，构成一个竖直方向做受迫振动的弹簧振子。当外界振动的频率大于振子的自然频率时，系统远离共振状态，SPM 振幅明显减小。即悬挂弹簧系统可以有效隔离高频振动，其自然频率越低，隔振效果就越好。然而，竖直弹簧振子的自然频率越低，其伸长量就越大。

例如，一般自然频率为1Hz的竖直弹簧振子伸长量为25cm，而当自然频率为0.1Hz时，伸长量就需要2500cm，隔振系统的体积就十分庞大。为进一步提升隔振效果，常采用2个弹簧振子串联的二级弹簧隔振系统，并引入基于电磁感应的涡流阻尼器，以减小共振点附近的振动，使系统快速停振。

弹簧隔振系统的体积过大，与现代仪器小型化、集成化的发展方向不符。格贝尔等人在1985年提出的平板-弹性体堆垛系统是将多层金属板和橡胶板交替堆垛而成。尽管该系统仅能抑制较高频率（>50Hz）的振动，但在精度要求不太高的小型SPM系统中十分有用。另一种隔振方法是使用商用气浮隔振平台，如图5-2所示，用高压空气弹簧代替机械弹簧，对大于10Hz的振动可实现低于0.1的传递函数。除了以上被动隔振的措施，近年来发展的主动隔振技术使隔振效果大大提高。主动隔振采用高速电子反馈系统控制，利用传感器实时采集外界振动信息，通过机电装置产生与外界强迫力振幅相等、相位相反的驱动力，从而抵消外界强迫力的作用，使系统保持静止状态。主动隔振在原理上突破了弹性系统的物理限制，可以对低至1Hz以下的振动进行有效抑制，在现代高精度SPM实验中发挥着越来越重要的作用。

图5-2　悬挂弹簧与气浮隔振平台

5.1.3　机械运动与扫描系统

SPM工作的过程就是探针在反馈系统控制下进行机械移动的扫描过程。特殊设计的机械促动装置发挥着重要的作用。一方面，手动安装的新针尖与样品距离一般在毫米量级。而扫描时，针尖与样品表面的距离为纳米量级。这要求探针在长距离移动的同时，还要达到纳米级的定位精度。另一方面，为了获得原子级分辨的扫描图像，需要将宏观大小的探针沿平行和垂直于表面方向进行原子尺度的精确移动。在SPM中，机械运动系统一般由高速长行程的粗调定位器和高位移精度压电扫描器共同构成，这两种运动部件的核心材料都是压电陶瓷。

当某些绝缘材料沿一定方向受力变形时，会在其两个相对的表面产生正负极化电荷；外力方向变化时，极化电荷正负极性也相反。这种现象称为正压电效应。反之，在某方向施加电压时，材料发生变形；外电压越大，形变越大，称为逆压电效应。具有压电效应的材料称为压电材料。习惯上，将压电材料中极化场的方向定义为3方向或z方向，而与之垂直的两个方向定义为 1、2 方向或 x、y 方向。当沿 3 方向施加电场 E_3 时，它可能沿 3 方向发生膨胀或收缩，相应的应变量为 $S_3 = \dfrac{\delta z}{z}$，也可沿 1 方向产生应变 $S_1 = \dfrac{\delta x}{x}$。由此可以定义压电材料最重要的 2 个参数为

$$d_{31} = \frac{S_1}{E_3},\ d_{33} = \frac{S_3}{E_3} \tag{5-2}$$

它们称为压电材料的压电系数。显然，压电系数越大，压电效应越显著。但通常压电系数都很小，例如锆钛酸铅（PZT）在常温下的 $d_{31} \approx 0.3\mathrm{nm/V}$。即在 1V 的电压下仅产生约 0.3nm 的形变。这种尺度刚好满足 SPM 探针扫描移动的精度需要。但是，SPM 的扫描范围通常在数十微米，针尖趋近的移动距离为毫米量级。直接利用逆压电效应需要数万伏以上的高压电。这显然是不现实、不安全的。因此，要实现长距离的位移，还需对压电器件的结构进行特殊设计。

粗调定位器的核心是压电材料驱动的高精度步进电动机。在特定电压脉冲序列的驱动下，步进电动机推动探针一步步地趋近样品。每一步的步长为数百纳米左右。每前进一步，控制系统会从探针获取反馈信号，并据此实时判断探针与样品表面的距离。当距离达到可测量范围时，步进电动机停止前进，并在控制系统的指挥下与压电扫描器协同调整，使仪器达到测试状态。粗调定位器有许多种不同的机械结构设计。图 5-3 所示为首台 STM 所用的被称为"小爬虫"的粗调定位器。它在一块压电板下安装了 3 个金属脚。当对金属脚和接地板之间施加电压时，该脚即被静电夹持住不能移动。反之，如果撤去某金属脚的电压，该脚则被释放，可以自由移动。工作时可交替地夹持和释放 3 个脚。同时对压电板施加电压，移动被释放的脚，就可使 3 个脚交替移动，实现向某个方向持续地步进位移。另一种常见的粗调定位器是由潘庶亨等提出的 Pan 式粗调定位器。如图 5-4 所示，Pan 式结构中的探针连同扫描器与一个蓝宝石棱柱固定为一个整体。共有 6 个（每个侧面 2 个）剪切压电片置于棱柱与外壳之间，将棱柱夹持住。工作时，先对其中一个压电片施加电压，使其产生剪切应变。由于另外 5 个压电片的静摩擦力使棱柱保持静止，发生应变的压电片就相对棱柱发生切向滑移。再依次对每个压电片施加电压，使其逐个产生相对滑移。最后撤去所有压电片的电压，所有压电片形状同步复原，中间棱柱连同针尖和扫描器同步前进一步。如此反复操作，可以产生持续的高精度步进移动。Pan 式设计结构十分紧凑，具有很高的刚性。同时该结构不依赖器件的惯性且具有高对称性，在很宽泛的温度范围都能保持稳定，广泛应用于极低温环境 SPM 当中。

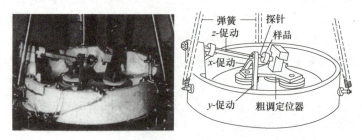

图 5-3 宾宁和罗雷尔设计的"小爬虫"粗调定位器

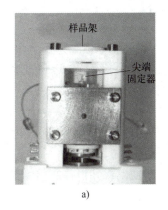 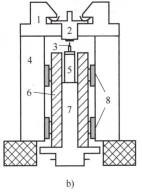 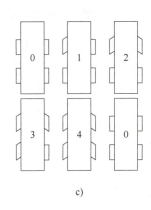

a)　　　　　　　　　b)　　　　　　　　　c)

图 5-4　Pan 式粗调定位器

a) 实物　b) 结构　c) 操作原理

1—顶盖　2—样品架　3—针尖　4—外壳　5—扫描器　6—蓝宝石棱柱　7—扫描器架　8—剪切压电片

粗调定位器将针尖定位于样品表面附近后，就可用针尖对样品表面进行精确扫描和成像。要实现原子级的扫描成像，要求针尖在垂直于表面的 z 方向移动精度优于 $0.001\mathrm{nm}$，平行于表面的 x 和 y 方向的移动精度优于 $0.01\mathrm{nm}$。而压电材料在电场下的形变量很小，用它制成的压电扫描器恰好可以满足这个要求。为了实现 x、y、z 3 个方向独立的移动，设计出许多结构独特的压电扫描器。其中，最简单直接的设计就是采用三维直角坐标结构的三角架式扫描器（图 5-5a）。它由 3 根相互垂直的压电陶瓷棒构成，在 3 个棒的交点处固定探针，当对其中一个方向的棒施加电压时，由于压电效应，它的长度会发生变化，使探针沿这个方向发生微小移动。而 3 个压电陶瓷棒可以独立变化，从而实现探针沿 x、y、z 3 个方向的独立运动。这种设计的原理简单，操作方便，但

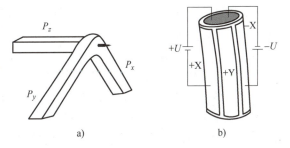

图 5-5　不同种类的压电扫描器

a) 三角架式　b) 管式

扫描范围较小，刚度不够，结构缺乏对称性，力学关系也较为复杂，很难应用于变温等复杂环境。目前商用 SPM 中较为常用的是如图 5-5b 所示的管式扫描器，它是将压电陶瓷制作成圆管，在管的内外壁制作电极。其中，内壁的电极是一个整体，而外壁的电极均分为 4 个部分，分别控制 x 和 y 方向的移动。当对左右两个电极分别施加负电压和正电压时，扫描管左侧材料上下收缩而右侧材料上下膨胀，推动扫描管向左弯曲，扫描管顶部探针随之向左移动。当电压反向时，探针向右移动。同理，当对前后两个电极施加电压时，探针前后移动。这样，就实现了 xy 方向的扫描。此外，如果将外侧 4 个电极施以同种电压，则会使扫描管各部分同步伸长，实现 z 方向的平移。这样，控制扫描管内外壁上 5 个电极的相对电压关系，就可实现 x、y、z 3 个方向的精确扫描。由于沿扫描管方向的杠杆放大作用，可以在较小的压电形变下实现探针的较大位移。这种管式压电扫描器结构简单稳定，具有很高的刚性，常与 Pan 式粗调定位器结合成一个整体，应用在大多数商用 SPM 中。

5.1.4　信号采集、反馈控制与数据处理

在扫描过程中，需要不断测量探针处的被测量物理量（如样品高度、电流、力等），并根据不同像素点的物理量变化情况，实时调整扫描参数（如探针高度等），以保证系统安全和测试条件恒定。这个任务由信号采集和反馈控制两个系统协同完成。信号采集系统通过不同的传感器采集针尖处的各种被测物理量，并将被测量转换为数字电信号，传递到控制系统。控制系统根据当前位置被测信号与预设信号大小的关系，以及该信号的历史变化趋势，通过 PID 算法得出下一个点的测量参数。

在表面形貌测量中，存在两种典型的反馈控制模式：恒高度模式和恒被测信号模式。针尖-样品距离会影响探针的许多物理参量，例如，STM 探针的电流或 AFM 探针的力等。在恒高度模式下扫描时，探针高度保持不变。当针尖所对样品位置较高时，样品距离针尖近，这些被测信号就较强，反之较弱。利用被测信号与样品距离的关系，可得出表面的形貌像。恒高度模式操作简便，无须复杂的反馈电路，但它无法测量高低起伏较大的表面，将被测物理量转换为高度时，也存在较大误差。目前商用仪器更多采用恒被测信号模式。在该模式下，当扫描过程中发现被测信号发生变化时，会实时调整探针高度，保持被测信号不变，即保持针尖-样品距离不变。这样，不同位置就对应不同的探针高度。这个高度-位置图就是反映样品表面高低起伏的表面形貌图。这种模式中高度成为一个直接测量量，比较准确，且避免了表面起伏过大时撞坏针尖的风险。

影响反馈控制效果的另一个因素是探针扫描速度，其单位是 nm/s。当表面粗糙度值大，扫描速度快时，样品-针尖距离变化快，需要更高速的反馈响应来实现。但反馈响应参数 P（比例）、I（积分）、D（微分）设置过高时，又会造成系统反馈过于敏感而出现反馈振荡现象。因此，成功的表面扫描过程往往是表面粗糙度、扫描速度、系统反馈响应之间妥协的结果。对于平整的样品表面，可以用尽量快的扫描速度，从而减少环境因素带来的影响。而对于粗糙的样品，只能以降低扫描速度为代价换取测量精度的提升。当然，除了针尖扫描速度，图像的扫描范围大小和像素分辨率也会影响整幅图像的获取时长。当扫描范围较大时，每行数据的扫描时间变长，扫描行数也加大，使整体图像扫描时间变长。

表面扫描完成后，信号采集系统采集的数据会形成被测物理量随表面位置变化的分布图。商用 SPM 会配备专用数据处理软件，将这些分布以像素图显示出来并处理。基本的数据处理功能有：生成表面分布的 2 维和 3 维图像并调节图像对比度；将表面整体倾斜以补偿样品放置时的倾斜角；删除一条坏线并用上下两条线的数据作平滑；将各条扫描线平移到统一高度以补偿针尖变化的误差；对选定区域统计物理量分布的直方图；描绘特定直线方向的起伏变化曲线；对周期性表面分布图进行快速傅里叶分析等。

5.1.5　环境控制系统

在材料研究中，往往需要对样品施加电场、磁场、光场、温度场、气氛等，研究材料性质与多场耦合的作用规律。但是在电子显微镜中，电子束飞行过程要求高真空环境。同时，电场和磁场的作用力会使电子束偏转，影响成像质量。因此，在电子显微镜中改变样品的环境条件是不容易的。而扫描探针显微镜是利用实物针尖直接与样品表面发生作用。针尖的性质与环境因素基本无关，例如，在电场、磁场或气体中，针尖也不易发生变化。因此，SPM

天然适合与极端环境条件相结合，从而获得样品表面性质随环境变化的直接信息。

商用SPM往往放置于一个真空/气氛腔体中，配合机械泵、分子泵、扩散泵等真空设备，以获得超高真空的洁净环境。在腔体中常配备加热器、离子枪或臭氧发生器，对材料表面进行原位脱附除气和清洁。同时，还可以在真空腔体中通以高纯气体，研究表面吸附或化学反应的规律。为了获得样品表面性质随温度的变化规律，在SPM中常使用变温样品台，与液氮恒温器、液氦系统或稀释制冷机连接，通过控温仪将样品在高温和极低温之间连续变化，利用低温有效抑制电子热激发或离子热迁移等问题。还可将SPM置于电磁铁或超导磁体产生的磁场中，研究样品在强磁场下的变化规律。在现代科研级表面分析系统中，还常将环境控制的SPM与高精度薄膜沉积设备、光谱和能谱分析仪器等集成到同一真空腔体中，从而对样品表面进行原位的全面表征。

5.2 扫描隧道显微镜

5.2.1 扫描隧道显微镜原理

扫描隧道显微镜（STM）是扫描探针显微镜家族中最早也是最重要的成员。STM最初用于导电材料表面的原子级成像，是让人类最早看到单原子像的仪器。两位发明人也因此获得了1986年诺贝尔物理学奖。后来该仪器又拓展出扫描隧道谱和单原子操纵等功能，成为表面物理化学研究的有力武器。

STM是利用导电针尖与导电样品表面间的电子隧道效应探测和调控表面微区性质的一种扫描探针显微镜，其基本结构如图5-6所示。工作时，原子级细的导电针尖与表面并不直接接触，而是存在一个间隙。对于传导电子，这个间隙构成一个势垒。势垒高度U大于电子能量E（通常为金属功函数的量级）。按照经典物理，电子不能越过势垒在针尖与样品间传输，所以针尖上没有电流。但当针尖样品距离小至nm量级时，两者的电子波函数交叠。根据量子力学，电子的波函数$\psi(x)$沿垂直于表面方向满足薛定谔方程，即

$$-\frac{\hbar^2}{2m_e}\frac{\partial^2 \psi(z)}{\partial z^2}+U(z)\psi(z)=E\psi(z) \tag{5-3}$$

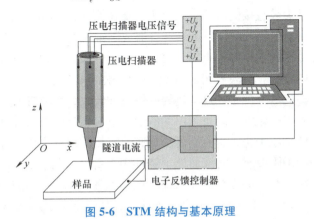

压电扫描器电压信号

压电扫描器

隧道电流

样品

电子反馈控制器

图5-6 STM结构与基本原理

经过一个有限高的势垒U后，另一侧电子的波函数并不为零，而是一列行波$\psi_R(z)=te^{ikz}$。这

就说明由于量子隧道效应，电子有一定概率穿过势垒形成电流，这就是隧道电流。可以证明，单能级的隧道电流表达式为

$$j_t = \left[\frac{4k\kappa}{k^2+\kappa^2}\right]\frac{\hbar k}{m_e}e^{-2\kappa d} \tag{5-4}$$

式中，$\hbar$ 为普朗克常数；m_e 为电子质量；k 为势垒外部波矢，$k = \frac{1}{\hbar}\sqrt{2m_e E}$；$\kappa$ 为势垒内部波矢，$\kappa = \frac{1}{\hbar}\sqrt{2m_e(U-E)}$。总的隧道电流 I 是各单能级隧道电流之和。可见，隧道电流 I 与样品-针尖距离 d 的关系为灵敏的指数关系。例如典型工作状态下，当 d 变化 0.1nm 时，可引起电流 10 倍左右的变化。即通过隧道电流可以灵敏地反映样品表面的高度变化，从而实现原子级的形貌测量。

5.2.2 扫描隧道显微镜针尖

作为 STM 中与样品直接作用的关键结构，一根具有原子级尺寸的导电针尖对实现原子级分辨率的成像具有决定性意义。通常针尖尖端的尺寸形状和化学成分都会显著影响成像质量。然而，如此细微的结构极易受到环境条件的影响，增加了针尖制备的随机性。由于缺乏对针尖材料原子级形貌控制和成像监测的有效手段，STM 针尖制备的重复性依然是本领域有待解决的难题。不过因为隧道电流对针尖-样品距离的敏感关系，只有最靠近样品表面的针尖原子或原子簇的形状是最重要的。即使出现多个尖端或尖端不是很锐利，只要最前端只有一个原子，那它就对隧道电流有绝对大的贡献。这在一定程度上降低了对针尖制备的要求，同时增大了实验的随机性和数据解读的难度。

在 STM 针尖制备工艺中，最重要的步骤是将较粗的针尖刻蚀成单原子的大小，称为针尖的单原子化。要实现单原子化，可采用减材和增材两种制备思路。减材是典型的常用方法，通常使用导电性良好的金属钨、铂或铂铱合金作为针尖材料，采用机械加工、电化学刻蚀或离子刻蚀等方法，去除针尖尖端的周边原子，最终在最前端只留下一个原子。当然，这个过程是宏观过程，伴随一定的随机性。增材方法是近年来发展的新途径，通过在较粗的针尖前端修饰原子级细的纳米材料（如碳纳米管）或单分子，实现尖端的单原子化和功能化。

机械方法是获得针尖较直接的方法，又分为机械研磨和机械切割两类方法。机械研磨法是使用砂纸和超细金刚石粉将 mm 级的金属丝打磨成圆锥状的顶角，使其尖端直径达到 1μm 以下，再将针尖与样品接触或施加大电场，进一步锐化针尖，获得原子级的分辨率。机械切割法则是更简单直接的方法。实验表明，用剪刀直接将金属丝按一定倾角切割后形成的尖端往往可以达到原子级的成像分辨率。这个过程的偶然性较大，重复性较差。

电化学刻蚀法是利用电化学反应过程中的溶液离子对金属的腐蚀作用逐层剥离掉金属针尖的原子，实现针尖的单原子化。直流断落法是实验室最常用的方法。在反应烧杯中放入大约 2mol/L 的 NaOH 或 KOH 溶液，使液面处于烧杯中上部。将待腐蚀的钨丝插入烧杯中心，使钨丝一部分浸入溶液，另一部分在液面以外。在钨丝和对电极之间施加 4~12V 的直流电压，使钨丝为正极（阳极），对电极为负极（阴极），如图 5-7 所示。通电后，作为阳极的钨丝原子将失去电子被氧化为可溶性的离子而离开钨丝表面，将在液面附近的钨丝上形成一个较细的颈部。在电解液与空气的界面附近，这种电化学腐蚀速率最快。随着刻蚀的进行，

最终颈部断裂，液面下钨丝脱落，在液面附近形成一个极其锐利的钨针尖尖端。制备时需注意两个因素。①要在钨丝断裂的一瞬间就将刻蚀电流切断。如果在钨丝断裂的一瞬间没有切断电源，后续的电化学腐蚀过程会将这个最尖端的部分刻蚀掉，使针尖变粗、变钝。利用灵敏的电子线路实时监控电流变化，就可以实现电流的即时中断操作。②液面下的钨丝不能太长。液面下钨丝的质量太大，就会使颈部钨丝还不太细时就断裂，使针尖较粗。考虑到实验的可操作性，经验上往往预留 1~3mm 长的钨丝在液面下是较好的选择。此外，刻蚀电压和电解液浓度也是影响针尖质量的重要参量，需根据实际实验条件进行优化。

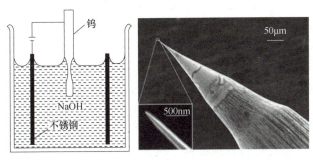

图 5-7　电化学刻蚀法制备 STM 针尖示意图及针尖形貌

刻蚀后的针尖表面会残留 NaOH、WO_3 等绝缘层，尖端也不一定是单原子的，还需进一步锐化处理，例如在去离子水中进行超声清洗，去除可溶性绝缘层。在高真空环境下高温退火，可使难溶的氧化物升华去除。最后，还可将针尖放在高电场或离子束中进行进一步的锐化。如此处理的针尖在使用时，往往也不能立即获得高质量的单原子像，此时还可对针尖进行原位锐化处理。例如可以在针尖和样品间施加一个大电压，针尖处的不均匀强电场会驱动钨原子向尖端迁移，形成锐利的单原子尖端。此外，在测量中，故意将针尖与样品表面进行受控的碰撞，往往会使针尖黏附个别分子，造成尖端锐化。

5.2.3　表面形貌成像的工作模式

材料表面的高低起伏形状称为表面形貌像（surface topograph）。原子级形貌成像是 STM 最常用的基本功能。隧道电流对针尖-样品距离非常敏感。当样品表面有 0.1nm 级的凸起时，就会造成隧道电流数量级的变化。因此，STM 可以检测到表面亚原子级的起伏。测量时，针尖沿平行于样品表面的方向（x-y 方向）逐行扫描，每行扫描过程中逐点采样，形成平面内 n 行 n 列的数据阵列。扫描方式分为单方向的光栅扫描（raster scan，图 5-8a）和往复式的蛇形扫描（snack scan，图 5-8b）。前者仅在从左到右扫描时采集数据，而针尖回到左侧不采集，这种方式各条线的采集条件更一致，但扫描速度慢；后者在针尖向左和向右扫描时均采集数据，扫描速度加倍，但相邻两条线的扫描条件不同，图像质量有时稍差。

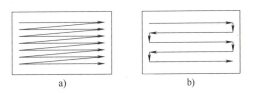

图 5-8　光栅扫描与蛇形扫描方式

a）光栅扫描　b）蛇形扫描

针尖在垂直于表面的 z 方向位置控制也有两种方式：恒高度模式和恒电流模式。在恒高度模式下，保持扫描针尖的绝对高度位置不变，扫描过程中当遇到表面较高位置时，针尖-样品距离就小，隧道电流就大。反之，当表面较低时，针尖-样品距离就大，隧道电流就小。因此，通过记录不同位置的隧道电流，就可描绘出表面起伏的形貌图像。

恒电流模式是在扫描过程中利用电子反馈电路实时调整针尖高度，无论在什么位置，均使隧道电流为恒定值，使针尖-样品的相对距离保持不变。针尖在不同位置的 z 方向位移就对应于样品表面不同位置的高度。而针尖位移是通过校准的压电扫描器标定的，可以认为是直接测量量，比较准确。同时，这种模式中无论样品表面高低、针尖与样品的距离都保持不变，不存在撞针的风险，可以测量表面起伏较大的样品。

通过上述表面二维扫描，获得的表面扫描区域内各点的高度信息构成一个二维矩阵。利用数据处理软件即可绘制出表面的二维灰度图或三维分布图，形象地反映表面形貌。在商用仪器中，通常采用的图像分辨率从 128×128 到 1024×1024 不等。图 5-9 所示为 STM 测量的高序石墨表面原子级形貌像，其中，碳原子构成的六角形点阵清晰可见。

5.2.4 表面局域态密度的测量

材料电子结构是决定材料各种性质的根本因素。而电子态密度是指材料单位体积单位能量范围内的电子状态数。态密度随能量的变化关系称为态密度（density of state，DOS）图，是电子结构最直接的表述方式，往往通过计算获得。利用 STM 可以直接测量材料表面的局域态密度（localized density of state，LDOS），为表征各位置的电子结构和物理化学特性提供直接的依据。

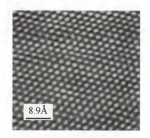

8.9Å

图 5-9　STM 测量的高序石墨表面原子级形貌像

利用 STM 测量局域态密度的方法称为扫描隧道谱（scanning tunneling spectrum，STS）。如前所述，若对样品施加一定的偏压 U，则隧道电流是针尖和样品局域态密度在 $0\sim eU$ 范围内的卷积。如果认为针尖费米能级附近的态密度很大且为常数，隧道电流 I 与所加偏压 U 的关系为：

$$I = \frac{2\pi e}{\hbar} \rho_{t}(0) \int_{0}^{eU} dE \mid T \mid^{2} \rho_{s}(E) \tag{5-5}$$

式中，ρ_t 和 ρ_s 分别为针尖和样品的态密度；T 为隧穿矩阵元。显然这是一个变积分上限的积分，它在电压 U 附近的微分电导为

$$\sigma(U) = \frac{dI}{dU} = \frac{2\pi e^{2}}{\hbar} \mid T \mid^{2} \rho_{t}(0) \rho_{s}(eU) \tag{5-6}$$

可见，微分电导正比于样品中能量为 eU 附近的态密度。当针尖固定于样品某一点上方确定的高度 d 时，通过连续扫描样品上的偏压 U，记录此过程的 $I\text{-}U$ 特性曲线，并对 $I\text{-}U$ 曲线求一阶微分，即可得到样品表面该位置附近的局域态密度图，如图 5-10 所示。

技术上，较之 STM 表面形貌像测量，STS 测量对仪器的要求更加苛刻。首先，STS 测量的是隧道电流 I 对偏压 U 的一阶导数。而机械噪声和电噪声带来的电流微小变化会在一阶导数图像里被放大。为了抑制噪声，实际实验中是采用交流方法来测量微分电导的。在一个固定偏压 U 的基础上，叠加一个振幅为 ΔU 的交流偏压，它会引起电流的同频率振动。利用锁相放大器捕捉该频率电流的交流振幅 ΔI，则 $\Delta I / \Delta U$ 即为该直流偏压 U 下的微分电导。这样，就将其他频率的噪声过滤，获得较平滑的局域态密度图。其次，由于电流是样品和针尖

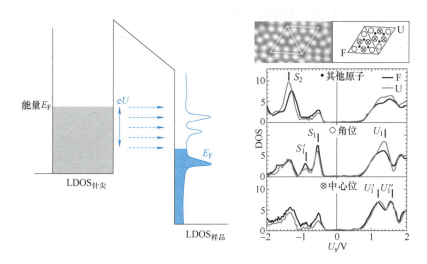

图 5-10　利用 STS 测量局域态密度原理及 Si（111）表面局域态密度

态密度的卷积，针尖的态密度也会严重影响测量结果。而针尖尖端只有单个原子，态密度很容易受表面状态的影响。可通过计算或实验获得针尖的态密度，用于反算样品的局部态密度；或通过原位钝化处理增大针尖的态密度，使其近似为常数。针尖电子结构的不确定性至今仍是 STS 测量实验的最重要问题。

5.2.5　表面单原子操纵

　　材料性质由其化学组分和微观结构决定，本质上取决于组成物质的原子种类和排布方式。因此，在单原子尺度上精密调控材料的原子组成，是材料科学的终极理想手段。STM 针尖具有单原子级的尺寸，并具有亚原子级的位移能力。它像一只原子大小的手，天然地具有单原子操纵的能力。在 STM 成像过程中，针尖与样品表面距离非常近（小于 1nm），不可避免地对表面原子产生扰动。这个扰动会影响表面原子的稳定，不利于表面的原子级成像。但是，从 20 世纪 90 年代开始，来自针尖的微扰相互作用却被用于操纵单个原子或分子的位置，从而在单原子尺度上构建各种奇异的量子结构。

　　表面单原子操纵要求在洁净而稳定的表面上进行，因此需配备超高真空和极低温的 STM 系统。通常针尖对表面单原子位置的操纵分为横向操纵和纵向操纵两种方式。早在 1990 年，IBM Almanden 研究中心的埃格勒（Eigler）和施韦泽（Schweizer）利用横向操纵方式将 Ni（110）表面的 Xe 原子排列出"IBM"字样。横向操纵原子（见图 5-11）主要分为 3 步：①将针尖下降靠近表面吸附原子，增加针尖-原子的作用力，这个作用力包含垂直表面和平行表面的分量，通过调节针尖位置，使垂直分量较小而平行分量较大；②横向移动针尖，在平行于表面力的作用下，表面原子被针尖"拖拽"或"推动"，沿表面运动到目标位置；③提升针尖高度减小作用力，使表面原子停留在目标位置。

　　纵向操纵原子是利用原子在样品表面和针尖表面相互转移实现单原子操纵的方式。该方式要

图 5-11　STM 横向移动单原子过程

求吸附原子在样品表面和针尖表面有两个稳定的吸附位点，对应原子势能曲线的两个势阱。这两个势阱之间存在一个势垒阻碍原子的自由移动。表面吸附原子可以由电场或针尖位置控制，实现在 2 个势阱之间的转移。如图 5-12 所示，当在针尖与样品间施加电压时，该势能曲线从实线变为虚线所示，势垒高度降低，表面原子可以迁移到针尖表面，实现表面原子的"抓取"。而在"释放"表面原子时，将所加电压反号，势能曲线反向，原子从针尖表面移动到样品表面。如果不施加电压，而是将针尖靠近样品表面原子，2 个势阱合并为一个，势垒消失。表面原子可以在 2 个势阱间自由跨越。

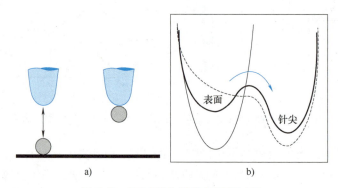

图 5-12　STM 纵向操纵单原子过程

　　利用 STM 的单原子操纵技术，科学家得以在原子尺度上构建独特的纳米结构，这些结构通过对电子波函数的空间限域，人为地构造出许多有意思的电子状态，这成为纳米结构化改变电子结构的直接证据。其中，最著名的例子是 1993 年由埃格勒等人报道的"量子围栏"实验。他们用 STM 针尖操纵 48 个 Fe 原子在平整的 Cu（111）面上围成了一个半径约 7.13nm 的圆环形围栏。由于这个围栏的量子限制作用，其内部的电子波函数在围栏边缘反射并相干，使平整的内部表面呈现二维驻波的形状，直观地展示出量子限域下电子驻波的行为。2000 年，他们进一步在椭圆形量子围栏的一个焦点处放置一个 Co 原子，结果在另一个没放原子的焦点位置，居然观察到了 Co 原子的局域态密度像，反映电子波函数经椭圆反射相干叠加聚焦的行为。2013 年，IBM 利用 STM 移动排列数十个 CO 分子组成卡通形象，制作了题为 *A Boy and His Atom* 的世界上最小的动画片，如图 5-13 所示，展示了 STM 在原子操纵方面的巨大潜力。

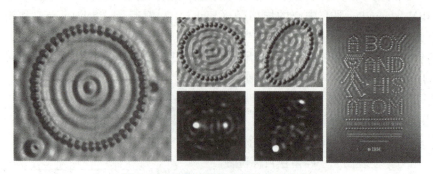

图 5-13　单原子操纵获得的纳米结构

5.2.6 扫描隧道显微镜的发展及局限

由于 STM 的核心部件具有紧凑的固态结构，空间尺寸小巧，且对环境条件的要求不高，便于在结构和功能上改进和拓展。近年来，在 STM 基本功能的基础上，又发展出了许多新的设计。首先，加入了诸多先进的环境控制功能。为了抑制热激发引起的电子跃迁和离子振动，一些 STM 系统配备了稀释制冷机等低温设备，可将样品温度降低到 1K 以下，从而将表面状态冻结，获得更稳定的表面状态和更真实的电子结构信息。为了排除表面吸附气体的影响，STM 经常配备超高真空系统，在优于 10^{-8}Pa 的真空环境下可以大大降低表面分子的吸附速率，配合原位加热脱附等操作，可以获得长时间的无吸附清洁表面。更普遍的做法是将表面制备设备（如分子束外延、机械解理、离子轰击等）和 STM 集成在同一个超高真空系统中，将制备的新鲜表面直接用于 STM 测量，避免了样品在空气中传输所造成的表面污染问题。

其次，与多种物理场协同加载实现多物理量测量。在 STM 系统中集成超导磁体，可在高达数十 T 的磁场下进行 STM 的各项测量。将基于 pump-probe 技术的超快激光脉冲加载到 STM 针尖区域，可激发针尖表面等离子体光场增强，获得纳米尺度的光谱信息（如针尖增强拉曼光谱技术），从而将传统光谱分析的空间分辨率提升到原子尺度，时间分辨率提升到飞秒尺度，获得表面单分子化学反应的直接信息。而在 STM 中使用磁性的针尖，可获得自旋分辨的电子结构信息，对磁性材料和自旋电子学材料的研究具有重要意义。

尽管在过去的 30 余年中，STM 在表征材料微观结构方面展示出强大的能力，它的基本原理和核心结构设计也存在许多限制。在形貌结构探测方面，它只能测量材料表面原子的排列，对材料体内的三维晶体结构测量无能为力；在电子结构表征方面，它只能测量电子的能量尺度信息，即态密度图，而对电子动量维度的测量能力十分有限；更重要的是，STM 是基于隧道电流进行测量的，无法测量绝缘材料。因此，将 STM 与其他表征方法相互配合补充十分必要。

5.3 原子力显微镜

5.3.1 原子力显微镜基本原理

为了解决 STM 不能测量绝缘材料表面形貌的问题，宾宁、魁特和格贝尔等人于 1986 年发明了原子力显微镜（AFM）。力是物体与物体之间最基本的相互作用。利用原子级细的针尖与材料表面力的相互作用，可以获得表面单原子分辨率的信息。这就是原子力显微镜的基本思想。针尖与样品间的力可能有许多不同的类型，如范德华力、摩擦力、静电力、磁力等。而 AFM 的测力元件可以分类收集不同力的信号，从而同时获得表面多个物理量的信息，这较之 STM 单一的隧道电流信号而言更为丰富。

图 5-14 所示为 AFM 的基本结构。和 STM 类似，AFM 也是在压电扫描器的驱动之下，将一根纳米级细的探针靠近样品表面，并在表面作光栅状扫描。在成像模式下，样品分子与针尖的短程排斥力作用到探针上。探针上的灵敏力传感器实时测量力的大小。排斥力的大小与针尖-样品距离有关，距离越近，力越大。因此，通过样品表面凸起部分和凹陷部分力的不同，就可推知表面的高低起伏变化，获得样品表面的形貌像。

5.3.2 原子间力及其监测方法

AFM 是利用针尖与样品表面的相互作用力进行测量的。在针尖尖端的亚纳米尺度上，两者之间的作用力可以看作是少数分子或原子间的作用力。这个力可能包含许多类型，与针尖-样品间的距离密切相关。在通常的形貌测量中，起主导作用的是长程的范德华引力和短程的排斥力。针尖是与样品接触来感知表面信息。固体分子接触时可近似看作是刚性球体，即接触时分子间排斥力迅速增加，不接触时排斥力几乎消失。因此，排斥力对针尖-样品距离极其敏感。而范德华力是长程力，在长达数十纳米的距离上，仍存在可观的范德华力。此

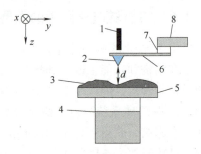

图 5-14　AFM 的基本结构
1—力传感器　2—针尖　3—样品表面
4—压电扫描器　5—样品台　6—探针悬臂
7—探针支架　8—探针振荡器

外，黏性表面对针尖还存在黏附力，粗糙表面还有较大的摩擦力等。这些力因力程、方向或作用方式而呈现不同的特点，可通过精细设计的测量方式加以区分。

AFM 测量的原子力通常在 10^{-9}N 量级，有些长程力可低至 0.01nN 量级。要测量如此微弱的力，需要极其灵敏的力传感器。商用 AFM 中应用最广的是"光杠杆方法"，其基本原理如图 5-15 所示。AFM 探针由一个固定于微悬臂下方的针尖构成。微悬臂一般由弹性固体材料，如 Si 或 Si_3N_4 等刻蚀而成长条形或三角形，长度约为数百微米，宽度约为数十微米（图 5-16）。当针尖受到样品向上（z 方向）的排斥力时，悬臂随之发生弹性形变向上弯曲。针尖受力 F 与向上的形变量 Δz 之间满足胡克定律 $F = k\Delta z$。而在形变量不太大时，悬臂弯曲的倾角 $\theta \propto \Delta z$。因此，悬臂倾角与所施加的力成正比，即 $\theta \propto F$。同理，当针尖受到横向的摩擦力时，悬臂会发生扭转。测量中，将一束很细的激光束照射到微悬臂背面靠近前端的位置。激光束经悬臂表面反射后，进入一个四象限光电探测器，称为位置敏感探测器（position sensitive detector，PSD）。当针尖受向上的排斥力时，悬臂倾角变化导致反射光线在 PSD 上的竖直坐标等比例变化，从而输出一个与向上位移量成正比的竖直电压信号。而当针尖受横向摩擦力而发生扭转时，反射激光会沿 PSD 的水平方向移动，从而输出一个与横向扭转力成正比的水平电压信号。从 PSD 输出的水平和竖直电压分量，可将探针的纵向力和横向力区分开来。由于 PSD 到悬臂的距离很长，悬臂倾角的微小变化就会引起 PSD 上光斑位置的较大变化，从而实现悬臂微小形变量的放大功能。光杠杆方法在常规测量下稳定可靠，应用广泛。但这种方法需使用光路，紧凑性和抗振动噪声性能较差，占用样品腔空间较大，激光对样品性质存在影响，难以在某些极端环境下使用。

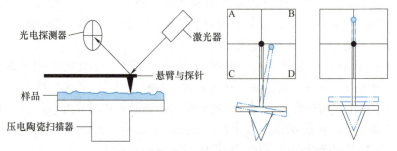

图 5-15　光杠杆方法测量探针纵向和横向受力原理

图 5-16　AFM 探针的悬臂与针尖

除光杠杆法外，还有很多紧凑性更高的力传感器设计。电容法是在导电悬臂背面平行放置另一个金属片，与悬臂表面构成平行板电容器。当悬臂受力发生 z 方向形变，电容器板间距变化，引起电容值变化。通过测量电容值，就可以监测针尖受力情况。压阻法是在悬臂上制备一层电阻随应力变化的压阻材料，通过测量电阻以获得针尖受力情况。随着微纳加工工艺的进步，现代微机电系统（microelectromechanical system，MEMS）技术已可以制备出大批量工艺稳定的高性能电容式和压阻式 AFM 探针。

5.3.3　表面形貌成像工作模式

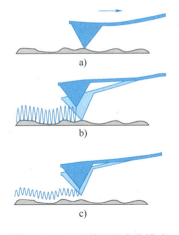

图 5-17　AFM 的不同成像模式
a）接触模式　b）轻敲模式
c）非接触模式

由于敏感的力监测器在探针上，为减少振动噪声，AFM 通常是移动样品进行表面扫描。AFM 有 3 种形貌成像模式：接触模式、轻敲模式、非接触模式，如图 5-17 所示。在表面扫描过程中，针尖与样品始终保持接触的成像模式称为接触模式。由于针尖与表面的排斥力，使悬臂发生持续的弯曲变形。在恒高度扫描模式下，样品的绝对高度保持不变。表面凸起处悬臂形变量大，表面凹陷处悬臂形变量小。通过记录不同位置的形变量，即可获得表面形貌像。而在恒力模式下，反馈电路时刻保持悬臂的形变量固定。在表面凸起处控制样品高度下降，在表面凹陷处控制样品高度上升。这样，在不同位置处样品升降的高度值就是该位置的形貌信息。由于接触模式下探针与样品之间持续的接触力起稳定探针的作用，外界振动噪声对探针的影响很小，可得到高精度的稳定形貌图像。接触模式主要有 3 个缺点：①接触模式下针尖与样品一直接触且相对滑动，会导致样品和针尖物质的磨损，并且针尖更易吸附表面灰尘等杂质，影响针尖的寿命；②针尖易受到表面摩擦力、黏附力的影响，使图像中出现假象；③表面形貌存在较大突变时，反馈系统响应速度不足，造成针尖抖动。因此，接触模式通常适合平整、光滑、坚硬表面的高分辨成像。

为了克服黏性表面和粗糙表面对形貌成像的不利影响，人们又发展出了轻敲模式。在轻敲模式下，整个探针受到一个压电晶体的周期性驱动力，而做上下方向的受迫振动，振幅通常在几百纳米。未接触样品时，整个悬臂可以看作是自由振动的，振幅较大。当样品靠近针尖时，向下运动的针尖会交替地敲击在样品上。由于受样品表面限制，样品距离探针越近，探针的振幅越小。在恒高度模式下，表面凸起处探针的振幅小，凹陷处振幅大。根据不同位置振幅的信息，即可重建出表面形貌像。在恒振幅模式下，扫描过程中反馈系统实时调节样品高度位置，使每个点的探针振幅都相等。这样，不同点处样品的高度位置变化量就是该处的表面形貌高度值，从而获得表面形貌图像。

相比于接触模式，轻敲模式有很多优势。首先，针尖接触表面的有效时间缩短，显著减少了针尖和样品表面的磨损。其次，针尖与表面交替地接触分开，可避免表面对针尖的黏附和摩擦力，以及粗糙表面对针尖的横向作用力。最后，以固定频率振荡的交流信号可以用锁相放大器等滤波，抗噪声能力大大加强。

非接触模式中，针尖与样品表面完全不接触，而是在样品上方十几纳米的高度做受迫振动。当样品靠近时，样品对针尖的范德华力占主导地位，它会使探针的谐振频率降低，远离驱动力频率，从而使振幅下降。经反馈电路控制，在扫描过程中实时调节样品高度，振幅保持不变，即可完成对表面的成像。非接触模式完全不会磨损针尖，也不受表面黏性的影响，因此，在生物或有机样品测量中十分重要。

5.3.4 探针类型与关键参数

影响 AFM 测量结果最关键的因素是探针的参数。不同的测试方法、测试环境、测量模式、样品特性所需要的探针类型大相径庭。因此，可以说探针参数的选择和特性的把握是 AFM 仪器操作的灵魂。

AFM 探针的参数可分为几何参数、力学参数和功能化参数等。几何参数包括悬臂的长度、宽度、厚度、形状，以及针尖的几何形状、高度、尖端的曲率半径等。其中，针尖尖端曲率半径是影响探针成像分辨率的关键参数。图 5-18 所示为针尖形状影响成像分辨率的示意图。实际成像是表面目标物形貌与针尖形貌的卷积。当曲率半径较大时，表面陡峭凸起对针尖的侧向力也会产生影响，实际测量到的是针尖的形状。针尖形状越尖锐，尖端曲率半径越小，成像分辨率越高。利用微加工工艺制备的商用针尖可以达到几纳米的曲率半径。利用碳纳米管修饰针尖等方法，还可进一步减小针尖的曲率半径，提高成像分辨率。

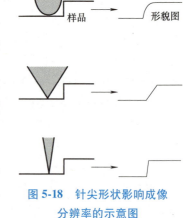

图 5-18 针尖形状影响成像分辨率的示意图

力学参数主要包括探针的力常数 k 和共振频率 f_r。形变不大时，探针悬臂可以看作是理想的弹簧模型，其形变量 Δz 与力常数 k、针尖压力 F 之间满足胡克定律：

$$F = k\Delta z \qquad (5-7)$$

因此，从 Δz 的大小可以反推出针尖施加的力 F 的大小（图 5-19a）。Δz 与激光光斑位置的变化成正比，但比例系数很难计算。在接触模式下，让样品向上故意移动 1nm，观察激光光斑的位置变化，即可获知 Δz 与光斑位置的变化关系，即仪器灵敏度。在轻敲模式和非接触模式下，需用压电晶体对探针施加周期性驱动力，强迫悬臂做上下方向的受迫振动。根据受迫振动理论，此时的共振频率接近（振幅共振）或等于（相位共振）悬臂的固有频率 f_r。而固有频率 f_r 与力常数 k 的关系为

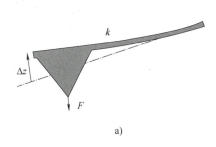
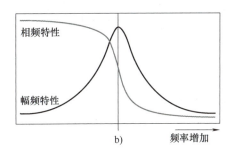

图 5-19　AFM 探针的静态和动态响应

a）压力与悬臂形变关系　b）幅频与相频特性

$$f_r = \frac{1}{2\pi} \sqrt{\frac{k}{m}} \tag{5-8}$$

实验中，为确定不同探针的共振频率，需要悬空的探针扫频振动，测量其幅频曲线和相频曲线（图 5-19b）。共振时振幅最大，振动相位（相对于驱动力）为 90°。

由此可见，探针的力常数 k 既决定了接触模式的针尖压力，也决定了轻敲和非接触模式中针尖固有频率，是 AFM 探针的关键力学参数。探针的力常数与悬臂的材料、形状均有关系。一般而言，探针主体材料的弹性模量越小，悬臂长度越长，宽度越窄，厚度越薄，力常数就越小，形象地说，就是探针越"软"。反之，力常数越大，探针就越"硬"。在商用探针的参数表上，可以查到探针所用材料、形状、力常数、共振频率等信息。

除力学参数，为了拓展 AFM 探针的功能，还会对探针材料和形状做特殊的功能化处理。表面镀层是一种常见的功能化处理方法。为了测量样品表面导电性分布，在针尖表面镀上导电的金属薄膜，如 Pt、Au 等；为了测量磁性样品表面的磁场分布，镀上磁性材料薄膜，如 Co 等；为了增大探针的耐磨性，镀上金刚石薄膜等。为了避免悬臂对针尖的遮挡，在测量中能通过光学显微镜精确确定针尖位置，还开发出了特殊形状的可视化探针。

5.3.5　原子力显微镜的常见假象

（1）针尖假象　成像过程中，针尖与固体样品表面直接接触，有可能对针尖尖端造成磨损。样品表面的颗粒物还有可能黏附在针尖尖端，使针尖的形状发生变化。如图 5-20a 所示，磨损后的针尖明显变粗，表面形状也变得复杂。形貌图是针尖形貌与样品形貌的卷积。针尖变粗后，对细小纳米颗粒样品成像时，看到的将不是样品形貌，而是许多相同的针尖形貌，如图 5-20b 所示。特别是当针尖出现两个或多个尖端时，图像上的所有物体都表现为两个一模一样的双像特征，如图 5-20c 所示，这些特征是判断针尖损坏的重要证据。

a）　　　　　　　b）　　　　　　　c）

图 5-20　针尖假象

a）磨损的 AFM 针尖　b）损坏针尖的重复形貌特征　c）双针尖效应

（2）**热漂移假象**　AFM 形貌测量的是表面纳米级的位置特征。而仪器各个宏观零部件在温度变化时出现的热膨胀会使样品发生持续性的漂移，包括面内方向的移动和垂直表面方向的移动。重复扫描同一区域，如果形貌特征向某个方向持续移动，即可判定为面内热漂移。而以恒力模式将针尖固定在样品上某一个点，观察到扫描器 z 方向电压持续改变，则可判定为垂直表面的热漂移。为了减小热漂移的影响，先可将仪器置于恒温实验室中，减小部件的温度变化；其次在安装样品后应等待一段时间，待仪器热平衡后再进行测量；也可适当加快扫描速度，将热漂移影响降低。

（3）**扫描器假象**　AFM 所使用的压电扫描器是在外电压作用下发生形变，带动样品进行扫描。首先，外加电压较大时，应变量随电压的变化并非理想的线性响应，这会使测量的形貌图在某个方向上出现拉伸或压缩，且重复扫描时这种假象完全一致。其次，应变量随电压的变化并非理想的实时响应，而是存在滞后。这种假象表现在正反方向扫描图不重复，扫描线起始部分压缩，而结束部分拉伸等特征。

5.3.6　原子力显微镜的衍生功能

除了对表面进行形貌成像，借助 AFM 灵敏的力探测功能，可以精确研究样品与针尖之间类型丰富的相互作用力，并通过针尖力精确调控表面性质，由此衍生出了许多 AFM 的新功能。

表面形貌像测量只能获得样品表面高低起伏的几何信息，但无法分辨不同位置样品的材质。为解决这一问题，人们发展出了摩擦力显微镜和相位成像模式。不同材质的表面摩擦因数不同。接触模式扫描时，使扫描方向与悬臂垂直。样品对针尖产生一个平行于扫描方向的摩擦力，使悬臂发生扭转，反射激光光斑发生横向移动（形貌起伏导致纵向移动）。利用 PSD 输出的光斑横向坐标，即可获知表面摩擦力的大小，分辨不同的表面材质。在轻敲模式下，针尖振动的相位变化也提供了表面的额外信息。由于不同物质的黏性和弹性不同，对振动针尖的能量耗散不同，体现在针尖的相位变化上。因此，通过相位图像可以定性判别不同的材料成分。图 5-21a 和图 5-21c 分别为原子级平整的 $SrTiO_3$ 单晶（001）表面形貌图像，可以看出，用接触模式或轻敲模式得到的形貌像上呈现出一层层的原子台阶。但哪一层是 SrO 原子层，哪一层是 TiO_2 原子层，是看不出来的。但由于 Sr 层和 Ti 层吸水性不同，摩擦因数和黏性均不相同。两者在摩擦力显微镜（图 5-21b）和相位图像（图 5-21d）上呈现出明显的衬度，从而清晰分辨出不同原子台阶的化学组成。

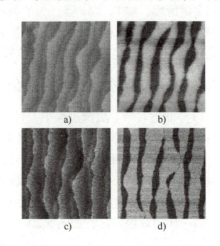

图 5-21　$SrTiO_3$ 单晶（001）表面形貌图及相关图像

a）接触模式形貌图　b）接触模式的摩擦力图像
c）轻敲模式形貌图　d）轻敲模式的相位图像

不同材料分子间作用力具有不同特点，主要包括长程的范德华引力、中程的黏附力、短程的分子斥力和化学键等，力程一般为 0.1～10nm 之间，大小一般为 nN～pN 之间。分子间作用力随分子间距的变化的规律称为"力-距离曲线"，简称"力曲线"或"力谱"。AFM 的针尖距离可以在 0.01nm 精度上控制，同时可以精确测量力的大小，天然适合研究分子间的力曲线。测量时，系统控制样品靠近针尖再远离针尖，同时测量针尖受力，即可描绘出针尖与样品之间的力曲线。一条典型的力-距离曲线测量过程如图 5-22 所示。①起初针尖与样品没有接触，悬臂形变量为 0。②当针尖与样品足够近时，由于两者的吸引力增加，针尖突然被吸引到样品上，出现跳跃接触，此时悬臂向下弯曲。③当针尖继续靠近样品时，针尖与样品间的排斥力占主导，力曲线表现为胡克定律的线性关系。④当样品远离针尖时，由于两者之间的黏附力，针尖依然粘在样品上不分离，此时悬臂有较大的向下形变。⑤样品下降位移足够大时，针尖从样品脱离。从力曲线的特征可推知样品表面的黏弹性，以及样品分子化学键的信息。

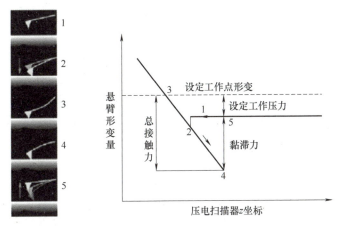

图 5-22　力-距离曲线的测量过程

5.4　扫描静电力、磁力显微镜

5.4.1　静电力、磁力对探针的作用

本质上，材料科学中的所有相互作用皆为电磁相互作用。利用纳米结构中的静电或者磁性质，人们获得大量性能优异的纳米器件。例如，利用纳米磁性材料的超高密度磁盘和利用浮栅静电效应的闪存介质，已成为当今计算机信息存储的主力。因此，如何在纳米尺度获得材料的磁性和静电性质，成为相关研发工作的关键。AFM 具有在纳米尺度下测量探针-样品相互作用力的功能。而磁体之间存在磁力，静电荷之间存在静电力。人们通过对 AFM 探针进行适当改造，发展出了测量样品表面磁力和静电力分布的磁力显微镜（MFM）和静电力显微镜（EFM）。静电力显微镜又分为电场梯度模式和表面电势模式。其中电场梯度 EFM 原理与 MFM 十分类似，将在本小节统一介绍。表面电势 EFM 又称扫描开尔文力显微镜，将在 5.5 节单独介绍。

MFM 探针表面包覆了一层铁磁性材料，并将针尖按特定方向（一般是平行或垂直于针尖方向）预先磁化。此时，针尖可以看作具有磁矩 m 的磁偶极子。当磁性针尖接近磁性样品时，样品表面的不均匀磁场会对探针产生磁力作用，从而使悬臂的共振频率或弯曲程度发生变化，进而改变探针受迫振动的振幅或相位。由 AFM 的探针形变检测器即可获得样品表面不同位置的磁场特性，得知样品的磁结构。针尖的磁矩 m 在样品磁场 B 中受到的力可由

磁势能 W 的负梯度求出，即

$$\begin{aligned}
\boldsymbol{F} &= -\nabla W = \nabla(\boldsymbol{m} \cdot \boldsymbol{B}) \\
&= \nabla(m_x B_x + m_y B_y + m_z B_z) \\
&= m_x \nabla B_x + m_y \nabla B_y + m_z \nabla B_z
\end{aligned} \tag{5-9}$$

由式（5-9）可以看出，MFM 针尖的受力比较复杂，与针尖磁矩和磁场各分量梯度均有关系。实际使用中，通常将针尖的磁化方向确定为沿针尖的方向（z 方向）或垂直于针尖方向（x 方向）。由式（5-9）可知，测到的力仅正比于垂直样品表面或平行样品表面的磁场分量梯度。这可将磁场各分量信息区分开来。需要特别注意的是，MFM 的力信号是正比于磁场分量的梯度，既不是对磁感应强度 $\boldsymbol{B}$ 也不是对样品局部磁化强度 $\boldsymbol{M}$ 的直接测量。要获得磁学中感兴趣的 $\boldsymbol{B}$ 或 $\boldsymbol{M}$，需要对原始 MFM 图像做比较复杂的后处理。

当绝缘样品表面有积累的静电荷，或导体样品与导电探针间有电势差时，将在样品表面空间激发电场 $\boldsymbol{E}$。该电场作用于微小的导电针尖表面，产生静电感应，导电针尖可以看作一个电偶极子 $\boldsymbol{p}$。而电偶极子在电场中的受力与式（5-9）具有完全相同的形式。对这个力的表面分布进行扫描，可以获得电场强度 $\boldsymbol{E}$ 的各个分量的梯度信息。因此，该模式称为电场梯度 EFM。

5.4.2　EFM、MFM 的成像模式

有梯度电场或磁场中的导电探针或磁性探针会受到电、磁力的作用。检测这个额外力的不同方法对应了不同的成像模式。由于静电力和磁力均为长程力，为了与接触时的原子力区分开，MFM 和 EFM 必须将针尖在离开样品表面一定距离 d 的位置进行悬空扫描，即非接触式扫描。实际测量中，为保证不同样品位置的距离 d 一致，排除样品形貌对测量的影响，通常采用"轻敲-抬高模式"（lift mode），也称 2 段扫描模式（active trace）。在该模式下，探针先采用轻敲模式扫描一条线的高低起伏，再将针尖相对于这条形貌线高度向上抬高一定距离 d（$20 \sim 100\mathrm{nm}$），如图 5-23 所示。以这个恒定的针尖-样品距离对同一条线进行 MFM 或 EFM 扫描。这样，不同样品点处的针尖-样品距离 d 基本一致。

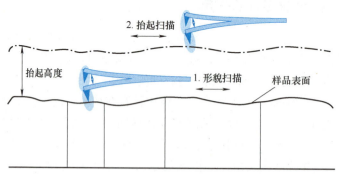

图 5-23　轻敲-抬高模式测量 EFM 和 MFM 的原理

直接测量静电力或磁力的方法，是将针尖保持在一定高度 d 处静止，当存在静电力或磁力时，悬臂会发生形变弯曲。悬臂形变量正比于力的大小，可被仪器测量到。扫描时，就可获得样品表面电磁力的分布情况。这种测量模式称为静态测量模式。静态模式的噪声较大，精度不高，尽管原理简单直接，实际测量中并不常用。

实验中更为常用的是动态测量模式。该模式下，探针在压电晶片的驱动下，在样品上方距

离为 d 处做受迫振动。驱动力频率设定为略高于（或略低于）探针的共振频率。一般而言，当存在 z 方向的引力时，弹性悬臂出现"软化"而使共振频率变低。由于驱动力频率不变，此时系统更远离（接近）共振状态，受迫振动的振幅变小（变大），振动相位差的绝对值变大（变小）。反之，当存在 z 方向的斥力时，受迫振动的振幅变大（变小），振动相位差的绝对值变小（变大）。因此，检测扫描过程中探针在表面不同位置处的振幅或相位的变化，即可测量表面电场或磁场力的梯度分布。这种动态测量方法采用一定频率的交流振荡信号，可通过锁相放大器等进行滤波，从而有效排除环境噪声的影响，大大提高 EFM 和 MFM 的测量精度。

5.4.3　EFM、MFM 的误差与假象

（1）表面形貌的影响　静电力和磁力均为长程相互作用力，有效力程一般长达数百纳米。针尖正下方样品距离针尖最近，对力的贡献最大。但是周围区域到针尖的距离也在同一量级，也会对针尖贡献可观的电磁力。针尖探测到的电磁力实际上是测量点周边相当大区域施力的矢量和，这使得 EFM 和 MFM 的空间分辨率不如 AFM 那样高，横向分辨率一般在数十纳米。另外，周围区域的影响还随表面形貌而不同。图 5-24 展示了针尖位于表面凹陷和凸起处的情形。可以看到，尽管针尖距离表面均为 180nm，凹陷周围区域到针尖的距离远小于凸起到针尖的距离。即表面凹陷处的信号受周围区域影响更大。这样，即使两处的静电或磁化情况完全相同，图像上也会出现与表面形貌有关的特征。

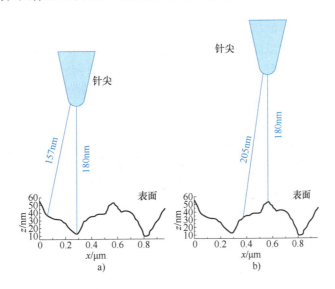

图 5-24　表面凹陷和表面凸起处的几何关系

a）表面凹陷　b）表面凸起

（2）不同力之间的影响　EFM、MFM 和非接触式 AFM 的测量原理完全相同。它们所测量的静电力、磁力和长程范德华力会相互叠加，影响测量的准确性。例如，磁性样品表面也可能有静电荷积累，静电样品表面也可能同时有磁性，某些黏性样品范德华力较大等。实验上可以根据 3 种力的特性不同加以区分。例如通过在针尖上施加电压，可将静电力贡献区分出来；改变针尖-样品距离，可以部分地将范德华力的贡献区分出来；改变磁性针尖磁化方向，可以将磁力贡献区分出来。但是精确地将各种长程力解耦合，消除它们之间的相互影

响，仍然是该领域的一大挑战。

（3）针尖与样品之间的影响　EFM 和 MFM 测量的是针尖与样品间的电或磁偶极-偶极相互作用。这个力与针尖和样品的电矩或磁矩大小有关。而材料的电矩或磁矩会受外场的影响。例如，样品的磁场可能改变针尖的磁矩方向，而针尖的磁场也可能将样品局部磁化。为了避免这种相互影响，需要将针尖-样品距离设置得大一些，但这又会影响测量的横向分辨率。实际测量时，需根据样品的具体特性统筹考虑测量条件。

5.4.4　EFM、MFM 的应用

20 世纪 90 年代以来，随着超高密度磁存储技术的快速发展和广泛应用，对磁性材料和磁性器件的研究越来越多。而 MFM 由于纳米级的空间分辨率，成为研究磁性材料微结构的重要手段。图 5-25 所示为硬盘盘面同一位置的表面形貌和MFM 测试结果。其中图 5-25a 显示盘面基本平整的表面看不出任何规律的信息存储痕迹，但从 MFM 图（见图 5-25b）上则可以观察到有周期性规律的明暗条纹，代表了磁记录的信息。随着磁记录技术的发展，目前硬盘表面单个比特的尺度已达 50nm 以下。相比于磁光克尔显微镜等其他测磁手段，只有 MFM 可以达到如此高的空间分辨率，这使得 MFM 在信息技术中的地位越来越重要。

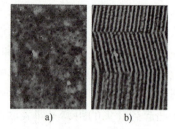

图 5-25　硬磁盘的 MFM 结果
a）表面形貌图　b）相位 MFM 图

同时，在新型磁性材料的研究中，材料微观磁结构随温度等外界条件的变化规律对磁性材料的性能至关重要。而 MFM 天然容易与电场、磁场、光场、温度场等外部条件相耦合。2002 年，张留碗等人利用自制的变温 MFM 测量了庞磁阻材料 $La_{0.33}Pr_{0.34}Ca_{0.33}MnO_3$ 在变温过程中的磁畴变化，发现磁畴的回滞行为与电阻巨大转变的回滞行为有完全一致的对应关系，如图 5-26 所示，从而在实验上首次直接证明了庞磁阻现

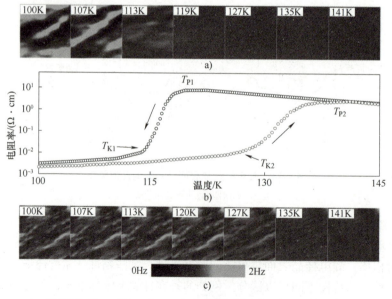

图 5-26　$La_{0.33}Pr_{0.34}Ca_{0.33}MnO_3$ 的磁畴与磁阻变化对应关系
a）降温过程的磁畴　b）相应的电阻率　c）升温过程的磁畴

象中的渗流效应模型，为庞磁阻材料在磁信息领域的应用提供了直接的微观实验基础。

5.5　扫描开尔文探针显微镜

5.5.1　金属的功函数与接触电势差

在金属中，费米能级表示占据概率为 1/2 的电子轨道能级。由于实际参与导电的仅是费米能级附近的电子，费米能级的值对电子材料而言十分重要。通常用功函数表示材料费米能级的高低，它是指材料中真空能级 E_v 与电子费米能级 E_f 的差值，表示这两个重要能级的相对关系。在金属中，功函数决定了材料的电子发射能力。而在金属与半导体形成的异质结中，功函数之差则决定了结势垒的形状。因此，准确测量材料的功函数是真空电子领域和半导体材料领域的重要课题。

基于 AFM 的扫描开尔文探针显微镜（SKPM）是测量导电材料表面功函数的常用方法。相比于传统的紫外光电子能谱方法，SKPM 无须超高真空环境、高品质紫外光源，也无须复杂的电子能谱仪，仅在 AFM 上增加若干交直流电表即可完成测量。其测量功函数的基本原理是利用电容器极板受力的原理，测量金属探针与样品之间的接触电势差来实现的。如图 5-27a 所示，当电中性的金属针尖和样品之间没有电接触时，两者之间的费米能级不同而真空能级相同。但是当针尖和样品之间通过导线连接产生电接触时，电子从费米能级高的一方流向费米能级低的一方，使两种金属表面产生净表面电荷并激发电场。这会导致两种金属的各能级均发生平移，从而使两者的费米能级重合。由于各自功函数不变，此时它们的真空能级会不相等（图 5-57b），产生从一种金属到另一种金属的电势降落，称为接触电势差 U_{CPD}，即 U_{CPD} 定义为

$$U_{CPD} = \frac{\Phi_t - \Phi_s}{e}$$（5-10）

式中，Φ_s 为样品的功函数；Φ_t 为探针的功函数。根据式（5-10），只要知道 U_{CPD} 和其中一个极板（即金属导电探针）的功函数 Φ_t，就可计算出未知样品的功函数 Φ_s。而 SKPM 直接测量的就是接触电势差 U_{CPD}。

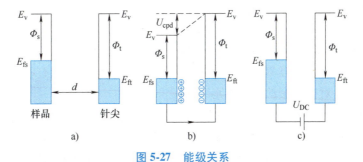

图 5-27　能级关系

a）导电针尖与样品未接触　b）导电针尖与样品接触　c）施加补偿电压

5.5.2　扫描开尔文探针显微镜的原理

在 SKPM 中，使用一根导电针尖作为探针，将它以轻敲-抬高模式始终置于样品表面上

方一定高度，以非接触方式扫描，则以导电探针与样品为极板形成了一个电容器。为了测量 U_{CPD}，在导电针尖和样品之间施加一个复合电压信号。该信号由直流偏置 U_{DC} 和频率为 ω 的交流电压 $U_{AC}\sin(\omega t)$ 组成。其中，交流频率 ω 常设置在探针悬臂的共振频率附近，以提高灵敏度。通常情况下，作为一个极板的探针会在周期性电场的驱动下振动。当调节 U_{DC} 的大小，使针尖与样品的真空能级相等时，探针停止振动。此时 $U_{DC}=U_{CPD}$，即可得到接触电势差（图 5-27c）。

由上述思路可以精确计算 SKPM 的工作过程。样品与针尖之间的真空能级之差即电压为 $U=U_{DC}-U_{CPD}+U_{AC}\sin(\omega t)$。探针-样品关系可近似为平行板电容器模型。设电容器的极板面积为 S、极板之间的距离为 d，则电容器存储的静电能量为

$$W=\frac{1}{2}CU^2=\frac{1}{2}\frac{\varepsilon_0 S}{d}U^2 \tag{5-11}$$

求此能量沿垂直于表面的 z 方向的微分，即得到针尖受到的静电力

$$F=-\frac{\partial W}{\partial d}=\frac{\varepsilon_0 S}{2d^2}U^2 \tag{5-12}$$

代入电压 U 的表达式得针尖-样品之间的静电力为

$$
\begin{aligned}
F &=\frac{\varepsilon_0 S}{2d^2}\big[\,U_{DC}-U_{CPD}+U_{AC}\sin(\omega t)\,\big]^2 \\
&=\frac{\varepsilon_0 S}{2d^2}\big[\,(U_{DC}-U_{CPD})^2+2(U_{DC}-U_{CPD})U_{AC}\sin(\omega t)+U_{AC}^2\sin^2(\omega t)\,\big] \\
&=\frac{\varepsilon_0 S}{2d^2}\Big[\,(U_{DC}-U_{CPD})^2+\frac{1}{2}U_{AC}^2+2(U_{DC}-U_{CPD})U_{AC}\sin(\omega t)-\frac{1}{2}U_{AC}^2\cos(2\omega t)\,\Big]
\end{aligned}
\tag{5-13}
$$

由式（5-13）可知，静电力由三部分构成，各分量具体表示为

$$F_{DC}=\frac{\varepsilon_0 S}{2d^2}\Big[\,(U_{DC}-U_{CPD})^2+\frac{1}{2}U_{AC}^2\,\Big] \tag{5-14}$$

$$F_{\omega}=\frac{\varepsilon_0 S}{d^2}(U_{DC}-U_{CPD})U_{AC}\sin(\omega t) \tag{5-15}$$

$$F_{2\omega}=-\frac{\varepsilon_0 S}{4d^2}U_{AC}^2\cos(2\omega t) \tag{5-16}$$

式中，F_{DC} 为恒定的静电力，对探针的振动无贡献；F_{ω} 为单倍频（ω）交流相的静电力，其频率接近探针共振频率，可以驱动探针上下振动；$F_{2\omega}$ 为二倍频（2ω）交流相的静电力，由于远高于共振频率，对探针振动贡献很小。

在上述周期性静电力的驱动下，探针做上下做振动，其主要频率成分为 ω。在 PSD 提供的激光位置变化信号中，由锁相放大器筛选出频率 ω 的悬臂振动信号，可实时获得悬臂的振幅和相位信息。同时，控制系统通过反馈电路调节直流偏置电压 U_{DC}。当直流偏置电压 U_{DC} 等于接触电位差 U_{CPD} 时，即 $U_{DC}-U_{CPD}=0$ 时，从式（5-15）可以看出，一倍频交流相静电力 F_{ω} 的系数等于 0。此时，即使所施加的交流信号幅度 U_{AC} 很大，也能保持一倍频交流相静电力 $F_{\omega}=0$，从而频率 ω 的振幅一直为零，针尖停振。此时系统施加的外加直流偏压 U_{DC} 就等于接触电势差 U_{CPD}，从而获得了金属探针和样品间的接触电势差 U_{CPD}。如果探针的功函数

已知，或系统的零势能点经过了较准，则可根据式（5-10）计算出样品的功函数。

实际测量中，为保证不同样品位置的测量条件一致，排除样品形貌对功函数测量的影响，通常采用轻敲-抬高模式。在该模式下，探针先用轻敲模式扫描一条线的高低起伏，再将针尖相对于这条形貌线高度向上抬高一定距离。以这个恒定的相对高度对同一条线进行SKPM扫描。这样，不同样品点处的针尖-样品距离基本一致，等效电容基本相同。近年来，还发展出了基于双工作频率的双锁相SKPM，使测量精度大大增加。

5.5.3 测量结果的影响因素与校准方法

SKPM有设备简单、操作方便的优势。但与普通AFM相比，SKPM测量过程并不直接，涉及复杂的电学和机械过程，这使得SKPM测量中容易因为错误操作产生假象。以下列举常见的影响因素和注意事项。

（1）**环境气体吸附与表面化学反应的影响** 如前所述，SKPM是利用材料表面一层与针尖形成的电容器来测量功函数的，因此测量结果仅与材料表面一层物质的性质有关，这使SKPM成为一种灵敏的表面测量手段，但也容易受表面状态的影响。测量时，环境中的气体分子会吸附在样品和针尖表面。其中，H_2O分子具有极性，会影响表面电场分布；而O_2会将材料或针尖表面氧化，改变表层原子的化学状态。这些因素会严重影响样品和针尖的功函数，对测量结果产生巨大影响。可以选择在惰性气体环境或真空环境中进行实验，避免样品与空气直接接触。

（2）**功函数基准的选择** 由式（5-10）可知，要测量样品的功函数Φ_s，除了测量样品与针尖的接触电势差U_{CPD}，还需知道针尖的功函数Φ_t。由于针尖的尖端静电效应，针尖材质有可能容易氧化，或吸附其他分子。在实际测量中，很难保证针尖的功函数处于理想值，也就没有了功函数的绝对参照。要获得功函数基准，当然可以使用惰性贵金属针尖，在真空中操作，以期尽量保证针尖的功函数准确。另一种常用方法是在表面制备功函数确定的参比材料作为功函数基准。例如，在待测样品表面额外放置一小片干净的金薄膜，其功函数恒为Φ_R。同时测量待测样品处的U_{CPD-S}和参比材料处的U_{CPD-R}，它们满足：

$$eU_{CPD-S} = \Phi_t - \Phi_S \tag{5-17}$$

$$eU_{CPD-R} = \Phi_t - \Phi_R \tag{5-18}$$

两式相减，可以得到

$$e(U_{CPD-S} - U_{CPD-R}) = \Phi_R - \Phi_S \tag{5-19}$$

于是将容易变化的针尖功函数消去，利用参比样品的功函数和两个位置的测量值U_{CPD-S}和U_{CPD-R}，即可定量得到待测材料的功函数。

（3）**针尖与样品形貌的影响** 在前面的推导中，将导电针尖与导电样品看作平行板电容器的两个极板。这是比较粗略的近似，实际上，针尖表面的曲率非常大，样品表面也起伏不平，样品不同位置的形貌不同，电容的大小及其对距离的微分也不同，会对测量结果产生一定的影响。当针尖尺寸远小于表面形貌的特征时，表面起伏可以忽略，从而提高成像分辨率。另一方面，当针尖尺寸减小时，其与样品表面的电容减小，与之并联的导电悬臂与样品表面间的电容（即分布电容）的影响就会变得显著。因此，根据样品形貌合理选择针尖形状和距离，是SKPM测量的关键环节。

（4）**电场泄露的影响** 在某些微纳器件的测量中，要求器件处于加电工作状态。与一般器件几伏的工作电压相比，SKPM 要测量的电势差信号一般在数十毫伏。图 5-28a 所示为测量 MoS_2 场效应晶体管工作时，表面 MoS_2 层的功函数变化实验。当表面电极很小时，大偏压的背栅电极泄露出的电场会对探针施加额外的作用力，严重影响测量结果。一个解决方法就是将表面金属电极面积做大，将下方电场屏蔽（图 5-28b）。

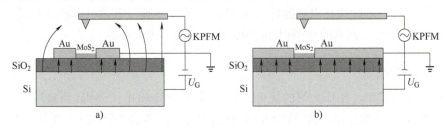

图 5-28　栅极结构的 SKPM 测量
a）有背栅电场泄漏　b）无背栅电场泄漏

（5）电路连接的影响　　与普通原子力显微镜成像不同，SKPM 要求对样品的交直流电连接，且涉及高频交流电信号。这就对电学连接质量有较高要求。首先，SKPM 要求样品必须与测量电路有效地电连接，这在纳米材料研究中常常是很难的。因为许多纳米材料的尺寸很小，需要将它们放在导电的衬底上，或通过光刻等方法制备电极。需要特别指出的是，将单个纳米材料放在绝缘基底上测量 SKPM 的做法是绝对错误的。其次，高频电信号的传输除了要求电连接，还要考虑传输线的阻抗匹配和信号泄露问题。因此，完整的同轴传输线和密闭的金属样品腔是很好的选择。最后，如需对纳米器件连接额外的电表供电，不仅要考虑电表的直流特性，还需考虑对交流信号的兼容性问题。

5.5.4　扫描开尔文探针显微镜的应用

SKPM 作为一种可以获得材料表面电子结构等本征性质的手段，由于极高的空间分辨率、表面分辨力和能量分辨率，在材料表面科学研究中获得了广泛的应用。

1）在电子材料领域，SKPM 广泛用于表征异质结界面势垒形状。不同半导体材料界面处的结势垒是构成半导体器件的基础，而结的宽度往往在微米甚至纳米量级。SKPM 可以在如此小尺度上测量电势的空间分布，给出结势垒的形状和结电场的分布情况。图 5-29 是利用 SKPM 测量 InP/InGaAsP/InP 激光二极管中异质界面附近的电势分布、电场分布，以及与计算结果的对比，可以看出实验测量结果与理论计算结果符合得很好。

2）SKPM 也被广泛用于纳米材料的研究中。纳米材料的空间尺寸小，电子结构的空间分布精细，对环境因素的响应灵敏，需要较高空间分辨率的手段进行探测。而高分辨的 SKPM 可以在纳米尺度上给出静电特征参量的空间分布信息。图 5-30 是利用 SKPM 测量的 Si 纳米点在未充电状态和充电状态的表面形貌和相应的 SKPM 图像。可以看到，在充电前后，纳米点的微观形貌并未发生变化，但其表面电势图像有明显区别。这对普通 AFM 的形貌像是一个重要的补充。

3）SKPM 在新型类石墨烯二维材料研究中起至关重要的作用。随着以过渡金属硫族化物为代表的二维半导体材料被深入研究，二维材料的电子结构引起越来越多的关注。而SKPM 可直接测量二维材料的表面费米能级等关键参数，也可直接表征二维半导体范德华异

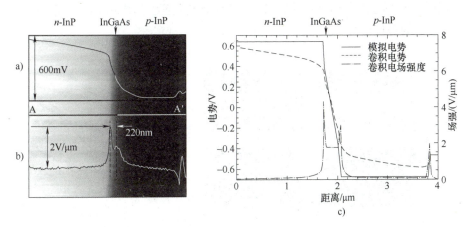

图 5-29 用 SKPM 测量的 InP/InGaAsP/InP 异质结电势分布

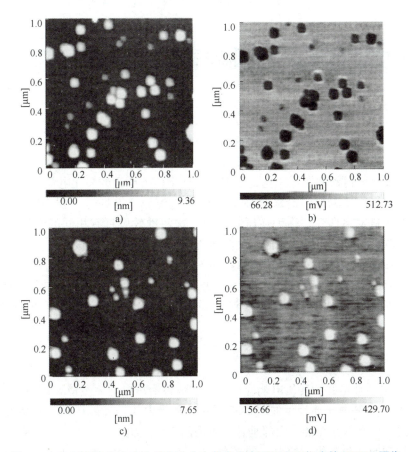

图 5-30 Si 纳米点在未充电状态和充电状态的表面形貌和相应的 SKPM 图像

a）未充电状态下的表面形貌 b）未充电状态下的 SKPM 图像
c）充电状态下的表面形貌 d）充电状态下的 SKPM 图像

质结的势垒形状，成为二维材料研究的有力工具。例如，在单层 MoS_2 的研究中，通过 SKPM 的测量分别发现了层数、表面吸附、栅电压等对 MoS_2 功函数的调控作用。同时，还可实时

观察工作中的 MoS_2 场效应晶体管中沟道费米能级的动态变化（图5-31），从而获得二维半导体器件工作过程的直接信息。

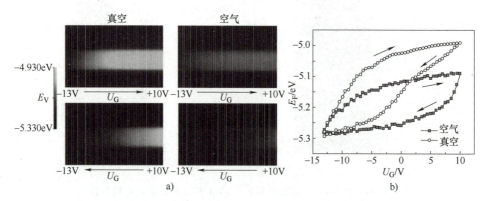

图 5-31 SKPM 测量 MoS_2 场效应晶体管沟道费米能级的实时变化

5.6 其他扫描探针电学测试方法

5.6.1 压电力显微镜

压电材料是一类重要的机电功能材料，具有特殊的晶体结构，其正负电中心不重合，使内部存在某个方向的极化强度 P。当它在这个方向受到外力产生应变时，极化强度 P 发生变化，使表面的极化电荷密度发生变化，宏观上表现出压力产生的极化电荷，这种效应称为正压电效应。而如果对压电材料沿极化强度 P 的方向施加外电场时，会使偶极子长度变化，宏观上体现为材料发生形变，称为逆压电效应。这两种效应具有相同的物理本质。如前所述，一般将压电材料中极化场的方向定义为3方向或 z 方向，而与该方向垂直的两个方向定义为1、2方向或 x、y 方向。当沿压电材料的3方向施加电场 E_3 时，它可能沿3方向发生膨胀或收缩，相应的应变量为 $S_3 = \delta_z/z$，称为纵向压电响应；也可能沿1方向发生应变 $S_1 = \delta_x/x$，称为横向压电应变。由此定义压电材料最重要的2个参数，称为压电材料的压电系数，即

$$d_{31} = \frac{S_1}{E_3}, \quad d_{33} = \frac{S_3}{E_3} \tag{5-20}$$

利用 SPM 测量压电系数和压电响应性能的方法称为压电力显微镜（PFM）。以纵向压电响应为例，介绍 PFM 测量原理，如图 5-32 所示。将导电探针良好接触于样品表面，并对探针施加一定的电压，从而在样品内部垂直于表面的方向上施加了一个外电场 E。当 E 与材料极化方向 P 同向时，材料纵向膨胀，将探针向上顶起，使探针产生向上的形变。反之，当电场方向与极化方向 P 反向时，材料纵向收缩，探针产生向下的形变。探针的形变可以由 AFM 的光杠杆测出。这样，即可获得材料的压电系数。但是，通常压电材料的压电系数都很小，例如 $BaTiO_3$ 的 d_{33} 仅为 85.6pm/V。也就是说，导电针尖施加1V的电压，仅可发生 0.0856nm 的针尖位移，远低于光杠杆的测量精度。

为了测出压电响应的形变，通常采用交流调制技术，在针尖上施加以一定角频率 ω 振荡

的交流电压 $U=U_{AC}\cos(\omega t)$，并通过锁相放大器在光杠杆信号中筛选出角频率 ω 的信号成分 $d=d_0+D\cos(\omega t+\varphi)$。该交流信号的振幅 D 即为压电应变的大小。这样可以大大提高信噪比。除了振幅 D，测到的位移信号与施加电压信号的相位差 φ 还反映了材料的极化方向。如图 5-32 所示，以向下为电场正方向，向上为针尖位移正方向。如果材料极化方向也向下（图 5-32a），则正电压引起正位移，位移与电压同相。反之，若材料极化方向向上（图 5-32b），则正电压引起负位移，位移与电压反相。若样品表面不同位置存在不同极化方向的电畴，则可以在 PFM 的相位图上显示出来。因此，PFM 是测量压电或铁电畴形状的有力工具。

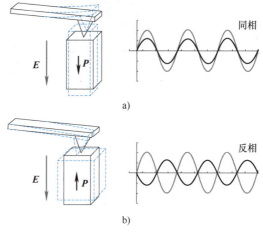

图 5-32　压电力显微镜的测量原理

　　有时也要测量材料的横向压电响应，可利用 PSD 的 2 个相互垂直的方向信号将横向响应与纵向响应区分开。如果样品发生平行于表面的横向位移，横向摩擦力会使悬臂产生扭曲变形，造成四象限探测器上激光点的横向移动。如果样品发生垂直于表面的纵向位移，则会将悬臂向上顶起，造成 PSD 上激光点的纵向移动。分别读取探测器上水平和竖直方向的电信号，就可分别获得材料的横向和纵向压电响应信息。

　　此外，铁电材料是一类特殊的压电材料。其极化方向可以被大的外电场翻转。利用这一性质，铁电材料在储能领域和信息存储领域具有广阔的应用前景。在 PFM 实验中，通常利用导电针尖施加强电场，将铁电材料的特定区域极化到特定方向，从而在铁电材料表面人为制造特殊的电畴结构。利用这种方法，也可验证铁电材料的极化特性，如矫顽力等重要参数。这种方法已成为铁电研究的重要手段。

5.6.2　导电原子力显微镜

　　压电力显微镜是利用接触模式测量绝缘的压电材料或铁电材料，而在半导体等领域，导体材料的导电性空间分布十分重要。用于测量样品表面导电性分布特征的 SPM 方法叫作导电型原子力显微镜（conductive atomic force microscope，C-AFM）。它是将导电针尖接触样品表面，同背电极一起对样品表面施加一个直流偏压。同时，在导电探针上串联一个前置电流放大器，用于测量流过针尖的电流。在同样的偏压下，导电性好的位置电流大，导电性差的位置电流小。将针尖以接触模式在恒定电压下扫描样品表面，同时记录每个位置的电流大小，就可获得样品表面导电性的分布情况，如图 5-33 所示。

　　除了扫描导电图像，C-AFM 的针尖曲率半径仅有数十纳米，与平整表面的有效接触面尺寸只有几纳米。针尖天然就可以充当纳米微电极，方便地与样品构成纳米尺度的异质结，而无须光刻等复杂工艺。这在芯片制程进入亚 10nm 工艺的今天十分重要。常用的做法是将导电探针固定在样品表面一个位置，改变针尖电压并测量电流，获得纳米尺度内的微区伏安特性曲线。根据半导体异质结理论，由伏安曲线的特性可以反推出针尖下局域样品的诸多电子结构信息。

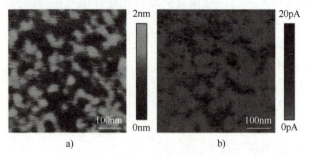

图 5-33　HfO_2 薄膜的 C-AFM 表征

a）表面形貌　b）表面电导分布

思　考　题

1. 如何识别 AFM 形貌图的针尖假象？
2. STM 表面形貌测量有什么优点和不足？
3. 与电子显微镜相比，扫描探针显微镜有哪些特点？
4. AFM 表面形貌测量有哪些成像模式？各有何优缺点？
5. MFM 图像是样品表面的磁场强度分布吗？
6. SKPM 测量功函数的原理是什么？
7. 同样是测量针尖电流，STM 和 C-AFM 的原理有何不同？
8. 锁相放大器在扫描探针显微镜中有哪些作用？
9. 压电力显微镜利用的是压电材料的正压电效应还是逆压电效应？
10. SPM 系统为什么要隔离外界振动？常见隔振方法有哪些？
11. AFM 探针参数有哪些？各有何物理意义？

参　考　文　献

［1］　白春礼，田芳，罗克. 扫描力显微术［M］. 北京：科学出版社，2000.

［2］　彭昌盛，宋少先，谷庆宝. 扫描探针显微技术理论与应用［M］. 北京：化学工业出版社，2007.

［3］　CHEN C J. Introduction to scanning tunneling microscopy［M］. 2nd. Oxford：Oxford University Press，2008.

［4］　ELGLER D M，SCHWEIZER E K. Positioning single atoms with a scanning tunnelling microscope［J］. Nature，1990，344，524-526.

［5］　BIAN K，GERBER C，HEINRICH J，et al. Scanning probe microscopy［J］. Nature reviews methods primers，2021，36.

［6］　ZHANG L，ISRAEL C，BISWAS A，et al. Direct observation of percolation in a manganite thin film［J］. Science，2002，298，805-807.

第 6 章

谱学表征

谱学表征广泛应用于材料科学、物理、化学、生物学等领域，内容主要包括通过分析物质发射、吸收或散射光、电子等辐射来获取样品表面或内部的信息。这些技术可提供关于材料结构、成分、性质以及反应过程等方面的重要信息，为研究人员提供了深入了解材料结构和性能的有效工具。

谱学表征通过测量特定辐射或粒子与样品的相互作用，获取样品的结构、成分、形貌、局域化学性质等信息。本章介绍常用的谱学表征技术，包括紫外-可见-近红外吸收光谱、傅里叶变换红外光谱、荧光光谱、拉曼光谱、X 射线光电子能谱、俄歇电子能谱、核磁共振谱等，这些技术能够为研究人员提供关于样品的化学键、晶体结构、功能团等信息，帮助他们深入了解材料微观特征，分析在制备过程中发生的一些变化，揭示材料的基本物理化学性质和表面反应、吸附等过程，为材料设计和性能优化提供重要依据。

6.1 谱学表征和分析基础

6.1.1 光谱及其表征

光谱是将光辐射或其他电磁波的频谱按照其波长或频率排序和测量的结果。1666 年，牛顿用三棱镜色散实验进行了最早的光谱学研究。后来，人们发现，太阳光谱中除了可见光外，还存在红外线和紫外线。根据波长和频率范围，光谱可分为：

1）可见光谱。覆盖人眼可见的光谱范围，从 $400 \sim 760 \mathrm{nm}$。

2）紫外光谱。波长短于可见光的电磁辐射，通常分为 UV-A、UV-B 和 UV-C 区域。

3）红外光谱。波长长于可见光的电磁辐射，包括近红外、中红外和远红外区域。

对太阳光谱、火焰光谱、气体放电光谱、发射和吸收等光谱性质的研究，促进了许多新元素的发现，实现了化学成分的鉴定。特别是对氢光谱规律的研究，推动了量子力学的建立。

当光束照射到物质上时，会发生各种相互作用，产生光的反射、散射、透射、吸收等多种光学效应（图 6-1）。通过测量这些反射、透射、吸收光谱，可以获得图形或图谱形式的光谱图。一般情况下，横轴表示波长或频率，纵

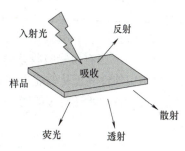

图 6-1　光与物质相互作用示意图

轴表示光的强度或相对辐射强度。这样的图谱可以展示出光的分布情况，并提供有关光的性质、光源的特征、光与物质的相互作用、物质内部结构和运动的信息，成为表征材料结构和性质的重要方法。

6.1.2 光谱的主要分类

根据光的产生机制，可以将光谱分为以下几类：

1）发射光谱。物质被激发后释放出的光波形成的光谱。

2）吸收光谱。光通过物质时被吸收的光波形成的光谱。

3）散射光谱。光与物质相互作用后被散射形成的光谱。

4）透射光谱。光穿透物质后形成的光谱。

根据光谱产生的本质，光谱又可分为原子光谱和分子光谱。

1）原子光谱。当原子以某种方式吸收能量时，其内部能量增加，部分电子从基态被激发到较高能态；由于激发态不稳定，被激发的电子回到能量较低的能态，并释放一个光子，即产生原子的发射光谱。

2）分子光谱。当电子在分子的电子态之间跃迁时，总会伴随着振动能级和转动能级的跃迁，形成分子光谱。分子光谱学通过测量和分析光谱来研究分子的振动、转动和电子能级结构对光的吸收、发射或散射的影响。

分子光谱学是光谱学的重要分支，主要技术包括紫外-可见-近红外吸收光谱、红外光谱、荧光光谱和拉曼光谱等。

6.2 紫外-可见-近红外吸收光谱

紫外-可见-近红外吸收光谱通过测量物质对特定波长光的吸收程度来识别和定量化合物，是基于分光光度法进行的。分光光度法是利用分光仪将连续光分离成不同波长的单色光，然后测量这些单色光被样品吸收的程度和随后辐射出的荧光信息。因此，紫外-可见-近红外吸收光谱技术有时也被称为紫外-可见-近红外分光光度法。相应地，还有红外分光光度法、荧光分光光度法和原子吸收分光光度法。

6.2.1 分光光度法测试吸收光谱的物理基础

分光光度法是基于物质对光的吸收理论。有机化合物的吸收光谱由分子中价电子的跃迁产生的。根据分子轨道理论，有机化合物主要有 3 种价电子：形成单键的电子称为σ键电子，形成双键的电子称为π键电子，分子中未成键的孤对电子称为 n 电子（或 p 电子）。当有机物吸收紫外线、可见光或近红外光时，分子中的价电子从低能态跃迁到高能态的 σ^* 和 π^* 反键轨道。各种跃迁对应的能量大小关系如图 6-2 所示，满足

$$(\sigma \rightarrow \sigma^*) > (n \rightarrow \sigma^*) > (\pi \rightarrow \pi^*) > (n \rightarrow \pi^*) \quad (6-1)$$

无机化合物的电子跃迁有电荷转移跃迁和配位场跃

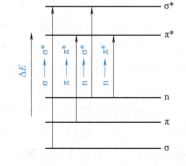

图 6-2 有机物中 4 种常见跃迁类型

迁。电荷转移跃迁的吸收带通常位于紫外区。在外来光源的激发下，电荷从化合物的一部分转移到另一部分，从而产生电荷转移吸收。化合物的金属中心离子具有正电荷中心，是电子受体，而配位体具有负电荷中心，是电子给体。

配位场跃迁有 d-d 跃迁和 f-f 跃迁。元素周期表中第 4 周期和第 5 周期过渡元素分别含有 3d 和 4d 轨道，镧系和锕系元素分别有 4f 和 5f 轨道。这些轨道能量通常是简并的，但形成化合物后，由于配体的影响，这些轨道会分裂成几组能量不等的轨道。当配合物吸收辐射能后，处于低能轨道的 d 电子或 f 电子可以跃迁至高能轨道，分别称为 d-d 跃迁和 f-f 跃迁。

如图 6-3 所示，除了电子运动，分子本身还有振动和转动。量子力学表明，这些运动的能量是量子化的，所以分子具有一系列准连续的电子能级，电子能级中还包含一系列振动能级和转动能级。分子总能量可以认为是这 3 种能量的总和，即

$$E = E_e + E_v + E_r \tag{6-2}$$

式中，E_e、E_v、E_r 分别为电子能级、振动能级和转动能级。当用频率为 ν 的电磁波照射分子，而该分子的较高能级与较低能级之差 ΔE 恰好等于该电磁波的能量 $h\nu$ 时，微观上表现为分子从较低能级跃迁到较高的能级。宏观表现为透射光的强度变小，即电磁波被分子吸收。

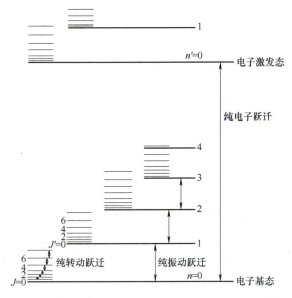

图 6-3 分子的电子能级、振动能级和转动能级示意图

电子能级 E_e 的能量差一般为 1~20eV，因此电子跃迁产生的吸收光谱在紫外-可见-近红外区，称为紫外-可见-近红外光谱或者分子电子光谱。振动能级 E_v 的能量差一般为 0.025~1eV，跃迁产生的吸收位于红外区，称为红外光谱或者分子振动光谱。转动能级 E_r 的能量差一般为 0.005~0.025eV，跃迁产生的吸收光谱位于远红外区，称为远红外光谱或者分子转动光谱。

电子能级跃迁通常伴随振动和转动能级间的跃迁，由此，电子光谱中总包含振动能级和电子能级间的跃迁，导致吸收光谱呈现宽谱带。物质只能选择吸收那些能量相当于该分子振动能级、转动能级和电子能级变化总和的辐射。不同物质的内部结构决定了它们对不同波长

光子的选择吸收，这是分光光度法定性分析的基础。

6.2.2 紫外-可见-近红外分光光度计的基本结构

紫外-可见-近红外分光光度计主要由 4 个部分组成：电光模块、光学模块、光电模块以及信号采集和处理模块。

1）电光模块。包括氘灯、钨灯及相应的电源，用于提供从紫外到近红外连续波长的光源。

2）光学模块。主要包括单色器和外光路，用于将连续波长的光束转换为单一波长的光束。

3）光电模块。将光强信号转换为电信号的部件，可由光电倍增管（PMT）、硅光电池、光电二极管和 CCD 等实现。

4）信号采集和处理模块。负责采集和处理光电模块输出的电信号，通常包括放大、滤波、数字化等步骤，最终输出光谱数据或其他相关分析结果。

按照光路类型分类，紫外-可见-近红外分光光度计主要分为单光束型和双光束型。

1）单光束型。光源发出的光束经过光栅单色器后，变为单一波长的光束。测量时先用单色光照射参比样品，根据光电探测器信号记录基线信息，然后将参比样品更换成待测样品重复实验，即可获得样品的吸收光谱。

2）双光束型。光源发出的复合光经光栅单色器后被分成两束等强度的单色光。这两束光分别照射到待测样品和参比样品上，再分别进入光电探测器转化为电信号。将这两个信号相除，即可得到待测样品的光吸收谱。

相对单光束型双光束型分光光度计具有明显的优势，主要体现在以下几个方面：

1）消除光源波动的影响。由于光源的光强可能会波动，双光束型能够通过内置的参比路径，即时补偿光源波动，减少测量误差。

2）提高测量精度。使用两束光同时测量，可以减少环境变化和仪器漂移对测量结果的影响，提高测量的精度和重复性。

3）增强测量效率。双光束型能够在同一时间内进行样品和参比的测量，节省时间并提高测量效率。

因此，双光束型分光光度计在实际应用中更广泛，特别是对于需要高精度和稳定性的光谱测量任务。

6.2.3 紫外-可见-近红外分光光度法的应用

紫外-可见-近红外分光光度计在有机分析中一般可用作物质的定量、定性分析，包括成分和浓度分析以及反应常数的测定等。在无机材料领域，一般用于测量材料的吸收或透射光谱，以及研究材料的电子结构。

1. 溶液浓度定量分析

分光光度法定量分析的理论基础是朗伯-比耳定律（Lambert-Beer law），该定律假设照射到吸光物质上的光是严格的单色光，被照物质由独立的、彼此之间无相互作用的颗粒组成。当物质溶解于不吸光的溶剂中时，其吸光度和物质浓度成正比，但仅适用于稀溶液；较高浓度（一般指 $0.01mol/L$）时，该线性关系可能发生偏离。

假设入射光强度为 I_0，待测样品吸收光强度为 I_a，透过样品后的光强度为 I_t，反射的光强度为 I_r，则它们之间的关系可表达为

$$I_0 = I_a + I_t + I_r \tag{6-3}$$

对于稀溶液，I_r 较小，可忽略。定义透过率 $T = I_t/I_0$，吸光度 $A = -\lg T$，根据朗伯-比耳定律可表达为

$$A = -\lg \frac{I_t}{I_0} = \varepsilon bc \tag{6-4}$$

式中，ε 为吸光系数；b 为光程；c 为物质的浓度。ε 和 b 为常数。通过测量标准浓度溶液的吸光度，可以标定 ε、b 值，从而计算待测物质的浓度 c。常见的定量分析方法有标准曲线法和比较法。

1）标准曲线法。配制一系列已知浓度的标准溶液，分别测定其吸光度，绘制吸光度对浓度的标准曲线。再测试待测溶液的吸光度，并根据标准曲线求得浓度。

2）比较法。在一定条件下配制标准溶液，测定待测溶液的吸光度 A_x 和标准溶液的吸光度 A_s，根据以下关系计算待测溶液浓度 C_x：

$$C_x = \frac{C_s A_x}{A_s} \tag{6-5}$$

比较法多用于测定比标准溶液浓度稀的样品。

图 6-4 展示了不同质量浓度罗丹明 B（RhB）水溶液的光吸收曲线。每条曲线显示的是吸光度随波长的变化，反映了 RhB 分子对不同波长光的吸收程度。吸光度最大的波长称为最大吸收波长。对于不同质量浓度的同种溶液，光吸收曲线的形状一样，其最大吸收波长不变。如图 6-4 所示，RhB 溶液的吸光度与质量浓度呈线性关系，符合朗伯-比耳定律在测定波长范围内的应用。

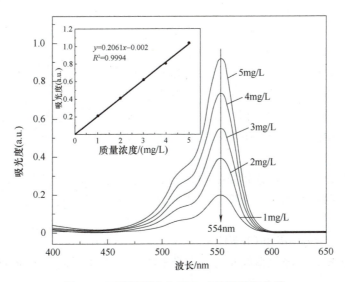

图 6-4 不同质量浓度 RhB 水溶液的吸收谱

2. 有机物结构定性分析

分光光度计通常用于单一组分物质的定性分析，对于结构简单的物质特别有效。如果未

知物的吸收光谱的最大吸收峰、最大摩尔吸光系数、峰的数目、位置、拐点等与标准光谱一致，可以推断其为同一种化合物。但若要对复杂的未知物质进行定性分析，则需结合红外、质谱、色谱等仪器的数据进行综合分析。

分光光度计在物质纯度检测方面应用广泛，特别适用于有机化合物中的杂质检测。例如，在乙醇生产过程中，主要的杂质苯在紫外区256nm处有明显的吸收峰。因此，通过分光光度计测量样品在256nm处的光吸收情况，可以判断乙醇中苯的含量是否超标。

此外，分光光度计还可鉴别异构体，如互变异构体和顺反异构体等。对于互变异构体，共轭体系的化合物通常具有较长的吸收峰波长，而非共轭体系的则较短。此外，分光光度计还可以区分链和成环互变异构体。例如，开链的碳水化合物在280nm处有酮基的吸收峰，成环后酮基的吸收峰消失。对于顺反异构体，反式异构体由于空间位阻小、共轭程度高，相比于顺式异构体，其吸收峰红移，吸收强度较大。

这些特性使分光光度计成为化学分析中重要且灵活的工具，特别是在定性和纯度检测方面应用广泛。

3. 量子点电子结构分析

图 6-5 展示了不同尺寸近球形 $CuInS_2$ 胶体量子点的吸收光谱。这些量子点的直径通常为 2~10nm，可以均匀分散在溶剂中，显示出量子尺寸效应。

量子尺寸效应是指当材料尺寸小到可与电子的德布罗意波长或激子玻尔半径相比时，电子的局限性和相干性增强。这种效应导致费米能级附近的电子能级由准连续变为离散能级，即发生能级劈裂，同时也使能隙变宽。因此，如图 6-5 所示，$CuInS_2$量子点的吸收带边位置与粒径密切相关。随着量子点尺寸的增加，吸收边逐渐红移。因此，吸收光谱可以很方便地显示量子点的尺寸变化，这对量子点的精确控制和分析具有重要意义。

4. 薄膜透射光谱测量、厚度和能隙分析

对于透明平行基底上的光滑薄膜，在忽略吸收和散射的情况下，当平行光垂直入射薄膜时，会在薄膜上、下表面产生反射，导致某些波长的光发生相长或相消干涉，即出现薄膜干涉。利用薄膜的透射光谱和折射率，可以计算薄膜的厚度。

当光子能量接近半导体的禁带宽度时，光的损失取决于材料的本征吸收。吸收系数 α、薄膜厚度 d 和透过率 T 之间的关系为

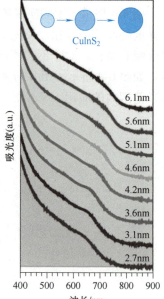

图 6-5　不同尺寸的 $CuInS_2$ 胶体量子点的吸收光谱

$$\alpha = d^{-1}\ln(1/T) \tag{6-6}$$

在本征吸收范围内，吸收系数 α 与入射光子能量 $h\nu$ 的关系满足 Tauc-plot 关系：

$$(\alpha h\nu)^m = \alpha_0(h\nu - E_g) \tag{6-7}$$

式中，α_0 为不依赖于 E 的常数，对于允许（禁止）的直接带隙跃迁，$m=2$（或 $m=2/3$），允许（禁止）的间接带隙跃迁 $m=1/2$（或 $m=1/3$）。以 $(\alpha h\nu)^m$ 为纵坐标，$h\nu$ 为横坐标作图，在函数曲线单调上升的区域，找到线性区域作切线，将切线外推和 x 轴相交，交点即为禁带宽度 E_g。

5. 漫反射光谱测试粉末性质

对于反射强的样品，其吸收光谱要采用积分球通过漫反射方法进行测试，样品可以是固体、粉末、乳浊液或悬浊液。漫反射光是指从光源发出的光进入样品内部，经过多次反射、折射、散射及吸收后返回样品表面的光。测定漫反射光谱时，需要在分光光度计上附加积分球。双光束通过两个窗口进入积分球，照射在待测样品及参比样品上，反射光进入探测器。探测器交互测定待测样品及参比样品的漫反射光。此时参比样品选择全反射材料，常用 MgO、$BaSO_4$、$MgSO_4$ 等。用该方法可得到待测样品的反射率，进而获得半导体的带隙宽度。

Kubelka-Monk 方程定义了无限厚样品的反射率 R_∞ 与其吸收（K）和散射（S）之间的关系：

$$F(R_\infty) = \frac{K}{S} = \frac{(1-R_\infty)^2}{2R_\infty} \tag{6-8}$$

由于固体绝对反射率 R_∞ 不可测，假设参比样品的反射率为 1，从而得到相对反射率。$F(R_\infty)$ 与入射光子能量 $h\nu$ 满足如下关系式：

$$[F(R_\infty)h\nu]^m = \alpha_0(h\nu - E_g) \tag{6-9}$$

以 $[F(R_\infty)h\nu]^m$ 为纵坐标，$h\nu$ 为横坐标作图，在函数曲线单调上升区域，找到线性区域作切线，将切线外推和 x 轴相交，交点即为带隙宽度 E_g。

6.3　傅里叶变换红外光谱

6.3.1　傅里叶变换红外光谱技术基础

当一束具有连续波长的红外光通过物质时，物质分子中某个基团的振动频率和红外光的频率一致时，分子会吸收能量，从原来的基态能级跃迁至能量较高的能级，该处波长的光就被物质吸收。分子的整体振动图像可分解为若干个简振模式的叠加，每个简振模式对应一定频率的光吸收峰。通过检测红外光被吸收的情况，可以得到物质的红外吸收光谱。不同的化学键或官能团吸收不同频率的光子，因此，可根据红外光谱获取分子中化学键或官能团的信息。

傅里叶变换红外（FTIR）光谱仪使用连续波长的红外光源。在光源照射下，分子会吸收某些波长的光，未被吸收的光到达检测器，检测器将信号模数转换，并经过傅里叶变换，得到样品的红外光谱。分子必须同时满足以下两个条件才能产生红外吸收。

1）分子振动时，必须伴随瞬时偶极矩的变化。一个分子有多种振动方式，只有使分子偶极矩发生变化的振动方式，才会吸收特定频率的红外辐射，这种振动方式称为具有红外活性。例如，CO_2 是线型分子，永久偶极矩为零，但它的不对称振动仍伴有瞬时偶极矩的变化，因此是具有红外活性的分子。当线型 CO_2 分子做对称的伸缩振动时，没有偶极矩变化，为非红外活性，不产生红外吸收。分子是否显示红外活性，与分子是否有永久偶极矩无关。只有同核双原子分子（H_2、N_2 等）才显示非红外活性。

2）只有当红外线的频率与分子某种振动方式的频率相同时，分子才会吸收能量，从基态振动能级跃迁到较高能量的振动能级，在图谱上出现相应的吸收带。

以双原子分子为例（图6-6），将其近似看作谐振子，两原子之间的伸缩振动近似为简谐振动。在平衡位置时，两原子之间距离是 r_e，某一时刻两者的距离为 r，系统的振动动能 T 和振动势能 U 分别为

$$\begin{cases} U = \dfrac{1}{2}k\ (r-r_e)^2 = \dfrac{1}{2}k\ (\Delta r)^2 \\ T = \dfrac{1}{2}\mu \left[\dfrac{\mathrm{d}(\Delta r)}{\mathrm{d}t}\right]^2 \end{cases} \tag{6-10}$$

式中，k 为双原子形成的化学键力常数；μ 为折合质量，定义为

$$\mu = \frac{m_1 m_2}{m_1 + m_2} \tag{6-11}$$

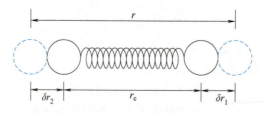

图 6-6　谐振子振动示意图

由于谐振动的总能量 $E = T + V$ 不随时间变化，即 $\dfrac{\mathrm{d}E}{\mathrm{d}t} = 0$，因此，质点系统的运动方程为

$$\mu \frac{\mathrm{d}^2(\Delta r)}{\mathrm{d}t^2} + k(\Delta r) = 0 \tag{6-12}$$

根据经典力学（胡克定律）可以导出该谐振子的振动频率 ν 为

$$\nu = \frac{1}{2\pi}\sqrt{\frac{k}{\mu}} \tag{6-13}$$

根据量子力学理论，谐振子的能量是量子化，该体系不含时间变量的薛定谔方程是

$$-\frac{h^2}{8\pi^2\mu}\frac{\mathrm{d}^2\Psi}{\mathrm{d}(\Delta r)^2} + \frac{1}{2}k\ (\Delta r)^2\Psi = E\Psi \tag{6-14}$$

此方程的解是

$$E_n = \left(n+\frac{1}{2}\right)\frac{h}{2\pi}\sqrt{\frac{k}{\mu}} = \left(n+\frac{1}{2}\right)h\nu \tag{6-15}$$

式中，n 为分子振动量子数，$n = 0,\ 1,\ 2,\ 3,\ \cdots$。

当入射红外线的能量 E_L 刚好等于分子振动能级的能级差时被分子吸收，此时

$$E_L = h\nu_L = \Delta n \cdot h\nu \tag{6-16}$$

分子吸收一定频率的红外线，振动能级从基态跃迁至第一振动激发态产生的吸收峰，即 $n = 0 \rightarrow 1$ 产生的峰，称为基频峰。分子的振动能级从基态跃迁至第二振动激发态、第三振动激发态等高能态时所产生的吸收峰（即 $n = 0 \rightarrow 2,\ 3,\ \cdots$ 产生的峰），称为倍频峰。除此之外，还有合频峰（如 $\nu_1+\nu_2$、$2\nu_1+\nu_2$）、差频峰（如 $\nu_1-\nu_2$、$2\nu_1-\nu_2$）等。倍频峰、合频峰和差频峰统称为泛频峰。基频峰强度大，是主要的红外吸收峰，而泛频峰的强度较弱，一般不易辨认，但它们增加了光谱的特征性。

6.3.2 傅里叶变换红外光谱仪

FTIR 光谱仪主要由红外光源、光阑、干涉仪、样品室、检测器以及各种红外反射镜、激光器、控制电路和电源组成，如图 6-7 所示。红外光源发出的红外光射向迈克耳孙干涉仪，迈克耳孙干涉仪主要由两个垂直的平面镜（定镜 M_1 和动镜 M_2）和一个分束器 BS 组成。分束器具有半透明性质，位于动镜与定镜之间并和它们呈 45°放置。由光源射来的一束光到达分束器时被它分为两束，一束为反射光，另一束为透射光。50%的光透射到动镜，另外 50%的光反射到定镜。射向探测器 D 的两束光会合在一起成为具有干涉光特性的相干光。动镜移动至两束光光程差为半波长的偶数倍时，这两束光发生相长干涉，干涉图由红外检测器获得。干涉图包含光源的全部频率和对应的强度信息，如有一个有红外吸收的样品 S 放在干涉仪的光路中，吸收特征波数的能量，所得到的干涉图强度曲线就会产生变化。借助数学上的傅里叶变换技术对每个频率的光强进行计算，从而得到吸收强度或透过率随波数变化的普通光谱图。

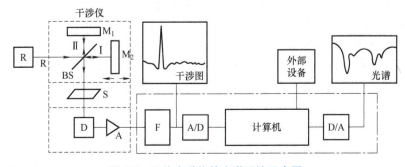

图 6-7 红外光谱仪的光学系统示意图

R—红外光源　S—试样　D—检测器　A—放大器　F—滤光器　A/D—模/数转换器　D/A—数/模转换器

6.3.3 样品的制备和测试

1. 样品制备方法

红外光谱仪可用于测试气体、液体和固体样品。每种样品的制备方法有所不同，具体如下：

1）气体样品。通常灌注于玻璃气槽内进行测定。气槽的两端安装能透过红外线的窗片，窗片的材质一般为 NaCl 或 KBr。进样时，先将气槽抽成真空，然后再灌注试样。

2）液体样品。要盛放在液体池中，液体池的透光面通常是用 NaCl 或 KBr 等晶体制成。常用的液体池有 3 种，即厚度固定的密封固定池、通过更换垫片自由改变厚度的可拆池，以及利用微调螺钉连续改变厚度的可变厚度密封池。

常用的制样方法包括液膜法和溶液法。液膜法是在可拆池两窗之间，滴上 1~2 滴液体试样，使之形成一层薄的液膜。液膜厚度可借助池架上的固紧螺丝做微调。该法操作简便，适用于对高沸点及不易清洗的试样进行定性分析。溶液法是将液体（或固体）试样溶在适当的红外用溶剂中，如 CS_2、CCl_4、$CHCl_3$ 等，然后注入固定池中进行测定。该方法特别适合定量分析，也适用于红外吸收很强、使用液膜法不能得到满意谱图的液体试样的定性分析。溶液法需注意选择红外溶剂，要求溶剂在较大范围内无吸收，试样吸收带不被溶剂吸收带所干扰。

3）固体样品。固体样品形态多样，包括粒状、块状、薄膜、板材等；硬度各异，有硬度大、脆的，也有非常坚韧的。根据固体样品的形态和测试目的，选用不同的制样方法和测试方法。固体试样的制备，除前面介绍的溶液法，还有粉末法、糊状法、压片法、薄膜法和反射法等，其中尤以压片法、糊状法和薄膜法最为常用。

压片法是一种常用的制样方法。因为粉末样品粒度大，直接压片会使红外光散射严重或吸收强度过大，影响光谱图的质量，因此固体粉末样品需用稀释剂（如溴化钾、碘化钾、氯化钾）稀释并研磨后才能压片。糊状法是把试样研细后，滴入几滴悬浮剂，继续研磨成糊状，然后用可拆池测定。常用的悬浮剂是液体石蜡油。薄膜法主要用于高分子化合物的测定。可将试样热压成膜，或将试样溶解在沸点低、易挥发的溶剂中，然后倒在玻璃板上待溶剂挥发后形成薄膜。

总之，不同样品类型需要不同的制备方法，以确保红外光谱仪的测试结果准确、可靠。了解并选择合适的制样方法，对提高红外光谱分析效果至关重要。

2. 常见红外光谱分析法

红外光谱分析常见的方法包括透射法、漫反射法和衰减全反射法。

透射法中，待测样品置于光源和检测器之间，检测器测量的是光源发出的入射光通过样品后的透射光。固体样品通常采用溴化钾压片法、涂片法和直接透过法测试；气体或液体样品则需装入相应的气体或者液体池中进行测量。

漫反射法中，检测器和光源置于待测样品同一侧，检测器测量的是入射光照射到样品后以各种方式反射回来的漫反射光。入射光在样品内部与样品分子作用后，发生反射、折射、散射和吸收，最终辐射出样品表面，形成漫反射光。由于漫反射光包含了样品分子的结构信息，由此可通过将样品与溴化钾等稀释剂按一定比例混合研磨后装入样品池，测得混合粉末的漫反射谱图。扣去稀释剂的背景谱图，即可获得样品的漫反射光谱。

衰减全反射法又称内反射光谱法，是利用一个特殊晶体与样品接触，入射光在样品和晶体界面上经过多次反射后到达检测器。该技术特别适用于不透明、高度吸收和散射红外线的样品，如织物、橡胶、涂料、合成革、聚氨基甲酸乙酯等，以及薄膜的测定。

此外，还可用反射吸收法进行样品表面、金属板上涂层的测定，甚至单分子层的解析。该方法采用红外光掠入射的方式照射样品，垂直于表面的振动模式在反射吸收谱中有最大吸收，而平行于表面的振动模式不产生红外吸收。反射吸收谱与透射谱结合，对研究分子中各基团的振动跃迁矩、分子链和官能团的取向具有重要意义。

6.3.4 红外光谱解析

红外光谱与物质的分子结构密切相关，就像人的指纹一样，世界上没有两种物质的红外光谱是完全相同的。红外光谱解析包括两个方面：①对于已知结构的分子，可以识别分子中主要吸收峰和对应基团的振动模式；②对于未知结构的物质，根据图中吸收峰的峰位、峰强和峰形推测分子中可能含有哪些基团。

1. 特征谱带区

红外光谱中吸收峰的位置和强度取决于分子中各基团的振动形式和所处的化学环境。掌握各种基团的振动频率及其位移规律，就可通过红外光谱鉴定化合物中存在的基团及其在分子中的相对位置。常见的基团在波数 $4000 \sim 400 \text{cm}^{-1}$ 范围都有各自的特征吸收。

最有分析价值的基团频率为 $4000 \sim 1300 \text{cm}^{-1}$，这一区域称为基团频率区、官能团区或特征区。该区内的峰由伸缩振动产生，比较稀疏且容易辨认，常用于鉴定官能团。基团频率区可分为 3 个区域：

1） $4000 \sim 2500 \text{cm}^{-1}$：X—H 伸缩振动区，X 是 O、N、C 或 S 等原子。O—H 基的伸缩振动一般出现在 $3650 \sim 3200 \text{cm}^{-1}$，它用于判断醇类、酚类和有机酸类。胺和酰胺的 N—H 伸缩振动出现在 $3500 \sim 3100 \text{cm}^{-1}$。C—H 伸缩振动分为饱和、不饱和两种。饱和 C—H 伸缩振动出现在 3000cm^{-1} 以下，为 $3000 \sim 2800 \text{cm}^{-1}$；不饱和 C—H（如 ≡C—H、=C—H）伸缩振动出现在 3000cm^{-1} 以上。不饱和双键 =C—H 的吸收出现在 $3040 \sim 3010 \text{cm}^{-1}$ 范围内，末端 =CH$_2$ 的吸收出现在 3085cm^{-1} 附近；不饱和三键 ≡C—H 的 C—H 伸缩振动出现在更高区域的 3300cm^{-1} 附近。

2） $2500 \sim 1900 \text{cm}^{-1}$：叁键和累积双键区，主要包括 —C≡C、—C≡N 等叁键的伸缩振动，以及 —C=C=C、—C=C=O 等累积双键的不对称性伸缩振动。对于炔烃类化合物，R—C≡CH 的伸缩振动出现在 $2140 \sim 2100 \text{cm}^{-1}$；R′—C≡C—R 出现在 $2190 \sim 2260 \text{cm}^{-1}$；R—C≡C—R 的对称伸缩振动为非红外活性，但其不对称伸缩振动可能为红外活性。

—C≡N 基的伸缩振动在非共轭的情况下出现在 $2260 \sim 2240 \text{cm}^{-1}$。当与不饱和键或芳香核共轭时，该峰位移到 $2230 \sim 2220 \text{cm}^{-1}$。若分子中含有 C、H、N 原子，—C≡N 基吸收比较强而尖锐。若分子中含有 O 原子，且 O 原子离 —C≡N 基越近，—C≡N 基的吸收越弱，甚至观察不到。

3） $1900 \sim 1300 \text{cm}^{-1}$：双键伸缩振动区。C=O 伸缩振动出现在 $1900 \sim 1650 \text{cm}^{-1}$，是红外光谱中最强的特征吸收峰，可用于判断酮类、醛类、酸类、酯类以及酸酐等有机化合物。酸酐的羰基吸收带由于振动耦合而呈现双峰。

烯烃的 C=C 伸缩振动出现在 $1680 \sim 1620 \text{cm}^{-1}$，通常很弱。芳香化合物环上碳原子间的伸缩振动引起的骨架振动的特征峰出现在 $1600 \sim 1400 \text{cm}^{-1}$ 区域，常为两个以上的峰。取代基的不同会使峰的位置和数目有所变化。

苯的衍生物的泛频谱带出现在 $2000 \sim 1650 \text{cm}^{-1}$ 范围，是 C—H 面外和 C=C 面内变形振动的泛频吸收。

通过分析这些特征谱带，可以准确识别分子中的官能团，并进一步推断分子结构。

2. 指纹区

在 $1300 \sim 400 \text{cm}^{-1}$ 区域内，除了单键的伸缩振动，还有因变形振动（如弯曲、扭曲等）产生的谱带。这种振动与整个分子的结构有关。当分子结构稍有不同，该区的吸收就有细微的差异，并显示出分子特征。这种情况就像人的指纹，因此称为指纹区。指纹区对于指认结构类似的化合物很有帮助。

（1） $1300 \sim 900 \text{cm}^{-1}$ 区域　这一区域包括 C—O、C—N、C—F、C—P、C—S、P—O、Si—O 等单键的伸缩振动和 C=S、S=O、P=O 等双键的伸缩振动吸收，以及一些变形振动吸收。其中，C—O 的伸缩振动在 $1200 \sim 1000 \text{cm}^{-1}$，是该区域最强的峰之一。

（2） $900 \sim 400 \text{cm}^{-1}$ 区域　这一区域的吸收峰非常有用。例如，此区域的某些吸收峰可确认化合物的顺、反构型。利用本区域中苯环的 C—H 面外变形振动吸收峰和 $2000 \sim 1650 \text{cm}^{-1}$

区域苯的倍频或组合频吸收峰，可共同配合确定苯环的取代类型。

这一区域内的吸收峰还可以为鉴别烯烃的取代程度和构型提供信息。例如，当烯烃为 RCH $=CH_2$ 结构时，在 990cm^{-1} 和 910cm^{-1} 出现两个强峰；当烯烃结构为 RC $=$CRH 时，其顺、反异构分别在 690cm^{-1} 和 970cm^{-1} 出现吸收，但这些峰的位置可能会因烯烃的具体结构和取代基的不同而有所变化。

详细分析这些吸收峰，可以更准确地鉴定分子的结构和官能团，从而提供化合物的详细信息。

6.3.5　红外光谱应用实例

FTIR 光谱已在材料、化工、冶金、地矿、石油、煤炭、医药、环境、农业、宝石鉴定、刑侦鉴定等领域得到广泛应用。在材料领域，FTIR 光谱在塑料、涂层、填料、纤维等众多高分子及无机非金属材料的定性与定量分析方面发挥着重要作用，现简单列举其应用。

（1）材料合成过程中的 FTIR 光谱分析　从原料合成材料的过程中，发生了一系列物理和化学变化。这些变化包括旧化学键的断裂和新化学键的生成，使分子振动模式发生改变。FTIR 光谱是研究材料合成的有力工具。

图 6-8 显示了在密封的高真空环境下煅烧三聚氰胺粉末以制备 g-C_3N_4 的过程，不同煅烧温度所得产物的 FTIR 透射谱。对于三聚氰胺，3472cm^{-1}、3417cm^{-1} 和 3325cm^{-1} 处的吸收峰来自—NH_2 基团的伸缩和变形振动。煅烧温度升高时，这些峰逐渐减弱，表明去氨化过程正在进行。在 1700~1000cm^{-1} 还出现了一系列峰，这些峰对应于 C $=$N 和 C—N 杂环的典型伸缩振动模式。随着煅烧温度的升高，这些峰的位置也会发生变化。这是热缩聚反应结构变化的一个证据。结合其他表征方法，可得出如下结论：三聚氰胺的煅烧温度低于 550℃ 时，由于反应不完全，生成物中将同时包含蜜勒胺和 g-C_3N_4。随着反应温度的提高，g-C_3N_4 增加。在 550℃ 时，大部分原料已经转化为 g-C_3N_4。如果温度再升高，就会发生碳化现象。

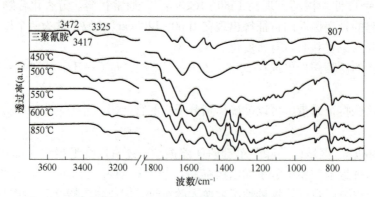

图6-8　三聚氰胺和它在不同温度煅烧时所得产物的 FTIR 透射谱

（2）元素掺杂对 FTIR 谱图的影响　元素掺杂是一种常见的材料改性方法。由于掺杂元素与基质中元素的半径、电负性等不同，会改变晶体局部的化学环境和电子结构，从而影响化学键的性质和强度，甚至可能形成新的化学键。因此在 FTIR 谱图中，可以观察到相关化学键的吸收峰位置和强度的变化。

（3）纳米材料表面特性和吸附现象的 FTIR 表征　纳米材料表面通常存在不饱和键，具有较强的化学活性，会吸附空气中的水蒸气、氧气等，有些材料还会与有机分子等吸附物发生反应。材料吸附气体或者有机物分子后，材料原有的红外吸收峰会变弱，而被吸附物相关的吸收峰会出现；如果材料和被吸附物质发生反应，则会出现新的吸收峰。因此，FTIR 可直接检测吸附分子和载体表面之间的相互作用，是表征材料表面性质和表面化学反应过程的重要手段。

6.4　分子荧光光谱

6.4.1　荧光光谱的分类

根据物质吸收的辐射能量大小及与辐射作用的质点不同，荧光分析法可分为以下几类：

1）X 射线荧光分析法。利用 X 射线作为光源，待测物质的原子在吸收辐射后，在极短时间内（约 $10^{-8}s$）发射出波长在 X 射线范围内的荧光。

2）原子荧光分析法。原子蒸气吸收辐射被激发后，在很短的时间内（约 $10^{-8}s$），通过辐射跃迁回到基态，发射出荧光。

3）分子荧光分析法。某些物质分子在吸收紫外线、可见光（或红外线）后，也会发射波长在紫外、可见（或红外）区的荧光，这就是通常所说的分子荧光。

分子发光包括分子荧光、分子磷光和化学发光等。以下是这些现象的简要描述：

1）光致发光。分子吸收光能后被激发至较高能态，在返回基态时，发射出与吸收光波长相同或不同的辐射。分子荧光和分子磷光同属光致发光，在荧光发射中，电子能量的转移不涉及电子自旋，因此荧光寿命较短。发射磷光时伴随电子自旋的改变，因此即使辐射停止一段时间后，仍能检测到磷光。

2）化学发光。物质在进行化学反应过程中伴随的光辐射现象。

通过上述分类和描述，可以看出不同类型的荧光光谱在激发和发射机制上存在明显区别。了解这些区别有助于在实际分析中选择合适的荧光分析方法，并正确解读荧光光谱图中的信息。

6.4.2　分子荧光机理

1. 吸收过程

每一种分子都有一系列紧密相连而又严格分立的电子能级，电子能级还包含一系列振动能级和转动能级。根据泡利不相容原理，同一轨道中的两个电子必须具有不同的自旋方向，即自旋配对。如果分子轨道中所有电子都是自旋配对，则自旋量子数的代数和 $s = (+1/2) + (-1/2) = 0$。此时，分子态的多重性 $M = 2s+1 = 1$，该分子处于单重态，用符号 S 表示。

当分子中的电子吸收能量跃迁到高能级时，自旋方向可能发生的变化为：

1）若自旋方向不发生变化（自旋仍然相反），分子就处于激发单重态。在此过程中，分子从基态单重态跃迁到激发单重态，为允许跃迁。激发单重态的寿命 τ_S 较短，一般为 $10^{-7} \sim 10^{-9}s$。

2）若自旋方向发生变化（自旋变为平行），即激发态电子不是自旋配对，则自旋量子数的代数和 $s = 1$，分子态的多重性 $M = 2s+1 = 3$，分子就处于激发三重态，用符号 T 表示。

从基态单重态跃迁到激发三重态为禁阻跃迁。激发三重态的寿命 τ_T 较长，一般为 $10^{-4} \sim 1\text{s}$。激发三重态的能量通常低于激发单重态的能量。

总之，激发单重态 S 与激发三重态 T 的主要区别在于：①激发态寿命不同，激发单重态的寿命远短于激发三重态的寿命；②跃迁类型不同，从基态单重态到激发单重态的激发为允许跃迁，而到激发三重态的激发为禁阻跃迁；③能量不同，激发三重态的能量通常低于激发单重态的能量。

2. 发射过程

处于激发态的分子极其不稳定，会通过辐射跃迁或非辐射跃迁回到基态。非辐射跃迁包括振动弛豫、内转换、系间跨跃和外转换。在辐射跃迁过程中，分子会发射光子，产生荧光或磷光。图 6-9 所示为分子吸收和发射过程的雅布隆斯基（Jablonski）能级图。由于激发态停留时间短且返回速度快的途径发生概率大，因此荧光的发光强度通常比磷光强。

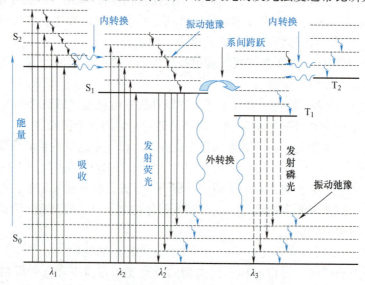

图 6-9　分子吸收和发射过程的 Jablonski 能级图

6.4.3　分子发光的分类

1. 根据成分分类

根据成分，分子发光可分为有机材料发光和无机材料发光。无机材料的发光原理是基于固体的能带结构和能级跃迁。在无机材料中，原子或离子通过特定的能级排列形成能带结构。当材料受到外部能量的刺激时，电子从低能级跃迁到高能级，吸收能量。在退激过程中，电子会返回低能级，释放能量，产生紫外线、可见光或近红外光。无机材料发光可通过不同的激励方式被激发，如电激励、光激励或热激励。常见的无机发光材料有半导体、掺杂过渡金属或稀土元素的各种化合物等。

有机发光材料主要包含有机发光小分子材料、有机发光高分子材料、金属有机络合物。有机发光材料种类繁多，具有发光颜色丰富、结构简单可调、发光效率高等特点。具有强荧光的有机分子具有大的共轭双键（π 键）结构、给电子取代基、刚性的平面结构等。

2. 根据寿命分类

根据寿命，分子发光可分为荧光和磷光。处于分子基态单重态中的电子对，其自旋方向相反，当其中一个电子被激发时，通常跃迁至第一激发单重态轨道上，也可能跃迁至能级更高的单重态上。这种跃迁符合跃迁选择定则。如果跃迁至第一激发三重态轨道上，则属于禁阻跃迁。分子从单重激发态返回基态的过程为荧光发射过程，而从三重激发态返回基态的过程为磷光发射过程。磷光发射是不同多重态之间的跃迁，属于"禁阻"跃迁。磷光寿命比荧光要长得多。

发光材料，尤其是无机发光材料，由基质和激活剂组成。物质在外界光源照射下吸收能量，产生电子与空穴的分离。激发光可由激活剂吸收，也可以由基质吸收。电子进入激活剂的激发态后，可以直接返回基态并产生荧光。基质吸收能量后，电子从价带跃迁至导带，成为激发态电子，并在价带中留下空穴。电子和空穴可通过带间跃迁复合而引起发光，也可以在导带和价带中迁移并被束缚在激活剂上，进而产生荧光。有时，基质中还可以引入敏化剂，其吸收光子并将能量传递给激活剂，从而产生激活剂的发光。

当物质吸收光能时，激发态电子有时不会直接与价带或者激活剂基态中的空穴复合而发光。激发态电子可通过吸收或者释放声子等方式进行能量交换而互相转变。此外，激发态电子也可能被束缚在缺陷能级中。一部分激发态电子会由于晶格振动等方式直接将能量耗散掉，不发光，这就是荧光猝灭。而另一部分被束缚电子在外界的影响下可能再次回到导带或者激活剂激发态中。经过这一系列过程，发光的持续时间大大提高，这种持续时间较长的发光就是磷光。这种磷光会持续到所有被陷阱俘获的电子都被释放出来并与发光中心复合为止。磷光过程受环境的显著影响，例如温度、红外线照射等都会影响磷光的持续时间。

长余辉材料是一类特殊的磷光材料，它们在被光照一定时间后，能在黑暗中持续发光较长时间。长余辉发光的来源是陷阱中心与发光中心之间的能量传递。缺陷会导致带隙中形成陷阱能级，捕获和释放电子或空穴；发光中心通常由掺杂离子构成，其能级通常位于陷阱能级附近。陷阱中心捕获激发后产生的载流子，停止激发后传递给发光中心，进而产生余辉发光。

3. 根据能量分类

根据激发光子和发射光子的能量关系，分子发光分为下转移发光、上转换发光和下转换发光。下转移发光是指光致发光材料吸收一个高能量的光子（通常是紫外或蓝紫），然后发射出波长较长、能量较低的光子，遵循斯托克斯定律（Stokes law），这种现象是最常见的发光方式。

下转换发光又称量子剪裁（quantum cutting），是一种特殊的发光过程。在这种过程中，材料吸收一个高能光子，并将这部分能量转换成两个或多个低能量的光子（通常是可见光或红外光）并发射出来。该过程具有超过100%的量子效率，因其能够从一个激发光子中产生多个发射光子。

一般情况下，荧光发射波长通常比激发光的波长长，这是斯托克斯发光的特征。但在某些特殊情况下，也可发生上转换发光，即发射光的波长比激发光的波长更短，能量更高，形成了反斯托克斯发光。上转换发光通常基于双光子或多光子过程，其中每个发射的光子对应于一个以上的吸收光子，将多个低能光子转换成一个高能光子，从而发射出波长比激发波长短的荧光。

6.4.4　荧光光谱仪的构成

荧光光谱仪由光源、单色器、样品架、检测器和显示器组成，如图6-10所示。

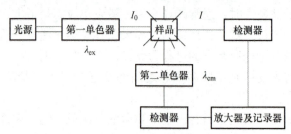

图 6-10　荧光光谱仪结构图

激发光源应具有强度大、波长范围宽两个特点，常用光源有高压汞灯和氙弧灯。高压汞灯常用的是 365nm、405nm、436nm 3 条谱线。氙弧灯是连续光源，适用于波长为 200～700nm。此外，激光也常用作光源，因其单色性好、强度大，可以提高分析的灵敏度。

单色器的作用是把光源发出的连续光分解成单色光。早期的荧光光谱仪采用滤光片把连续光源转变为单色光，其分辨率较低，因此，逐渐被淘汰。现代荧光光谱仪采用光栅实现单色光，有较高的分辨率。光谱仪一般配备两个单色器：第一单色器是激发光单色器，用于选择并分离光源的激发波长，以激发样品产生荧光信号；第二单色器为发射光单色器，用于分离荧光信号的单色波长以进行测量。使用双单色器可以充分减少背景信号的干扰。

检测器的主要功能是将荧光信号转化为电信号，常见的检测器包括光电倍增管和 CCD。

目前荧光光谱仪具有许多新功能。例如，采用凹面全息光栅的大孔径异面光学系统能有效减少杂散光的影响；采用"区分器"装置可以识别并排除暗电流，从而减小荧光信号的噪声。此外，一些仪器还配有累加、微分、偏振、流动注射和液相色谱联用装置，显著扩展了荧光分析的应用领域。

6.4.5　荧光表征方法

（1）稳态光谱

1）激发光谱。荧光和磷光均为光致发光，需根据荧光体的激发光谱来确定适当的激发光波长。激发光谱是在固定荧光波长下，测量荧光体的荧光强度随激发波长变化的光谱。首先固定第二单色器的波长，使发射波长 λ_{em} 保持不变，然后改变第一单色器的波长，测量不同波长下的荧光强度，以荧光强度为纵坐标，激发波长 λ_{ex} 为横坐标，即可得到激发光谱。

2）发射光谱。先固定第一单色器的波长，使激发波长 λ_{ex} 保持不变，然后改变第二单色器的波长，测定不同发射波长对应的荧光强度，以荧光强度为纵坐标，发射波长 λ_{em} 为横坐标，即可得到发射光谱。

3）三维荧光光谱。物质的荧光强度与激发光和发射光的波长有关。描述荧光强度同时随激发波长 λ_{ex} 和发射波长 λ_{em} 变化的关系图谱即为三维荧光光谱图。三维荧光光谱图有两种形式：等角三维投影图和等高线光谱图。

（2）量子效率　荧光量子效率也称量子产率，是发射荧光的分子数与总的激发态分子数之比，或者是发射的荧光光子数与吸收的激发光光子数之比。测量方法包括绝对法和相对法。

（3）荧光寿命　荧光寿命是指激发光撤去后，激发态上的电子数降低到原来的 $1/e$ 时所用的时间。荧光寿命通常用于衡量荧光的持续时间，与荧光强度的衰减速率有关。

（4）时间分辨荧光光谱 时间分辨荧光光谱是指测量样品的发射光谱随时间变化的光谱技术。它一般记录在纳秒时间尺度下样品的发射光谱变化。

（5）变温荧光光谱 变温荧光光谱是指在不同温度下测量物质的荧光光谱，用于揭示温度对材料荧光性能的影响规律。

6.4.6　纳米材料荧光光谱测试实例

1. 量子点荧光光谱

常见量子点是由Ⅱ-Ⅵ族（如 CdSe、CdTe、CdS、ZnSe 等）或Ⅲ-Ⅴ族（如 InP、InAs 等）元素组成的纳米颗粒，具有均一或核壳结构，尺寸通常为 2~10nm。随着研究的进展，量子点拓展到多元材料。图 6-11 所示为核壳结构 CdSe/CdS 量子点的发射光谱。随着量子点的壳层层数增加，量子点的尺寸增大，发射光谱逐渐红移。较大的量子点发射波长较长的光，而较小的量子点则发射波长较短的光。量子点的发射光谱受尺寸影响，这是由量子尺寸效应引起的。通过精细调控量子点的尺寸，可以实现从红光到蓝光的全色谱发射，甚至呈现白光光谱。

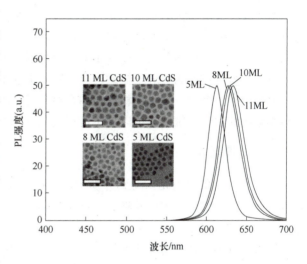

图 6-11　CdSe/CdS 量子点的发射光谱

注：ML 前面的数字代表壳层层数。

2. 纳米晶体的量子剪裁发光

量子剪裁荧光材料表现出超过 100% 的量子产率，每吸收一个高能量光子就会发射出两个或多个低能量光子，这使得它们在太阳能电池、无汞灯、等离子体显示等领域有广泛应用。图 6-12 展示了 $CsPbCl_3$ 纳米晶体和掺杂 Yb^{3+} 的 $CsPbCl_3$ 纳米晶体的吸收和发射光谱。两种样品的吸收光谱显示相似的起始点和峰位，都源于 $CsPbCl_3$ 的吸收特性。采用 375nm 激光对样品进行激发时，未掺杂的 $CsPbCl_3$ 纳米晶体在 410nm 处表现出强烈的带边发光，对应于带边激子发射（图 6-12a）。相比之下，$CsPbCl_3$：Yb^{3+} 纳米晶体的荧光光谱显示出较弱的带边发光，和 990nm 处对应于 Yb^{3+} 的 $^2F_{5/2} \rightarrow ^2F_{7/2}$ f-f 跃迁的强发光（图 6-12b）。调整 Yb^{3+} 的掺杂浓度和激光功率，可实现高达 170% 的发光量子效率。

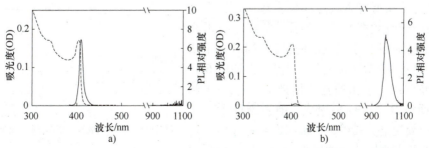

图 6-12　纳米晶体的吸收光谱与发射光谱

a）$CsPbCl_3$　b）$CsPbCl_3$：Yb^{3+}

$CsPbCl_3$：Yb^{3+}之所以有如此高的发光效率，原因在于Yb^{3+}掺杂导致的点缺陷和量子剪裁效应。Yb^{3+}掺杂在$CsPbCl_3$中生成点缺陷，形成浅束缚能级，能够捕获光生激子，通过共振能量激发两个Yb^{3+}，进而产生Yb^{3+}的发光。

6.5　拉曼光谱

1928 年，印度物理学家拉曼（Chandrasekhara Venkata Raman）发现，当光与CCl_4液体相互作用时，散射光中会有一部分光的频率发生变化，这种现象被称为拉曼散射（Raman scattering）。

拉曼散射效应的机制是基于光与物质分子之间的相互作用。当光通过介质时，与介质中的分子作用，使原子发生摆动和扭动，进而产生化学键的改变。这些附加运动改变了出射光的能量和频率，从而导致散射光谱中的拉曼频移（Raman frequency shift）。分析拉曼散射光谱，可以获得物质结构、分子振动、化学键等方面的特征信息。它可用于分析有机和无机物质、生物分子、药物、聚合物材料、纳米材料等各种样品。与其他光谱技术相比，拉曼光谱具有非破坏性和高灵敏度，可以提供特征的化学和结构信息等优点。

6.5.1　拉曼散射

当频率为ν_0的单色光入射到介质上时，除了被介质吸收、反射和透射外，还有一部分光被散射。在散射中，光的传播路径被物质的微观结构、粒子或分子的存在所干扰，导致光的传播方向和能量发生改变。

散射可分为弹性散射和非弹性散射。发生弹性散射时，只是光的传播方向发生改变，散射光的能量和频率与入射光相同。这种散射被称为瑞利散射。在非弹性散射中，光子不仅改变了运动方向，它和分子会发生能量交换，光子的一部分能量传递给分子，或者分子的振动和转动能量传递给光子，从而改变散射光的频率和波长。这种散射过程被称为拉曼散射。

按照波数变化，可将散射光分为 3 类：①波数基本不变或变化小于10^{-5} cm^{-1}，称为瑞利散射；②波数变化大约为0.1 cm^{-1}，称为布里渊散射；③波数变化大于1 cm^{-1}，称为拉曼散射。从散射光强度看，瑞利散射光最强，拉曼散射光最弱。一般，瑞利散射的强度只有入射光强度的10^{-3}，而拉曼散射的强度大约只有瑞利散射的10^{-3}。

入射光子与分子发生拉曼散射时，可能发生两种情况：①分子吸收频率为ν_0的光子，发射$\nu_0-\nu$的光子（即吸收的能量大于释放的能量），同时分子从低能态跃迁到高能态（斯托克斯线）；②分子吸收频率为ν_0的光子，发射$\nu_0+\nu$的光子（即释放的能量大于吸收的能量），同时分子从高能态跃迁到低能态（反斯托克斯线），如图 6-13所示。拉曼散射一般由斯托克斯散射（$\nu_0-\nu$）和反斯托克斯散射（$\nu_0+\nu$）组成，前者强度远大于后者。在拉曼光谱分析中，通常测定斯托克斯散射光线，它与激发光频率之差称为拉曼频移或拉曼位移（Raman shift，$\Delta\nu$）。

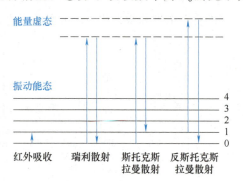

图 6-13　拉曼光谱能级跃迁图

拉曼光谱中，靠近瑞利散射线两侧的谱线称为小拉曼光谱，与分子的转动能级有关；远离瑞利散射线的两侧出现的谱线称为大拉曼光谱，与分子振动-转动能级有关。与 6.3 节红外光谱不同，极性分子和非极性分子都能产生拉曼光谱。

6.5.2 拉曼散射的理论解释

光散射的宏观理论通常以经典电动力学中的电偶极辐射理论为基础，把与光发生作用的物质中的微观散射体，如电子、原子、分子和固体的各种声子、自旋的元激发等，均模拟为经典的电偶极子。

由于无规则热运动等原因，分子中的原子或离子在各自的平衡位置附近振动。振动分子的极化率 $\boldsymbol{\alpha}$ 与原子在分子中位置 $\boldsymbol{r}$ 的偏移相关，它是原子核坐标的函数，可以用简正坐标 Q 做泰勒展开。$\boldsymbol{\alpha}$ 的分量 α_{ij} 对 Q 的泰勒展开式为

$$\alpha_{ij} = (\alpha_{ij})_0 + \sum_k \left(\frac{\partial \alpha_{ij}}{\partial Q_k}\right)_0 Q_k + \frac{1}{2} \sum_{k,l} \left(\frac{\partial^2 \alpha_{ij}}{\partial Q_k \partial Q_l}\right)_0 Q_k Q_l + \cdots \tag{6-17}$$

式中，Q_k、Q_l 为频率为 ω_k、ω_l 振动模的简正坐标，求和遍及全部简正坐标；符号 $(\ )_0$ 表示括号内的物理量是原子处于平衡位置时的值，因此 $(\alpha_{ij})_0$ 就是原子处于平衡位置时的极化率。

为了便于推导，突出物理本质，只保留式（6-17）中的一级项，它对原子偏离平衡位置很小的振动是很好的近似。其次，为了问题讨论的简洁，而不失普遍性，只讨论对应于简正坐标 Q_k 的振动，则相应的极化率 $\boldsymbol{\alpha}_k$ 的分量为

$$(\alpha_{ij})_k = (\alpha_{ij})_0 + (\alpha'_{ij})_k Q_k \tag{6-18}$$

其中

$$(\alpha'_{ij})_k = \left(\frac{\partial \alpha_{ij}}{\partial Q_k}\right)_0 \tag{6-19}$$

于是，与分量表达式（6-18）对应的极化率张量就表示为

$$\boldsymbol{\alpha}_k = \boldsymbol{\alpha}_0 + \boldsymbol{\alpha}'_k Q_k \tag{6-20}$$

当分子内原子的振动幅度不大时，可近似看作简谐振动，于是振动坐标 Q_k 与时间 t 之间的关系可表示为

$$Q_k = Q_{k0} \cos(\omega_k t + \varphi_k) \tag{6-21}$$

式中，Q_{k0} 为简谐振动的振幅；ω_k 和 φ_k 分别为振动频率和初相位。把式（6-21）代入式（6-20），可得

$$\boldsymbol{\alpha}_k = \boldsymbol{\alpha}_0 + \boldsymbol{\alpha}'_k Q_{k0} \cos(\omega_k t + \varphi_k) \tag{6-22}$$

频率为 ω_0 的光波的电场 $\boldsymbol{E}$ 通常写成

$$\boldsymbol{E} = \boldsymbol{E}_0 \cos \omega_0 t \tag{6-23}$$

式中，$\boldsymbol{E}_0$ 为电场 $\boldsymbol{E}$ 的振幅矢量。

受电场为 $\boldsymbol{E}$ 的光波照射时，分子将产生一个感生电偶极矩 $\boldsymbol{p}$。由于只讨论某个典型振动 Q_k，把式（6-20）和式（6-23）代入 $\boldsymbol{p} = \boldsymbol{\alpha} \cdot \boldsymbol{E}$，就得到外场作用下产生的振动模 Q_k 的感生电偶极矩 $\boldsymbol{p}_k$ 为

$$\boldsymbol{p}_k = \boldsymbol{\alpha}_k \cdot \boldsymbol{E} = \boldsymbol{\alpha}_0 \cdot \boldsymbol{E}_0 \cos \omega_0 t + \frac{1}{2} Q_{k0} \boldsymbol{\alpha}'_k \cdot \boldsymbol{E}_0 \cos[(\omega_0 - \omega_k) t + \varphi_k] +$$
$$\frac{1}{2} Q_{k0} \boldsymbol{\alpha}'_k \cdot \boldsymbol{E}_0 \cos[(\omega_0 + \omega_k) t + \varphi_k] \tag{6-24}$$

引入符号

$$\boldsymbol{p}_0 = \boldsymbol{\alpha}_0 \cdot \boldsymbol{E}_0 \tag{6-25}$$

$$\boldsymbol{p}_{k0} = \frac{1}{2} Q_{k0} \boldsymbol{\alpha}'_k \cdot \boldsymbol{E}_0 \tag{6-26}$$

则式（6-24）可改写为

$$\boldsymbol{p}_k = \boldsymbol{p}_0 \cos(\omega_0 t) + \boldsymbol{p}_{k0} \cos[(\omega_0 - \omega_k)t + \varphi_k] + \boldsymbol{p}_{k0} \cos[(\omega_0 + \omega_k)t + \varphi_k] \tag{6-27}$$

由式（6-27）可知，感生电偶极矩有 3 个不同频率的分量，因此发生光散射时，同时会产生频率为 ω_0、$\omega_0 + \omega_k$ 和 $\omega_0 - \omega_k$ 的 3 种辐射，分别对应于瑞利、反斯托克斯和斯托克斯拉曼散射，这就是散射光的频率特征。

光散射的宏观理论对光散射机制和散射光谱的特性给出了很多令人满意的解释。但是，涉及微观机制的一些问题上，如斯托克斯和反斯托克斯散射的强度和某些选择定则等，经典理论就显得无能为力，需借助量子力学的微扰理论来解释。但是，微观理论超出了本书大部分读者的理论基础，所以这里只给出关于散射光强的解释。对于光散射的量子力学描述、拉曼散射机制、选择定则等，请参阅拉曼光谱相关专著。

能级上的粒子数在平衡状态时遵从玻尔兹曼分布。如图 6-13 所示，斯托克斯或反斯托克斯拉曼散射分别对应于从低能级到高能级的跃迁和从高能级到低能级的跃迁。因此，拉曼散射的斯托克斯线的光强 $I_{K,S}$ 和反斯托克斯线的光强 $I_{K,AS}$ 分别为

$$I_{K,S} \propto 1/\{1 - \exp[-\hbar\omega_k/(k_B T)]\} \tag{6-28}$$

$$I_{K,AS} \propto 1/\{\exp[\hbar\omega_k/(k_B T)] - 1\} \tag{6-29}$$

式中，k_B 和 T 分别为玻尔兹曼常数和绝对温度。二者的强度比为

$$I_{K,S}/I_{K,AS} \propto \exp[\hbar\omega_k/(k_B T)] \tag{6-30}$$

一般情况下，$\exp[\hbar\omega_k/(k_B T)] \gg 1$，因此斯托克斯线的光强 $I_{K,S}$ 远大于反斯托克斯线的光强 $I_{K,AS}$。这样用量子理论可以说明经典理论不能解释的斯托克斯散射强度大于反斯托克斯散射强度的问题。

6.5.3　拉曼频移和强度与物质结构、分子振动的关系

频移是指散射光与入射光之间的频率差异。拉曼频移和强度的变化与物质结构、化学键和分子振动密切相关。频移的大小和方向取决于物质的振动模式以及光子和分子之间的相互作用，不同类型的振动模式（如拉伸、弯曲、扭转等）对应于不同的频移。拉曼频移通常以波数为单位，可表示为

$$\Delta\widetilde{\nu} = \frac{1}{\lambda_0} - \frac{1}{\lambda_1} \tag{6-31}$$

式中，$\Delta\widetilde{\nu}$ 为以波数表示的拉曼频移；λ_0 为激发波长；λ_1 为拉曼光谱波长。

强度变化是指拉曼散射光的强度与入射光强度之间的相对变化。散射光的强度增强或减弱可以反映与此相关的物质结构和分子振动信息。

强度变化与物质结构、化学键和分子振动之间的关系主要涉及拉曼散射的选择定则和光的偏振性质。通过选择定则，可以解释分子特定的振动模式在拉曼光谱中显示强度变化的原因。

6.5.4 拉曼光谱技术的实验基础

1. 拉曼光谱技术的优点

1）**非破坏性**。对样品进行拉曼光谱表征时，无须破坏样品。这对于保护珍贵样品或在实验过程中需多次测量非常有用。

2）**水或溶剂不敏感**。与红外光谱不同，拉曼光谱不受水分子和许多常见溶剂的干扰。这使得拉曼光谱在水或溶剂存在的条件下也可进行样品分析，从而扩展了其应用范围。

3）**高分辨率**。拉曼光谱可以分辨非常接近的频率或波长，能够检测微小的频移，从而提供关于物质结构和分子振动的详细信息。

4）**分子特异性**。每种分子都有其独特的拉曼散射光谱，称为分子"指纹"。拉曼光谱能够精确鉴定物质组成和结构，甚至对同一样品中的不同分子种类进行区分。

5）**无须样品处理**。拉曼光谱无须复杂的样品前处理步骤，不仅节省了时间和资源，而且降低了分析的复杂性。对于目前普遍采用的激光拉曼光谱仪，激光的光束直径在百微米量级，因此仅需少量样品即可测量。

6）**覆盖波数范围较广**。能一次同时覆盖 $4000 \sim 50 cm^{-1}$ 波数的区间，可对各种有机物和无机物进行分析。

7）**可以在液态、气态和固态样品上使用**。适用于各种不同物态的样品，包括液态、气态和固态，因此在化学、生物、材料科学等领域具有广泛应用。

8）**实时监测**。拉曼光谱是一种快速检测技术，可用于实时监测化学反应、生物过程等，因此它在过程控制和质量监测方面非常有用。

综上所述，拉曼光谱技术具有诸多优越性，使其广泛应用于科学和工业的不同领域。其高分辨率、非破坏性、分子特异性等特点使其在材料科学、药物研发、生命科学、环境监测等领域发挥了重要作用。

2. 拉曼光谱仪

拉曼光谱仪的工作原理如图 6-14 所示，通常采用单色激光作为光源。激光通过透镜聚焦到样品上，并与样品中的分子发生作用，然后在垂直入射的方向收集散射光，散射光包含原始激发光和拉曼散射光。通过滤光装置后，原始激发光被过滤，然后经光栅分解成不同波长的光进入探测器。探测器将这些光信号转换为电信号输入计算机，形成拉曼光谱。

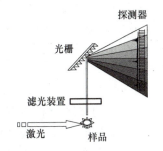

图 6-14　拉曼光谱仪的工作原理（扫描二维码看彩图）

目前，在国内外科学研究中所使用的拉曼光谱仪主要是光栅色散型拉曼光谱仪，主要由激光源、样品室、光学系统、光栅、检测器和数据处理系统等部分构成。

（1）激光源 激光源是产生单色激光的光源，如氩离子激光器、氦氖激光器或其他半导体激光器等。一般同一个拉曼光谱仪会配置多个激光器。

（2）样品室 样品室是放置样品的区域。常规拉曼光谱仪可测试粉末、液体、薄膜、块状和气体样品。

1）粉末样品。大的粉末样品颗粒可稍加固定直接测试；微米级粉末需要压实、固定，以方便聚焦；纳米级颗粒最好涂片。

2）液体样品。必须无挥发性、无腐蚀性，需要一定的体积量进行测试。常用的测试方法有：①滴1~2滴待测样品到载玻片上进行压片测试，其信号可能比较弱；②将样品滴在带凹槽的载玻片上，在上面覆盖石英片进行测试；③将样品注入毛细管中密封后测试，有悬浮物或浓度越高越好，以便聚焦。

3）固体样品。一般尺寸要求最小为2mm×2mm，视具体仪器要求而定。

4）气体样品。需要特定的样品槽，不能在常压下测试常态气体，否则得到的拉曼峰都是空气成分的峰。

（3）光学系统 光学系统通常由各类光学元件组成，一般为前置单色仪、偏振片旋转器、聚焦透镜、样品、收集散射光透镜、检偏器等。根据入射和散射光角度的不同，散射配置有0°、90°和180°3种配置方式。分光光路通常采用光栅色散来实现，包括单光栅和多光栅型。

（4）检测器 光栅分出的光被检测器测量，将其转换为电信号。传统的拉曼光谱仪采用光电倍增管作为探测器，目前多采用CCD探测器，通过液氮制冷或半导体制冷获得较低的热噪声和高精度信号。

（5）数据处理系统 它用于采集、处理和分析检测器输出的信号，生成拉曼光谱图。

6.5.5 拉曼光谱的应用实例

拉曼光谱技术作为一种表征材料结构和组态成分的光谱学方法，具有较高的空间分辨率，以及快速、无损的特点。这里重点介绍拉曼光谱在纳米材料识别和纳米结构表征中的应用。

1. 同素异形体的结构鉴别

碳的同素异形体有金刚石、石墨、无定形碳、石墨烯、富勒烯、碳纳米管等，不同的同素异形体碳具有特定的晶体结构。拉曼光谱是对碳材料进行鉴别和表征的常用工具。分析拉曼光谱中特征峰的位置和相对强度，可以准确地鉴别碳材料种类。图6-15显示了不同碳的同素异形体的拉曼光谱分析结果。其中，石墨烯的拉曼光谱显示出两个主要的拉曼振动峰，分别位于约1590cm^{-1}和约2700cm^{-1}处。前者是G峰，来源于石墨烯中sp^{2}杂化碳原子的面内振动E_{2g}模式；后者是2D峰，来源于D模（1350cm^{-1}附近）的双声子共振拉曼峰。D模是布里渊区界面声子，它在无缺陷石墨的拉曼光谱中不会出现。

2. 二维材料层数的快速识别

二维材料的层与层之间由范德华力结合。多层的二维材料不仅表现出层内的拉曼振动模式，还会存在层间振动模式。不同厚度的二维材料的拉曼振动模式会显现一定的厚度依赖性。因此，可通过拉曼振动峰位、峰强或峰形的变化，来辨别二维材料层数。例如，图6-16a是532nm激光激发下1~4层石墨烯的拉曼光谱。随着层数的增加，G峰位置向低波数方向移动。G峰和2D峰的强度比可用来辨别石墨烯层数，随着层数增加，两峰的相对峰强比逐渐增大。图6-16b为2D峰随石墨烯层数变化的拉曼谱图。单层石墨烯

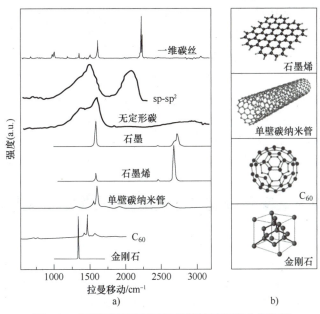

图 6-15 不同碳的同素异形体的拉曼光谱分析结果

a）拉曼光谱 b）晶体结构

（1-LG）的 2D 峰可以用单个洛伦兹峰拟合，而双层石墨烯（2-LG）中出现了 4 个拟合峰，分别代表 4 个可能的双共振过程。随着石墨烯层数的增加，双共振过程也增加，其峰形越接近石墨的 2D 峰形。

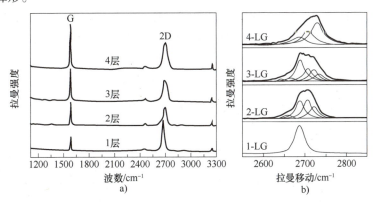

图 6-16 石墨烯层数的拉曼光谱识别

a）1~4 层石墨烯的拉曼光谱 b）1~4 层石墨烯 2D 峰随层数的变化

MoS_2 具有和石墨烯类似的层状结构，多层 MoS_2 的层间通过范德华力结合。MoS_2 的面内拉曼振动 E_{2g}^1 模式由两个 S 原子相对于 Mo 原子的相反振动引起的，A_{1g} 模式与 S 原子在相反方向上的面外振动有关。随着层数增加，E_{2g}^1 峰位向低波数方向移动，A_{1g} 峰位向高波数移动，两个振动模式之间的频移差逐渐增大。可通过这两个拉曼峰之间的频移差来确定 MoS_2 的层数。

3. 材料中缺陷情况的判断

带有缺陷的石墨烯在波数 $1350cm^{-1}$ 附近会出现拉曼振动 D 峰。而 G 峰和 D 峰强度的比值 I_G/I_D 通常被表征其中的缺陷含量。碳纳米管中的碳原子以 sp^2 杂化构成共价键，拉曼光谱如果在 1350cm^{-1} 附近出现 D 峰，说明 sp^3 杂化碳原子的出现，或者 sp^2 杂化网状结构的缺陷，D 峰强度反映碳纳米管中缺陷的相对数量；1590cm^{-1} 附近的 G 峰，代表了由 sp^2 杂化的碳原子导致的 E_{2g} 振动模式，其强度反映碳纳米管晶格的完美程度。另外，也常用 I_D/I_G 来表征碳纳米管壁的缺陷相对量。

4. 层间相互作用的判断

辨别二维材料层数的应用上，大多利用的是高频区的拉曼模式，它反映了层内原子间的相对振动。而低频区的剪切模式和呼吸模式反映的是单层作为一个整体，层与层之间的相对振动。这些低频模式多由层间的范德瓦尔斯作用来决定，因此，可用来确定二维材料的层数和堆垛方式等。

6.6　X 射线光电子能谱和俄歇电子能谱

电子能谱是以一定能量的粒子轰击样品，研究从样品发射出来的电子或离子的能量分布和空间分布，从而了解样品内在特征的表征方法。电子能谱学涉及的基本原理和物理效应包括光电效应、俄歇电子的发现，以及低能电子衍射等。分别对应于现在常用的 X 射线光电子能谱、俄歇电子能谱和低能电子衍射分析。电子能谱学是研究和测量材料表面最直观、最有效的方法。

X 射线光电子能谱（XPS） 作为现代科学研究中极为关键的一项技术，主要用于分析材料表面化学成分和电子结构。XPS 以光电效应为工作原理，通过 X 射线照射样品表面，激发样品内层原子或分子的电子形成光电子，通过测量这些光电子的能量及数量，就可得到样品表面的元素组成、元素相对浓度、化学键类型和强度、化合价态以及表面电子结构等一系列重要信息。此外，XPS 还能对表面污染程度的变化、氧化态的转变情况、薄膜厚度以及界面特性等进行有效的分析，适用于金属、半导体、绝缘体、聚合物等各类材料，在材料科学、化学、物理学、电子学以及表面科学等领域中得到广泛运用。

俄歇电子能谱是研究原子结构的主要方法之一，它能精确快速地反映出物体表面的结构、组分及电子能态，近年来成为表面分析的一个有效工具。

6.6.1　X 射线光电子能谱的基本原理和谱仪介绍

1. X 射线光电子能谱基本原理

XPS 的基本原理是基于光电效应。当使用波长在 X 射线范围内的高能光子去照射被测固体样品表面时，其能量与样品内层电子相互作用，激发内层电子形成光电子。光电子的能量直接反映被激发内层电子的能级结构，不同元素具有独特的原子能级结构，因此它们产生的光电子也呈现差异性。通过测量光电子的能量，可以准确确定被激发原子的种类，并进一步确定样品表面元素组成。此外，XPS 还可提供关于元素化合价态、化学键类型和表面化学结构等信息。

图 6-17 所示为光电子测量能级图，当一束具有 $h\nu$ 能量的光子照射到样品表面上，光子可以被样品中某一元素的某一能级上的电子所吸收，从而使得该电子逃离原子核的束缚，以一定的速度从原子内部发射出来，成为自由的光电子，同时原子本身变成一个激发态的离子。在光电离过程中遵循能量守恒：

$$E'_k = h\nu - E'_b = h\nu - E_b - \Phi_s \tag{6-32}$$

式中，E'_k 表示出射的光电子的动能；$h\nu$ 表示入射光子的能量；E'_b 是指将原子中某一电子从所在轨道能级转移到真空能级所需的能量，它反映了电子与原子核之间的相互作用强度，是

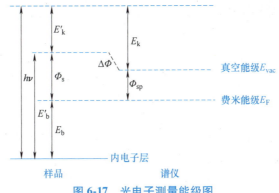

图 6-17　光电子测量能级图

衡量原子体系电子稳定性的重要指标。在固体样品中，由于真空能级与样品表面有关，易发生变化，因此一般选择费米能级（E_F，即 0K 时固体能带中充满电子的最高能级）作为参考能级，用 E_b 表示相对于费米能级的结合能。Φ_s 表示金属的功函数，又称为逸出功，是费米能级到真空能级的能量差，表示材料中处于费米能级的电子脱离表面束缚所需的最小能量。

在固体样品中，由于真空能级与样品表面有关，易发生变化，因此一般选择费米能级（即 0K 时固体能带中充满电子的最高能级）作为参考能级。电子的结合能代表原子中电子和原子核之间的相互作用强度，反映体系的电子稳定性。

在实验测量中，样品表面出射的光电子强度不断提高，使得电位升高，出现测量误差。因此，需要对仪器进行校准，使样品和仪器（若均为导体）一同接地，二者费米能级相同，因此，在样品和谱仪之间形成接触电位差 $\Delta\Phi$。该接触电位差会影响电子从样品中出射进入谱仪所检测到的动能。

如图 6-17 可得能量关系式：

$$E_k' + \Phi_s = E_k + \Phi_{sp} \tag{6-33}$$

$$E_b = h\nu - E_k' - \Phi_s \tag{6-34}$$

式（6-33）和式（6-34）联立可以得到

$$E_b = h\nu - E_k - \Phi_{sp} \tag{6-35}$$

式中，Φ_{sp} 为谱仪功函数，对于同一台谱仪，功函数是一个常数，与样品无关，一般功函数为 3~4eV。谱仪功函数的大小可通过测定已知电子结合能的导电样品所得到的光电子能谱图确定。$h\nu$ 为入射光子能量，E_k 为电子能谱仪测量出的光电子动能，因此，测量电子在谱仪的动能从而得到电子在样品原子轨道上以费米能级为能量参考点的结合能 E_b。

XPS 通常采用能量为 1000~1500eV 的 X 射线源。原子中每个轨道激发的光电子都有独特的结合能，因此，具有特征性。以电子的动能或结合能为横坐标，光电子数目为纵坐标，即可得到 X 射线诱导的光电子能谱，通过判断谱峰的位置即可鉴别化学元素。当处于一定化学环境中的原子得电子或失电子时，其结合能会发生变化，能谱就会发生位移。通过分析谱峰所对应的能量位置就可进一步判断元素所处的价态和化学态。XPS 在实验时样品表面受辐射损伤小，具有很高的绝对灵敏度，是表面分析使用最广的谱仪之一。

2. 谱仪介绍

（1）X 射线光电子能谱仪的基本结构　随着电子能谱技术的不断发展，电子能谱仪的结构和性能也在不断地改进和完善，并趋于多用型的组合设计。X 射线光电子能谱仪由进样室、超高真空系统、X射线激发源、离子源、能量分析系统及计算机数据采集和处理系统等组成。

（2）X射线光电子能谱仪参数介绍

1）分辨率。谱仪的分辨率由多种因素决定，包括激发射线的固有宽度、发射光电子的能级本征宽度和电子能量分析器的分辨本领。对于绝缘样品，分辨率还要受固态加宽效应的影响。为了比较不同谱仪分辨率的差异，通常取Ag作为标准样品，在规定条件下测量Ag $3d_{5/2}$谱峰的半高宽（FWHM）。FWHM又被称为绝对分辨率，即峰高一半处的谱线宽度，其数值越小，谱仪分辨率越高，可获取的化学态信息越多。

2）灵敏度。灵敏度即谱峰的强度，通常用每秒的脉冲数来表示，是反映谱仪整体性能的指标，通常指在规定条件下采集的银标样中Ag $3d_{5/2}$谱峰的计数率（counts per second，CPS）。

① 绝对灵敏度。指XPS分析的最小检测量，以g表示。据估计，XPS的绝对灵敏度可达10^{-18}g。

② 相对灵敏度。指XPS的最低检测浓度，即从多组分样品中检测出某种元素的最小比例，以百分浓度表示。目前，XPS的相对灵敏度为1/1000左右。

3）信噪比和信本比。信噪比和信本比是评价光电子能谱仪的重要指标。信噪比是光电子主峰信号强度S与信号噪声N之比。而信本比是光电子主峰的信号强度S与本地信号强度B之比。

6.6.2 X射线光电子能谱的定性和定量分析

X射线光电子能谱的定性分析就是根据所测得谱的位置和形状来得到有关样品的组分、化学态、表面吸附、表面态、表面价电子结构、原子和分子的化学结构、化学键合情况等信息。图6-18所示为Ag/BiPO$_4$的X射线光电子能谱图，图6-18a为全谱图，图6-18b为Ag的精细谱。元素定性的主要依据是组成元素的光电子线的特征能量值。定量分析的应用大多以能谱中各峰强度的比率为基础，把所观测到的信号强度转变成元素的含量，即将谱峰面积转变成相应元素的含量。

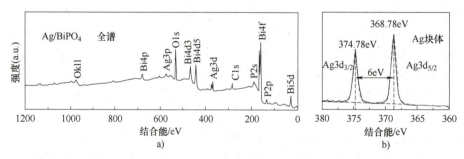

图6-18 Ag/BiPO$_4$的X射线光电子能谱图

1. 表面元素组成分析

（1）全谱 全谱扫描是XPS分析的初始步骤，在0~1200eV的结合能范围内扫描，一般选择通过能大于100eV，步长为1~2eV，可以探测到绝大多数元素（除H、He外）的特征峰。这些特征峰对应于不同元素的光电子线和俄歇线，每个元素的光电子线和俄歇线具有独特的特征能量值，这些值可与 XPS 标准谱图手册或数据库中的参考谱图进行对比。通过与标准谱图或数据库的对比，可以识别样品中存在的特定元素。这种比对能够帮助鉴定元素的存在，并为初步的化学成分分析提供重要线索。但需要注意的是，XPS 只能提供表面分析，样品表面的元素组成可能与深层或体积组成有所不同。

一般全谱谱峰解析步骤如下：

1）鉴别常见元素谱线。首先识别总是存在于样品中的元素，比如碳和氧的谱线。这些元素是许多化合物和材料中普遍存在的成分，其谱线通常是 XPS 谱图中的明显峰。

2）鉴别主要元素的谱线。识别样品中主要元素的强谱线和次强谱线。这些主要元素可能在化合物或材料中起关键作用，其 XPS 谱线能提供更多信息以确定它们的存在和化学环境。

3）鉴别弱谱线。最后鉴别剩余的弱谱线，将其假设为未知元素的最强谱线，对 p、d、f 谱线的鉴别应注意其一般为自旋双线结构，它们之间应有一定的能量间隔和强度比。这些弱谱线可能代表样品中存在的其他元素，其强度较弱可能是因为含量较低或其他因素的影响。

（2）精细谱　在获得全谱和了解样品元素组成的基础上，为了对目标元素的化学状态进行鉴定和对样品中组分的含量进行定量分析，必须做窄区扫描得到精细谱。依据全谱提供的能量范围，设置扫描区间，包括待测元素的能量范围使峰的两边完整，一般选择通过能为 20eV 左右，步长为 0.1~0.2eV，精准测定出目标元素谱峰的精细结构。定量分析最好也用精细谱，这样误差更小。

精细谱的分析步骤为：

1）对谱峰进行荷电校正。一般采用吸附碳的 C1s 谱峰中的 C—C/C—H 化学键结合能（常用 284.8eV）对谱峰进行校正，所以精细谱一定要扫描 C1s 图谱。以 C1s 的 284.8eV 减去实际测得的吸附碳 C1s 峰位得到荷电校正值 ΔE，将要分析元素的 XPS 的结合能加上 ΔE 即可得到校正后的谱图。

2）根据数据噪声情况对曲线进行平滑处理。若数据噪声很大，则需要对谱峰进行平滑处理，便于后续的分峰拟合。但谱峰平滑要适度，避免有些化学态的谱峰在平滑过程中消失。

3）对谱峰进行背底扣除。常用的背底扣除方式主要有 Shirley、Linear、Touggard 和 Smart，根据谱峰的实际峰型选择合适的背底扣除方式，选择不同的方式会带来不同的误差，因此在同一组数据分析处理时应采用同一种背底扣除方式。

4）对谱峰进行分峰拟合。对曲线的峰数、峰位、峰高、峰宽、峰面积进行曲线拟合，从而获得元素化学价态及化学结构信息。

2. 化学态分析

（1）化学位移　原子因所处化学环境不同（化合物结构的变化和元素氧化状态的变化）而引起内壳层电子结合能变化，在谱图上表现为谱峰有规律的位移，这种现象即为化学位移。一般来说，元素结合能位移随着它们化合价升高而线性增加。原子核外电子会受其他轨道电子的排斥力，也会受到原子核的库伦作用而被吸引。大部分情况下，当原子得电子（被还原）时，电子间斥力变大，结合能向低能位移；当原子失电子（被氧化）时，原子核对电子的吸引力变大，结合能增加，结合能向高能位移。准确的光电子谱峰的能量位置可以表征被激发原子的化学态，化学位移的方向与强度取决于所探测的元素及轨道。对于有机化合物，电负性越强的原子越易吸电子，比如 O、F。所以，对 C 来说，与电负性越强的原子结合，C1s 的结合能会向更高的能量位移，比如 C—F 的结合能>C—O 的结合能>C—C 的结合能。化学环境的变化，除引起化学位移，还会使一些元素的光电子谱双峰之间的距离发生变化，这也是判定化学状态的重要依据之一。例如：Ti 和 TiO_2 中 $2p_{1/2}$ 和 $2p_{3/2}$ 的距离相比，在 TiO_2 中这个距离相较于 Ti 会减小约 0.4eV。

（2）**俄歇谱线化学位移**　由于元素的化学状态不同，其俄歇电子谱线的峰位也会发生变化。由于俄歇电子的动能和 3 个电子轨道相关，因此某些元素俄歇谱线所表现出的化学位移通常要比 XPS 光电子谱线的化学位移更明显。因此，当光电子峰的位移变化不显著时，俄歇电子峰位移将变得非常重要。Cu 2p 的金属态和正一价态峰型非常相似，很难区分，但俄歇图谱有明显差异，能量差值为 2eV，因此，可通过俄歇谱峰明确区分金属铜和一价氧化亚铜。

俄歇电子动能与光电子动能之差来表示俄歇参数 α，后来常用俄歇电子动能与光电子结合能之和来表示修正俄歇参数 α'。查找相关手册可得到部分元素不同化学态的修正俄歇参数，将实际计算得到的 α' 与其对比，以识别元素化学态。

3. 定量分析方法和原则

XPS 定量分析法主要有标样法、理论模型法和灵敏度因子法。定量分析多采用元素灵敏度因子法，该方法利用特定元素谱线强度做参考标准，测得其他元素相对谱线强度，求得各元素的相对含量。

XPS 定量分析除了可以利用相对灵敏度因子来计算不同元素的相对原子浓度，对同一种元素在不同化学态下的原子相对浓度也可进行分析。这类分析有一定的难度，因为同一元素不同化学态下原子的结合能峰位很接近，不是形成独立的峰，而是叠加在一起形成宽峰。这时想要通过解析这些元素的峰面积比来获得它们的相对含量，就要将宽峰分解成组成它的各个单峰，即反卷积。

一般来说，XPS 分峰拟合时需遵循以下主要原则：

1）拟合前必须先对谱峰进行荷电校正、平滑处理（若需要）和背底扣除。

2）分析同种元素的自旋-轨道分裂峰时，要锁定峰面积比值和峰位能量差后再进行拟合。谱峰常用面积比为 $p_{1/2} : p_{3/2} = 1 : 2$，$d_{3/2} : d_{5/2} = 2 : 3$，$f_{5/2} : f_{7/2} = 3 : 4$。

3）拟合时半高宽需遵循基本的物理意义。对于同种元素的不同价态，其半峰宽数值应基本一致，且氧化物的半峰宽一般略大于单质。

6.6.3 X 射线光电子能谱的深度分析和成像 XPS

1. 样品深度剖析

X 射线能谱本质上属于材料表面分析技术，受限于光电子的逸出能力，其基础表征深度一般低于 10nm。那也意味着对于具有多层结构（如镀膜或者表面氧化、钝化的样品），以及其他在深度方向上有梯度变化的材料，传统的 XPS 手段无法满足我们对整体化学状态分布的解析需求。深度剖析可以获取亚表层信息，从而研究元素化学信息在样品中的纵深分布。可以以结构破坏性或非结构破坏性的方法进行深度剖析并提供元素随深度分布变化的信息。

（1）**结构破坏性深度剖析法**　结构破坏性深度剖析法对样品具有损伤作用，目前主流的方法有离子束溅射法和机械切削法，二者分别应用于不同深度范围内的深度剖析。离子束溅射法适用于检测材料表面 10nm 至几百纳米的深度范围，而机械切削法适用于微米级的深度范围。

（2）非结构破坏性深度剖析法　结构破坏性方法对于样品的损伤往往是不可逆的，这在一定程度上限制了其应用范围。基于此，人们开发了非结构破坏性的深度剖析方法，近年来取得了很大的进展，其中包括变角 XPS 分析法和 Touguaard 深度剖析法。

2. 成像 XPS

表面分析的成像 XPS 可以提供表面空间分布的元素和化学信息。对于使用其他表面技术难以分析的样品，成像 XPS 是特别有效的。这包括从微米到毫米尺度范围内非均匀材料、绝缘体、电子束轰击下易损伤的材料或要求了解化学态在其中如何分布的材料。在成像 XPS 中，除了提供元素和化学态分布，还能用于标出覆盖层稠密度，以估算 X 射线或离子束斑的大小和位置，或检验仪器中电子光学孔径的准直。因此，成像 XPS 成为能得到空间分布信息的常规应用方法。但由于 X 射线与电子束、离子束不同，不受电磁场的制约，因此成像 XPS 存在很大的挑战。近年来人们提出并发展了多种成像 XPS 的概念与技术，成像 XPS 的分析已进入实际应用阶段。

（1）多点分析和微区成像　当样品表面成分不均匀或表面形貌有差异时，可以用 XPS 对其进行多点定位分析，以对比多点成分的差异。选用 XPS 微区成像技术对材料微区的表面元素进行多点分析时，可以清楚地了解各元素在材料表面的分布情况。对于许多微小精密器件，多点分析和微区成像起至关重要的作用。通过多点分析对比不同微区之间的 XPS 成像结果，结合污染元素组成及化学状态进行有目的的原因排查，有助于对功能器件的质量控制和失效机制进行把控和解析，可有效杜绝污染和器件失效发生，以达到不断对产品工艺和技术进行优化的目的。

（2）微区化学态成像　微区成像技术也可用于分析不同元素的化学态。通过元素的空间映射技术（Mapping）分析，可以回溯不同区域的精细谱，以判定其化学态的差异，从而得到不同化学态的 Mapping，这也是 XPS 由谱得图、由图得谱的分析方法。通过拟合可以获得 Mapping 的每个像素点对应的元素化学态谱，再由化学态精细谱转换为化学态成像，从而实现元素不同化学态的分布分析。XPS 化学态 Mapping 分布如图 6-19 所示。

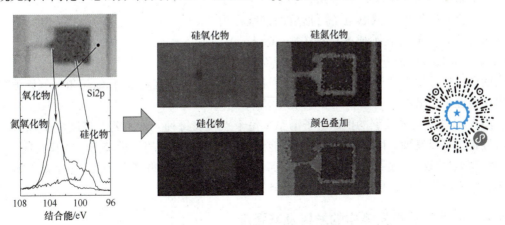

图 6-19　元素 Si 的不同化学态分布（扫描二维码看彩图）

6.6.4 俄歇电子的发射过程

俄歇电子的产生和发射过程为：当一个外来的具有足够大能量的粒子（光子、电子或离子）与一个原子碰撞时，可以在原子的某壳层上打出一个电子，因而在该壳层留下一个空穴。但是原子此时的状态并不稳定，这个空穴会被能量比该壳层高的壳层上的电子填充。而填充电子多余的能量被其他壳层上的电子吸收，如果这个能量比该电子的电离能还要大时，该电子就可以逸出原子，成为俄歇电子。从空穴的产生到俄歇电子的发射，整个过程是在很短的时间内完成的，为 $10^{-17} \sim 10^{-12}$ s。

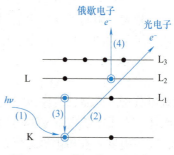

图 6-20 所示为一个 K-L 俄歇电子的发射过程。入射粒子为光子，空穴产生在 K 壳层，L 壳层发射电子，其过程发生的顺序以数字标出。可以看出，一次俄歇跃迁伴随着原子的二次电离过程。

图 6-20　一个 L 壳层俄歇电子的发射过程

6.6.5 俄歇电子谱线的表示方法

俄歇电子发射的必要条件是在原子壳层中出现空穴，它是决定俄歇电子能量的主要因素之一。此外，俄歇电子的能量还取决于填充电子，以及吸收了多余能量变为自由态的俄歇电子的初始位置。因此，俄歇电子谱线的表示方法就是上述能级位置的描述。

如图 6-20 所示，原始空穴出现在原子的 K 壳层，填充电子是 L 壳层中的 L_1（$2S_{1/2}$）能级上的电子，发射电子是 L 壳层中 L_2（$2P_{1/2}$）能级上的电子，于是，这个俄歇电子的谱线就表示成 KL_1L_2。如果空穴出现在 L_2 能级，填充电子的原始位置在 M_1（$3S_{1/2}$），发射电子的原始位置在 M_3（$3P_{3/2}$），那么这个俄歇电子的谱线就表示成 $L_2M_1M_3$，如图 6-21 所示。如果原始空穴出现在 K 壳层，那么由于电子填充这个空穴而发射的俄歇电子所形成的谱线序列叫作 K 序列，一般可表示成 KX_pY_q（X、Y＝L、M、N…，p、q＝1，2，3…）。同理，还有 L、M、N 等

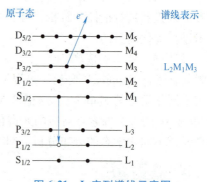

图 6-21　L 序列谱线示意图

序列的谱线。显然，原子序数越大的原子可能得到的谱线序列越多，而对于氢、氦原子则不会出现俄歇电子谱。

图 6-22 所示为各元素的俄歇电子谱系。每个点代表每种元素主要的俄歇电子峰出现的能量位置。可以发现，K 序列的俄歇谱峰能量很高，而 L 序列的能量较低。实验发现，KLL 序列的高能量俄歇谱线一般不容易得到，而低能量俄歇峰容易得到。其原因是受跃迁概率的影响，空穴能量高的，俄歇跃迁概率就低。

6.6.6 俄歇电子在固体中的发射及其强度

（1）俄歇电子在固体中的发射　自由原子中的俄歇电子发射，谱线的能量位置和宽度

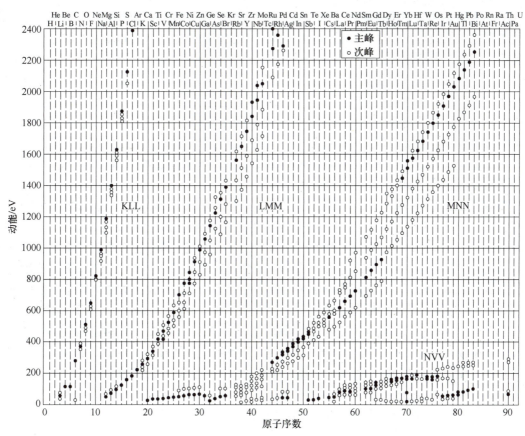

图 6-22　各元素的俄歇电子谱系

只取决于原子外壳层的能级结构、空穴产生的位置，以及俄歇电子发射前所处的能级。在固体材料中，俄歇电子发射时所处的环境和自由原子很不相同。由于固体中晶格周期性势场的影响，能级变为能带，且能带中还存在一定的电子态密度分布 $N(E)$，这些都会对俄歇谱线的能量位置和强度分布带来影响。由于固体中能带的存在，金属固体的俄歇电子谱线不再是简单的谱峰，而会存在一定的带宽。例如，如果填充电子和俄歇电子都产生在价带，那么这组俄歇电子谱线的线宽将会是价带宽度的 2 倍。同时，价带中不同的电子态密度分布也会使俄歇电子谱线存在相应的结构。因此，可根据价带中俄歇电子谱线结构反推电子在价带中的分布状态。另外，和自由原子的能级相比，一些元素在固体中的能级位置会发生移动，称为化学位移。这种位移也将影响俄歇谱线的能量位置和宽度。

　　和自由原子不同，固体具有一定的体密度分布和自身的表面。在自由原子中，只要入射粒子能量大于原子电离能，就可以使原子电离，在壳层上产生空穴；当此原始空穴被外壳层电子填充时，将会发射俄歇电子。但是在固体中，发射的俄歇电子必须向表面运动才能逸出表面而被探测到。在俄歇电子向表面运动的过程中，它们将在固体中与其他粒子发生碰撞（如电子、声子等）。由于碰撞，部分俄歇电子会损失能量，且碰撞次数越多，能量损失越大，以至于部分俄歇电子不能逸出表面。因此，能够逸出表面的俄歇电子只能在某一深度产生，太深处产生的俄歇电子无法逸出。这个深度被称为"平均逸出深度"，一般不超过 10个原子层。这也决定了俄歇电子能谱是一个表面分析的有力工具，但它不适合做体分析。

（2）**固体表面发射的俄歇电子的强度**　一个俄歇峰的强度首先取决于产生这个峰的原子内壳层空穴的数目，即这个壳层的电离截面，其次依赖于原始空穴被填充时俄歇电子的发射概率。因此，俄歇电子谱线强度可表示成 $I(E_{ijk}) \sim Q_i a_{ijk}$。其中，$Q_i$ 表示 i 壳层的电离截面，a_{ijk} 表示空穴被填充时俄歇电子的发射概率。Q_i 与入射粒子的能量有关，当入射粒子能量小于或等于原子的电离能时，$Q_i = 0$；当入射粒子能量大于电离能阈值后，随着入射粒子能量的增加，Q_i 很快增大。当入射粒子能量为电离能量的 2.5~3.5 倍时，Q_i 达到极大值。此后，入射粒子能量继续增大，Q_i 反而减小。因此，为了得到谱线较强的俄歇电子谱，入射粒子束的能量最好是对应原子壳层的电离能的 2.5~3.5 倍。如果电离能小于 1500eV，那么经验上可以得到大于 $10^{-20} \mathrm{cm}^2$ 的电离截面。

俄歇电子的发射概率 a_{ijk} 表示原始空穴产生在 i 壳层上，j 能级电子填充，k 能级发射俄歇电子。当某一壳层上产生空穴后，填充这个空穴的方式有两种：一种是发射 X 射线，另一种是发射俄歇电子。理论计算表明，电离能 ≤ 1500eV 的空穴填充大多数是以发射俄歇电子的方式进行；当电离能大于 1500eV 时，发射 X 射线的概率迅速增大。对于轻元素，KL_pL_q 系俄歇电子的跃迁概率依赖于原子序数，对于原子序数较低的原子，填充空穴的方式主要是发射俄歇电子；而对于原子序数较高的原子，填充空穴的方式主要是发射 X 射线。从原子序数大于 12、13（铝、硅）的元素起，俄歇跃迁的概率明显下降，而 X 射线的跃迁概率则急剧上升。因此，对于原子序数大于 12、13 的元素，要获得 KL_pL_q 系俄歇电子谱线是不容易的，但是可以获得其他壳层的谱线（如 LMN 系等）。由此可见，俄歇电子能谱分析对轻元素是特别有效的。

此外，俄歇电子谱线强度还受入射粒子束强度、仪器传输系数和能量分析器的性能、杂散磁场等的影响，这个可根据实际测量的情况来考虑。

6.6.7　俄歇电子能谱在表面分析中的应用

俄歇电子能谱的基本原理是通过检测俄歇电子的能量和强度来获得材料表层化学成分信息。它最大的特点是对样品表面要求不那么严格，只要在入射粒子束轰击下，表面不发生分解，不因轰击引起吸附，也不发生严重的电荷积累，则都可以使用。同时，对样品材料的要求也不严格，只要入射束能轰击的都可以使用。

这种方法对表面元素非常灵敏，除了氢和氦，甚至表面上覆盖 0.01 单原子层的杂质都可以检测出来。俄歇显微探针可以达到 10~15nm 的高空间分辨率。但是，俄歇数据的定量分析非常复杂，这一点远不如 XPS。俄歇电子能谱的定量分析通常采用直接谱的相对峰形积分面积，它不仅与入射粒子束的能量有关，也与样品组分有关。由于样品的组分效应，通常难以获得一系列准确的灵敏度因子，而且灵敏度因子的应用范围也很窄。同时，俄歇电子能谱分析的深度是有限的，最大只能达到 2nm 左右。

需特别注意的是，利用俄歇电子能谱分析时，应保证在超高真空条件下（10^{-8}~10^{-7}Pa），防止容易污染系统的几种元素和化合物，如碳氢化合物、氧、氮、钾和钠等。由于俄歇电子能谱分析应用的是电子束，因此对于一般的样品应保证导电和有效接地。经验上来讲，如果样品在 SEM 成像（未喷镀）中没有荷电问题，那么就可用于俄歇电子能谱分析。对于导电性不好的样品，俄歇电子能谱分析时需要更高的操作技巧。

由于从电子能量分析器收集到的电子不仅包含俄歇电子，还包含其他发射电子，因此俄歇电子信号是叠加在强背景上的弱信号。俄歇电子能谱仪除了记录直接电子能谱，经常需借助锁相放大器得到微分俄歇电子能谱，并将最终信号显示为微分谱（图6-23）。

俄歇电子能谱的主要用途如下：

1）原子结构和能级分析。利用俄歇电子能谱，研究自由原子的结构和能级，可以把原子的能级结构清晰显示出来。在原子-原子、电子-原子碰撞的研究中，俄歇电子能谱是不可缺少的工具。

2）在表面物理领域，常用来分析固体表面的能带结构、态密度以及表面组分，研究随着表面组分的变化而引起表面物理、化学性质的变化。比如，研究表面的吸脱附现象、表面的污染与表面电学、光学性质的关系等。

3）在材料科学领域，俄歇电子能谱可用于确定材料组分、检测样品纯度、分析晶界元素偏析、确定金属合金电子结构、辅助监测材料的生长特别是薄膜材料的生长（比如分子束外延等）。近些年发展起来的扫描俄歇电子能谱，不仅能逐点分析，还能在一定的表面范围内进行形貌分析，并显示元素的分布状态。

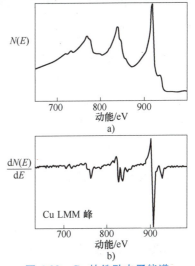

图6-23 Cu的俄歇电子能谱

a）直接谱 b）微分谱

4）在化学领域，俄歇电子能谱可用来研究多相催化反应以及催化剂表面的电子结构和表面态。这些是与催化剂表面活性密切相关的。

5）在半导体材料和器件制造领域，俄歇电子能谱可进行元素种类和化学态分析，结合其高空间分辨率和能量分辨率，可进一步获得元素分布和化学态分布图像，从而检测材料的纯度、膜层厚度、层间的物质迁移或扩散，以及器件表面的污染。在半导体材料改性常用的离子注入技术中，俄歇电子能谱可以表征离子注入的深度和浓度分布。如果用离子束做激发源，不仅能激发俄歇电子，还能对样品表面进行刻蚀，实现对其剖面分析。图6-24给出了元素Ti及其部分化合物的俄歇电子能谱，根据这些标准谱图，可以用最小二乘法拟合出Ti谱的深度剖析数据。图6-25显示了硅衬底上氮化钛/氧化钛/钛多层膜的俄歇电子能谱深度剖析结果。为了简洁说明情况，图中仅标出了Ti的组分。

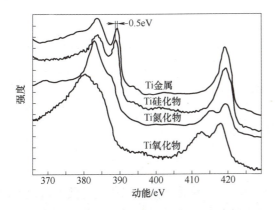

图6-24 Ti及其部分化合物的俄歇电子能谱

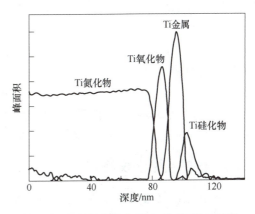

图6-25 硅衬底上氮化钛/氧化钛/钛多层膜的俄歇电子能谱深度剖析

6.7 核磁共振与电子自旋共振

电子具有自旋角动量而产生自旋磁矩。电子自旋是电子本身的内禀属性，是量子化的。原子核同样也具有自旋和磁矩。磁矩和磁场的相互作用使得自旋能量分裂成一系列分立的能级。使用频率适当的电磁辐射照射粒子，当电磁波的能量与能级差匹配时，会发生强烈的共振吸收，这是磁共振现象。利用磁共振现象，可以开发出核磁共振（nuclear magnetic resonance，NMR）与电子自旋共振（electron spin resonance，ESR），以反映物质原子层面上的微观性质。

6.7.1 核磁共振波谱基本测试原理

原子核由质子与中子组成。中子和质子都是费米子，具有 1/2 的自旋角动量。核子在原子核内部做复杂的相对运动，具有相应的轨道与自旋角动量。所有核子的自旋角动量与轨道角动量叠加，就形成了原子核的角动量。原子核带正电，因此同样具有磁矩。原子核磁矩 $\boldsymbol{\mu}_I$ 与自旋 I 在数值上可以表示为

$$|\boldsymbol{\mu}_I| = g_I \frac{e}{2m_p}|P_I| = g_I \sqrt{I(I+1)}\,\mu_N \tag{6-36}$$

式中，g_I 为原子核的朗德 g 因子；μ_N 为核磁子，$\mu_N = \frac{e\hbar}{2m_p}$；$P_I$ 为角动量；m_p 为质子质量。

当原子核处在磁场范围时，其自旋磁矩与外加磁场 $\boldsymbol{B}$ 相互作用，会获得附加能量 E。能量关系为

$$E = -\boldsymbol{\mu}_I \cdot \boldsymbol{B} = -\mu_{Iz}B = -g_I m_I \mu_N B \tag{6-37}$$

式中，μ_{Iz} 为原子核磁矩在磁场方向上的投影；m_I 为核磁量子数，其取值为 $m_I = I$，$I-1$，$\cdots$，$-I+1$，$-I$，共有 $2I+1$ 个值。式（6-37）表明，附加能量 E 的存在使得原子核的能级发生劈裂，形成 $2I+1$ 个子能级，能级分裂的间距与外加磁场强度 B 成正比。

原子核能级跃迁中，需遵循选择定则 $\Delta m_I = 0$，± 1，表示仅两相邻子能级之间可进行跃迁，跃迁能量 ΔE 为

$$\Delta E = g_I \mu_N B \tag{6-38}$$

式（6-38）表明，垂直于均匀磁场 $\boldsymbol{B}$ 的方向上，再加上一个强度较弱的高频磁场，当其频率 ν 正好满足以下条件时：

$$h\nu = \Delta E \tag{6-39}$$

原子核将会吸收高频磁场的能量，从低能级状态转变为高能级状态，产生强烈的共振吸收，此即为核磁共振。其中，ν 为共振频率，h 为普朗克常量。

6.7.2 核磁共振谱仪简介

核磁共振谱仪通过在样品上施加强磁场，使样品产生核磁共振。现代核磁共振谱仪大体可以分成连续波与脉冲傅里叶变换核磁共振谱仪。连续波核磁共振谱仪是把单一频率射频场连续不断地施加到试样上，得到一条共振谱线，需将试样重复扫描，通过信号累加提高灵敏度。脉冲傅里叶变换核磁共振谱仪是用一个强射频脉冲照射样品，将样品中所有化学环境不

同的同类核同时激发，产生共振信号。傅里叶变换核磁共振谱仪测量速度快，灵敏度高（为连续谱核磁共振谱仪的100倍左右），所需样品量少。

现代核磁共振谱仪主要包含如下组件：

1) 磁场系统。是核磁共振谱仪最基本的组成部件。磁铁能提供一个稳定的高强度磁场。磁场强度越强，核磁共振级的灵敏度越高。

2) 探头。安装在磁场系统两磁极间隙内，用于检测核磁共振信号，是仪器的关键部分。探头中含有试样管、发射线圈、接收线圈及预放大器等元件。探头是发射射频和收集信号的部件，可根据不同核素进行最佳匹配调整。常见的探头有氢选择探头、四核探头、宽带探头、碳/氢双频探头、反式探头、固体宽谱、魔角高分辨探头和带有梯度线圈的探头等。

3) 信号处理系统。利用输入设备系统来控制协调各系统有条不紊地工作。如由计算机控制射频的发射与信号的接收，通过相应软件指令对数字化后的信息进行各种数据处理。

6.7.3 核磁共振信号解读

核磁共振波谱能测出原子核能级在外加磁场下产生的微小分裂情况，因此可以反映原子核所处化学环境的微小变化。观察核磁共振波谱，主要需要关注的是核磁共振信号的位置（即化学位移）、分裂、强度及峰宽信号。

1. 化学位移（δ）

核磁共振信号的位置一般通过化学位移表征。理论上，同种核素的共振频率都是固定的，但化学环境差异会导致共振频率产生微小位移，通常仅为共振频率的$10^{-6} \sim 10^{-5}$量级。为了表示方便，在实验上定义化学位移这一无量纲的量来反映核素在不同化学环境下共振频率的偏差。化学位移定义为

$$\delta = \frac{\nu_{样品} - \nu_{标准}}{\nu_{标准}} \times 10^6 \tag{6-40}$$

式中，$\nu_{标准}$为标准参考核的共振频率；$\nu_{样品}$为样品的共振频率。

由于核外电子的屏蔽作用，原子核内部感知的实际磁场是外加磁场与屏蔽磁场的叠加。屏蔽作用的大小与核外电子云密切有关，电子云密度越大，对原子核的屏蔽作用也越明显。例如，将O—H键与C—H键相比较，由于氧原子的电负性比碳原子大，O—H中氢核周围电子云密变比C—H键上的氢核要小，O—H键上的氢的核磁共振信号就要向低场方向偏移。

影响化学位移的因素有很多。化学位移主要由核外电子云密度的屏蔽效应引起，影响电子云密度的各种因素都将影响化学位移，包括与质子相邻近元素或基团的电负性、磁各向异性效应、范德华效应、氢键作用、溶剂效应等。此外，交换反应、温度和pH等都会影响化学位移，需结合具体情况分析。

2. 自旋耦合与自旋分裂

自旋耦合也称J耦合，源于磁性核之间通过中间媒介（电子云）产生的耦合作用。这种耦合作用会使核磁共振线发生分裂，即自旋分裂，它反映了相互作用原子核之间可能的空间取向组合。自旋耦合主要通过化学键传递，连接两磁性核的化学键越少，耦合作用就越强。在氢谱中，氢原子间的耦合（需在一定化学键范围内）尤为常见。由于99%的碳原子是^{12}C（偶偶核，自旋量子数为0，为非磁性核），它们通常不引起明显的耦合分裂。只有在氢谱中很强的峰的两侧可能观察到由1%的C耦合而产生的分裂峰。下面，将结合碘乙炔分

子的氢谱对自旋分裂进行具体的介绍。

如图 6-26 所示，碘乙炔分子中，存在两种氢核类型：H_d（与甲基相连的 3 个氢核）和 H_c（与碘相连亚甲基上的氢核）。核磁共振分析时，甲基上的 H_d 除外部磁场作用外，还受到 H_c 自旋产生的内部磁场的影响。H_c 氢核的自旋排布共有 4 种排布，分别为：↑↑（两者均向上）、↑↓（一个向上，一个向下）、↓↑（一个向下，一个向上）、↓↓（两者均向下）。这 4 种排布与外磁场交互作用后，会产生 3 种不同效应。当两个 H_c 氢核自旋方向相同且与外磁场方向一致时，H_d 感受到的磁场增强，H_d 的共振信号向低场方向偏移，化学位移增加。相反，当两个 H_c 氢核自旋方向相同，但与外磁场方向相反时，H_d 感受到的磁场减弱，共振信号将向高场方向偏移，化学位移减小。而当两个 H_c 自旋方向相反时，它们的磁场效应相互抵消，对 H_d 的共振信号无影响，信号保持在原位。由于自旋方向相反的情况概率较高，因此在 H_c 氢核的影响下，H_d 的核磁共振信号会分裂为 3 个峰，其强度比为 1∶2∶1。

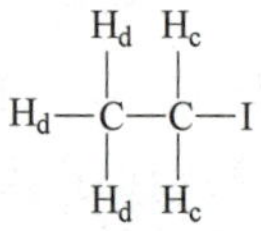

图 6-26　碘乙炔分子结构式

核磁共振中，可使用归纳法预测分裂峰的数量。对于一组相同磁性核，其分裂峰数量通常遵循公式 $2nI+1$，其中，I 为产生耦合裂分的磁性核的自旋量子数，n 为该磁性核的数目。以氢为例，其自旋量子数为 1/2，氢谱的自旋分裂数目就为 $n+1$。具体来说，二重峰表示相邻碳原子上有 1 个氢核；三重峰对应 2 个氢核；四重峰则意味着 3 个氢核。当氢核同时与 n 个磁等价的核 1 耦合和 m 个磁等价的核 2 耦合时，分裂峰的数量为 $(2nI_1+1)(2mI_2+1)$，其中 I_1 与 I_2 分别为核 1 与核 2 的核自旋量子数。

因耦合而产生的多重峰相对强度可用二项式 $(a+b)^n$ 展开的系数表示，其中 n 为邻近磁等价核的个数。对于二重峰，为 1∶1，三重峰则为 1∶2∶1，四重峰则为 1∶3∶3∶1。更多次分裂峰强度分布可依此类推。

3. 谱峰强度

谱峰强度通常采用共振峰的积分面积来衡量，直接反映核自旋反转跃迁的可能性。理论上，共振峰的强度主要由特定核素的数量决定，但在实际操作中，还需考虑以下 3 个关键条件以确保测量的准确性：

1）核素自旋反转过程应避免饱和现象。

2）体系应维持在热平衡状态。

3）体系的能级间玻尔兹曼分布不应受到破坏。

4. 谱峰宽度

理论上，核磁共振谱线应呈现为理想的 δ 函数，具有极其狭窄的线宽。然而，实际测量中的核磁共振信号均展现特定的线型和展宽，这主要归因于核素的饱和与弛豫效应。液体核磁信号通常表现为洛伦兹（Lorentz）线型，而固体核磁信号则更倾向于高斯（Gauss）线型。

饱和与弛豫是核磁共振不可忽视的两个现象。在平衡状态下，核素在磁场作用下分裂成塞曼能级，这些能级上的粒子概率分布遵循玻尔兹曼分布：

$$P_i \propto e^{-\varepsilon_i/(\kappa T)} \tag{6-41}$$

式中，P_i 为该能级上粒子分布的概率；ε_i 为该状态的能量；κ 为玻尔兹曼常数；T 为温度。这意味着低能级上的粒子数相对较高，正是这种差异使得核磁共振信号得以产生。

当体系吸收到射频辐射能后，核素从低能级跃迁至高能级，打破原有的平衡状态。一旦相邻能级上的粒子数相等，体系便不再呈净吸收，使核磁共振信号消失，即发生饱和现象。然而，实际上核磁共振信号能够持续较长时间，这主要归因于核素的弛豫。弛豫是指高能态的核通过非辐射方式释放能量，转变为低能态，并最终恢复到原始的热平衡状态。弛豫分为纵向弛豫和横向弛豫两种。

纵向弛豫也称为自旋-晶格弛豫，是指高能态核将能量以热的形式传递给周围环境（如固体晶格、液体分子等），其效率由半衰期 T_1 来衡量。T_1 越短，表示弛豫过程越迅速，对核磁共振信号的测定越有利。通常，气体和液体的 T_1 约为 1s，而固体和高黏度液体的 T_1 则较长，可达数小时。横向弛豫也称为自旋-自旋弛豫，描述了体系内自旋状态的交换过程。当两个进动频率相同但进动取向不同的磁性核处于一定距离内时，它们会相互交换能量，改变进动方向，但保持总能量不变。这种交换过程的时间常数以 T_2 表示。一般来说，气体和液体的 T_2 也大约为 1s。在固体和高黏度试样中，由于核的相对位置较为固定，利于能量的快速转移，因此 T_2 值极小，通常为 $10^{-5} \sim 10^{-4}$s。

弛豫时间是衡量核在高能级上平均停留时间的关键参数，依据海森堡测不准原理，它直接影响核磁共振吸收峰（谱线）的宽度。弛豫时间越短，谱线展宽现象越显著。固体中 T_2 值极小，磁性核在极短时间内频繁地在高能态与低能态之间转换，这种高频转换使得共振吸收峰的宽度明显增加，降低了信号的分辨率。因此，进行核磁共振分析时，为了提高分析的精度和分辨率，通常建议将固体试样先转化为溶液再进行测试。

6.7.4 核磁共振应用实例

自 20 世纪 70 年代起，核磁共振技术经历了迅猛的发展。一维核磁共振奠定了坚实的基础，而二维核磁共振的突破则极大地扩展了其在生物领域的应用。通过魔角旋转、交叉极化技术及偶极去偶等先进方法，核磁共振技术不仅成功地从液体领域延伸至固体领域，还极大地推动了固态材料结构的研究与应用，对材料科学产生了深远影响。如今，核磁共振已成为材料领域最基础且最常用的表征技术之一，在材料化学结构鉴定、动态反应动力学以及平衡态研究等方面发挥着举足轻重的作用。

特别值得一提的是，核磁共振波谱在有机物结构鉴定中扮演了不可或缺的角色。如图 6-27 所示，通过化合物 $C_5H_{10}O_2$ 在 CCl_4 溶液中的核磁共振谱，能够精确鉴定化学结构，这充分展示了核磁共振波谱在有机物结构鉴定中的强大功能。

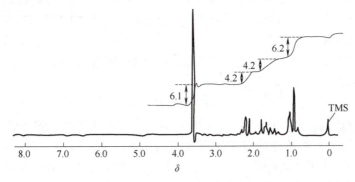

图 6-27 $C_5H_{10}O_2$ 的核磁共振氢谱

从积分线可见，自左到右峰的相对面积为 6.1∶4.2∶4.2∶6.2。这表明 10 个氢核的数目分布为 3∶2∶2∶3。$\delta = 3.6$ 处的单峰是一个孤立的甲基，查阅化学位移表知，其有可能是 CH_3O—CO—基团。结合经验式和其余氢核的 2∶2∶3 的分布情况，表示分子中可能有一个正丙基（—CH_2—CH_2—CH_3）。根据分子式，计算出其不饱和度等于 1，该化合物含一双键。综合上述信息，推测出结构式可能为 CH_3O—CO—CH_2—CH_2—CH_3，即丁酸甲酯。其余 3 组峰的位置和分裂情况完全符合这一设想，$\delta = 0.9$ 处的三重峰是典型的同—CH_2—基相邻的甲基峰；$\delta = 2.2$ 处的三重峰是同羰基相邻的 CH_2 基的两个氢核。另一个 CH_2 基理论上应在 $\delta = 1.7$ 处产生 12 个峰，这是因为它受两边 CH_2 及 CH_3 的耦合分裂所致。此处，耦合的氢核为非磁等效核，分裂峰的数目为 $\left(2 \times \frac{1}{2} \times 3 + 1\right) \times \left(2 \times \frac{1}{2} \times 2 + 1\right) = 12$。但是图中只观察到 6 个峰，这是由于仪器分辨率不够高的缘故。

6.7.5 电子自旋共振波谱基本测试原理

电子自旋共振（ESR）又称为电子顺磁共振（electron paramagnetic resonance，EPR），是由未成对电子的磁矩发源的一种磁共振技术，可用于从定性和定量方面检测物质原子或分子中所含的未成对电子，并探索其周围环境的结构特性。对自由基而言，轨道磁矩几乎不起作用，总磁矩绝大部分（99%以上）的贡献来自电子自旋。

自由电子在磁场中分裂出两个塞曼能级：

$$E_1 = +\frac{1}{2} g_s \mu_B B, \quad E_2 = -\frac{1}{2} g_s \mu_B B \tag{6-42}$$

式中，E_1、E_2 分别为电子自旋磁矩方向与外磁场方向相反、相同的能级；g_s 为自由电子朗德 g 因子，$g_s \approx 2$；μ_B 为玻尔磁子。两个塞曼能级之间的间距为

$$\Delta E = g_s \mu_B B \tag{6-43}$$

与核磁共振类似，如果在垂直磁场方向上，再加入一个频率为 ν 的电磁辐射，当电磁辐射能量满足：

$$h\nu = g_s \mu_B B \tag{6-44}$$

此时就会发生自由电子磁共振现象。电子在辐射场中吸收能量，从低能级跃迁至高能级。通常磁场强度为 0.1~1T，代入 g_s 与 μ_B 的值，可以计算出共振频率为 1~10GHz，对应波长为 1~10cm，属于微波波段。与核磁共振不同，核磁共振频率一般在兆赫兹范围。

实际中，更引人关注的是那些被束缚在原子或分子中（处于液体或固体状态）的未成对电子的共振信号。这是因为成对电子的自旋方向相反，它们的自旋与轨道磁矩相互抵消，因此对外不表现出磁矩。这些未成对电子通常被称为顺磁中心，例如，含有未填满 3d 支壳层的过渡金属原子、有机分子的活性自由基以及固体中的缺陷中心等。这些顺磁中心相应产生顺磁共振的条件为

$$h\nu = g \mu_B B \tag{6-45}$$

此处，g 不再是自由电子的 g 因子，而是需综合考虑未成对电子的自旋磁矩和轨道磁矩对原子总磁矩的贡献，以及环境对未成对电子的影响。自由基中，自旋磁矩的贡献超过 99%，其 g 因子与自由电子的 g_s 因子接近。然而，对于多数过渡族金属离子及化合物，其 g 值与 g_s 值存在显著差异，这主要归因于它们轨道磁矩的显著贡献。事实上，过渡族金属离子

nd 支壳层的填满程度可以直接反映在 g 因子的数值上。因此，g 的数值对判断离子价态具有重要意义。在 ESR 实验中，除了顺磁中心与外磁场的相互作用，还存在多种其他相互作用，如电子自旋-自旋相互作用、自旋-晶格相互作用以及电子自旋与核自旋的相互作用等。总之，除了测量 g 因子，还需要分析共振吸收线的宽度、线型、精细结构和超精细分裂等参数，这些都能提供关于顺磁性物质的宝贵信息。

6.7.6　电子自旋共振波谱仪简介

电子自旋共振波谱仪主要包含微波系统、磁铁系统和信号处理系统。

1）微波系统。主要由微波桥和谐振腔等构成，用于产生、控制和检测微波辐射，通常使用速调管或耿氏（Gunn）二极管振荡器作为微波源。微波桥的一臂与谐振腔连接。谐振腔是电子自旋共振波谱仪的核心部件。样品置于谐振腔的中心，谐振腔能使微波能量集中于腔内的样品处，使样品在外磁场作用下产生共振吸收。

2）磁铁系统。目前，在 ESR 波谱仪中，较多的是用电磁铁作为磁场源。高磁场（25kG 以上）需求时，通常采用超导磁体作为磁场源。现代波谱仪也有配备多种波段的微波系统，可供切换使用。

3）信号处理系统。主要由调制、放大、相敏检波等电子学单元组成。其功能主要是把弱的直流 ESR 吸收信号调制成高频交流信号，再经处理后获得 ESR 谱。

6.7.7　电子自旋共振信号解读

ESR 的研究对象主要聚焦在能够表现出磁矩的未成对电子上。具体来说，ESR 的主要研究对象包括自由基、多基分子、三重态分子、过渡金属和稀土离子、固体晶格缺陷和奇数电子原子与单电子分子等。

1. 电子自旋共振信号线型及展宽

通常情况下，ESR 波谱仪通过扫场方式，即固定微波频率下调整磁场强度，实现自旋共振，其信号通常以磁场强度为横坐标展示。图 6-28 展示了 ESR 信号吸收谱线及其一次微分谱线。ESR 谱线形态多样，包括洛伦兹和高斯线型，主要关注其强度、展宽、线型及分裂等特征。

ESR 谱线强度由吸收谱线包围面积决定，可通过对一次微分谱线进行 2 次积分计算。ESR 谱线的强度与样品中未成对电子的数量有关。单位质量或单位体积中未成对电子的自旋数称为自旋浓度，单位通常为自旋数/g，或自旋数/mL。自旋浓度越高，对应的 ESR 谱线强度越高。自旋浓度通常可将样品与已知自旋数的标准样品进行比较测得。

ESR 谱线宽度（线宽）可直接用吸收谱线的半高宽来表示，更多情况下是用一次微分谱的峰-峰极值间的宽度 ΔB 表示，单位为高斯（G）。不同样品的谱线宽度差异显著，范围涵盖 0.1G 到几百 G。谱线宽度受多重因素影响，主要包括电子自旋与外加磁场的相互作用以及电子自旋与样品内部环境的复杂交互作用。ESR 谱线展宽主要源于两个机制：寿命展宽（lifetime broadening）

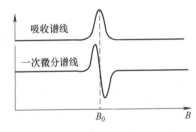

图 6-28　ESR 信号吸收谱线与一次微分谱线

和久期展宽（secular broadening）。在原子或分子中，电子因自旋-晶格等相互作用，不会静止于某一能级，而是处于能级间不断跃迁的动态平衡。电子在某一自旋能级上停留的持续时间（即寿命 Δt）决定了 ESR 信号的展宽程度。寿命越短，展宽越显著。为了降低自旋-晶格相互作用，需减弱顺磁粒子与晶格热振动的耦合，这就是某些 ESR 实验需在低温（如4.2K）条件下进行的原因。另一方面，久期展宽则是由顺磁粒子周围变化的局部磁场引起，源于样品中未成对电子和磁性核等小磁体间的相互作用。通过增大这些顺磁粒子间的距离，可以减弱自旋-自旋相互作用。通常，采用逆磁性材料（如溶剂）稀释样品的方法能有效减少展宽效应，使 ESR 谱线更为清晰。简而言之，谱线展宽是电子自旋与内环境相互作用以及自旋间相互作用共同作用的结果。

2. 电子自旋共振超精细谱线

在顺磁物质分子中，未成对电子不仅与外磁场有相互作用，还与附近的磁性核有相互作用。这种未成对电子自旋与核自旋磁矩间的相互作用称为超精细耦合或超精细相互作用。这种相互作用使原先单一的 ESR 谱线分裂成多重超精细谱线。通过分析谱线数量、间隔及相对强度，可以了解与电子相互作用的核的自旋类型、数量及相互作用的强度，进而揭示自由基等顺磁物质的分子结构。

磁性核的核自旋量子数 I 是量子化的，数值通常为整数或半整数。核自旋在空间给定方向上的投影是量子化的，由磁量子数 m_I 来表示。m_I 的取值范围为 I，$I-1$，$\cdots$，$-I+1$，$-I$，共计有 $2I+1$ 个值。因此，核自旋产生局部磁场的大小也有 $2I+1$ 个值，这导致在 $2I+1$ 个外磁场处可能观察到共振信号，使波谱分裂成多条谱线。但这并不意味着每条 ESR 谱线均会分裂成 $2I+1$ 条谱线。实际上，ESR 共振信号还需遵循跃迁选择定则：$\Delta m_s = \pm 1$，$\Delta m_I = 0$。

总之，ESR 信号劈裂遵循如下规则：

1）当一个未成对电子与一个核自旋为 I 的核相互作用时，会产生 $2I+1$ 条等强度、等间距的超精细线，相邻两条谱线间的距离 a 称为超精细耦合常数。例如，对于仅含一个未成对电子和一个 $I=1/2$ 的系统，其 ESR 谱线会分裂成两条谱线。

2）对于一个未成对电子与 n 个等性核相互作用，结果能产生 $2nI+1$ 条谱线。这些超精细谱线以中心线为最强，并以等间距 a 向两侧对称分布。

3）若一个电子与多个不同核相互作用，如果其中有 n_1 个核自旋为 I_1，n_2 个核自旋为 I_2，$\cdots$，n_k 个自旋为 I_k，则能产生最多的谱数为 $(2n_1 I_1 + 1) \cdot (2n_2 I_2 + 1) \cdots (2n_k I_k + 1)$。

6.7.8 电子自旋共振波谱应用实例

ESR 技术在检测含有未成对电子的自由基方面独具优势，在半导体材料电子态、晶格缺陷、杂质电子态、光催化反应机理以及聚合反应自由基的研究中发挥着至关重要的作用。在 ESR 测试过程中，为克服生物体系和化学反应中产生的自由基的不稳定性问题，常结合自旋捕获技术，将不稳定的自由基转化为寿命更长的自旋加合物，从而满足 ESR 测试对自由基稳定性和浓度的要求。近年来，随着微波技术、强磁场技术和磁共振理论的飞速发展，ESR 技术迅速由弱磁场低频向强磁场高频方向演进。相较于传统的 X 带 ESR，强磁场高频 ESR 凭借其更高的分辨率，不仅能观察到更大分裂能级间与更宽吸收线的 ESR 信号，还具备更高的 ESR 吸收强度，能够探究磁相变之上磁场区域的 ESR 模式，并用于估算准一维反铁磁体中自旋链之间的交换相互作用，为科学研究提供更为精准和深入的工具。

下面这个例子中，研究人员就利用自旋捕获技术对光催化反应的机理进行了研究。

研究人员通过在二维 $ZnIn_2S_4$（ZIS）半导体纳米片上定向生长一维 CeO_2 纳米棒，成功构建了一维/二维 $CeO_2/ZnIn_2S_4$ 异质结光催化剂，显著提升了其光催化性能。为了深入解析性能提升背后的机理，研究人员采用自旋捕获技术，细致研究了 $\cdot O^{-2}$ 和 $\cdot OH$ 这两种关键自由基的信息。如图 6-29 所示，当使用 DMPO（5,5-Dimethyl-1-pyrroline-N-oxide）分别与 $\cdot OH$ 和 $\cdot O^{-2}$ 加合后，在 ESR 测试中得到了清晰的信号响应。当 DMPO 捕获 $\cdot O^{-2}$ 后，其 ESR 信号呈现出 6 个明显的多重峰。当 DMPO 捕获 $\cdot OH$ 后，ESR 信号分裂为 4 个多重峰，其相对强度为 1:2:2:1。通过比较 CeO_2、ZIS 与 CeO_2/ZIS 异质结催化剂的 ESR 信号，研究人员发现 CeO_2/ZIS 异质结催化剂的信号强度要明显高于前两者。这一结果表明，CeO_2/ZIS 异质结催化剂在光催化过程中产生了更高浓度的活性自由基，从而解释了其相对于单独 CeO_2 与 ZIS 催化剂而言，具有更高催化效率的原因。

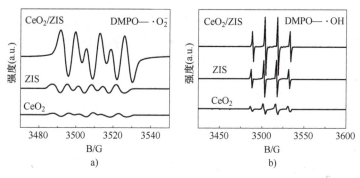

图 6-29　CeO_2、$ZnIn_2S_4$ 与 $CeO_2/ZnIn_2S_4$ 的 ESR 谱

a）DMPO-$\cdot O^{-2}$　b）DMPO-$\cdot OH$

6.8　谱学分析进展与展望

随着科技的发展，普通的光谱测试手段已经不能满足科研工作者们的要求，因此，在普通谱学测试基础上发展了一些先进的谱学表征技术，这些技术能够让我们对材料有更加清楚的认识和理解。前面章节中，已经详细介绍了各种谱学分析的基本原理、仪器的结构、分析测试方法以及具体的应用，在这里就不再详细阐述。本节主要简单介绍先进的谱学表征手段，包括原位谱学，如原位傅里叶变换红外光谱、原位 X 射线光电子能谱、原位电子自旋共振波谱；微区谱学，如微区吸收、拉曼、荧光光谱；超快谱学，包括超快吸收、荧光光谱。

6.8.1　原位谱学

原位谱学在不改变研究对象原始条件的情况下，实时观察和分析材料在实际工作条件下的行为和性质，因此在材料科学、催化、能源存储和转换等领域具有重要的应用价值。

1. 原位傅里叶变换红外光谱

原位红外光谱是近年来发展起来的一项原位光谱技术，可用于表面分析、催化剂研究、化学反应动力学研究等领域。该表征技术适用于固体样品的直接测定，将漫反射方法或者全反射方法、红外光谱和原位技术相结合，不改变材料原有的形态，能够实现在各种温度、压力和气氛下的原位分析。在材料领域中，原位红外光谱技术主要应用于研究新型材料及其制备过程的反应机理、动力学参数、过程特征及结构变化，能探测不同条件下新材料制备过程中产物分布、物质输运、化学键变化、结构转化规律等信息，可进行反应机理的研究、催化剂的载体筛选、有机合成反应的实时监测、金属腐蚀与氧化过程监控等，对于新型材料的制备和性能优化及工艺改进方面也拥有重要作用。

2. 原位 X 射线光电子能谱（XPS）

原位 XPS 是一种强大的表面分析技术，它能在原位条件下提供材料表面的元素组成、化学状态以及电子结构等信息，从而在原子和分子水平上深入理解材料的表面特性和反应机理。

诺贝尔物理学奖获得者凯·西格巴恩（Kai Siegbahn）将真空差分技术引入 XPS 系统，使 XPS 能够应用于对自由分子和液体的研究，开启了原位近常压 XPS 的发展之路。通过原位近常压 XPS 技术，研究人员能直接观察光照条件下材料内部电荷分离和转移情况，发现金属催化剂在反应过程中发生的重构，可探测材料元素分布随气氛条件的改变而发生的动态变化。与显微镜相结合，原位 XPS 还可同时探测微观结构、化学状态和电子结构的变化；与电化学方法联用，原位 XPS 能够明确电化学反应中的路径和电能损耗的关键步骤。与其他方法结合，原位 XPS 还在更多领域发挥重要作用，这些非稳态现象都是非原位 XPS 方法难以测量得到的。

3. 原位电子自旋共振波谱

原位 ESR 技术能够在原子、分子和材料尺度上实时检测实际工作或反应过程中的电子自旋信号，分析物质中的自由基、三重态分子、过渡金属离子等变化过程，从而提供材料动态行为的重要信息。

原位 ESR 技术的应用非常广泛：在物理学，可以研究复杂原子的电子结构和分子结构及动态变化；在材料科学领域，可分析材料在服役条件下电子结构和表面特性的变化；在化学，可以侦测反应路径，阐明化学键和电子密度分布；在生物学和生物化学领域，可标记生物性自旋探针，研究自由基在生物过程中的作用；在环境科学领域，可以研究污染物的降解过程。

6.8.2　微区谱学

微区光谱能实现微米级光谱采集，不仅能保持显微镜对微小区域实时成像的特点，更具备了采集该区域内光谱的能力，普遍应用于微纳光学、材料学、生物技术、矿物分析等领域。微区光谱具有操作简便、测量区域可选、测量能力较强、扩展功能多等优点。微区光谱具备光谱表征的能力，能够实现微米级样品的吸收光谱、荧光光谱以及拉曼光谱等表征。单颗粒光谱学是一项快速发展的技术，可实现单个粒子的光谱表征。通过测量单个粒子的光学性质，可分析颗粒尺寸、形状、表面状态、成分、几何取向，并分析局部环境对微观粒子光学性质的影响。

1. 微区吸收光谱

微区吸收光谱是一种对样品进行微米量级空间分辨的光谱测量方法。这种技术的发展主要源于对微观样品光谱性能深入研究的需求。在微纳光子学领域中，为了更深入了解微观样品的光谱性能，往往需要提高光谱测量系统的空间分辨率至微米量级。为了实现这一目标需解决光斑缩小百倍和系统灵敏度提高百倍这两个重要的问题。随着科技的发展，紫外-可见-近红外显微光谱仪已逐渐走上舞台，在具备基础的显微观察功能的同时，提供了包括微米级别采样区域，以及覆盖 250~2500nm 超宽光谱范围内的吸光度、透射率及反射率检测。微区吸收光谱已在多个领域得到广泛的应用。例如，在表面等离激元光电探测器的研究中，微区吸收光谱被用于表征微小器件的共振波长和共振吸收。

2. 微区荧光光谱

微区荧光光谱又称显微光谱，得益于光学显微镜、光谱仪和各种激光器技术的不断进步，目前已可测量样品微区内的荧光光谱。微区荧光光谱已广泛应用于生物学、医学、化学和物理学等领域。例如，在化学领域，微区荧光光谱被用于检测化学物质的浓度和分布；在材料学领域，微区荧光光谱能对太阳能电池、光电器件和发光二极管中材料的发光性质进行分析。荧光显微镜可基于样本发射荧光的特性对单个分子物质的分布进行成像，监测细胞内部特定荧光团标记的成分的确切位置以及相关的扩散系数、转运特性及与其他生物分子的相互作用等。

3. 微区拉曼光谱

微区拉曼光谱把显微技术和拉曼光谱相结合，可获得样品微区的化学成分和结构信息。微区拉曼光谱具有高灵敏度、高分辨率的优点，广泛应用于材料科学、生物医学、化学、物理及新能源等领域。在材料科学领域，可用于研究材料的微观结构、成分分布、应力状态、杂质与缺陷等；在生物学领域，可用于研究生物大分子的结构和功能、细胞代谢过程、生物材料的力学性能等。

6.8.3　超快谱学

静态光谱测量物质吸收和发射光子的强度随波长（即能量）的分布；如能在测量光子的能量分布的同时也得到时间分布，就可获得时间分辨光谱。时间分辨光谱是瞬态光谱，是激发光脉冲截止后相对激发光脉冲的不同延迟时刻测得的光谱，反映激发态电子的运动过程，又名动态光谱。随着激光技术的飞速发展，人们可以在飞秒、皮秒时间内进行时间分辨光谱的测试，因此出现了超快光谱学，利用超短激光脉冲在极短的时间尺度上研究原子和分子的结构和动力学。超快光谱能更深入地研究材料的基础性质和反应机理，为新材料的开发和优化，为理解反应过程和机理提供重要的支持。

1. 瞬态吸收光谱

瞬态吸收光谱是时间分辨技术的吸收光谱，最早诞生于光化学领域，用于测量光化学反应的过渡态。用一束单色脉冲光泵浦样品，将处于基态的分子体系激发到电子激发态，激发态分子会以辐射（荧光、磷光等）和无辐射（内转换、系间跨越等）等形式弛豫；使用经过一定时间延迟的第二束飞秒激光作为探测光对分子激发态衰变进行探测，探测样品被脉冲光激发后光吸收发生的变化，因此瞬态吸收光谱又被称为"泵浦-探测"（pump-probe）技术。通过改变激发光和探测光之间的延时，可得到样品在光激发后不同延迟时刻的瞬态吸收光谱，从而得到物质分子从激发态向其他低能级或基态跃迁的详细动力学过程。飞秒泵浦-探测技术主要利用光的传播特性，通过改变两束光的光程差来调节光到达样品的时间差，可实现飞秒尺度的时间分辨。

作为超快光谱技术之一，飞秒瞬态吸收光谱技术是重要的超快动力学研究手段，其将飞秒时间分辨泵浦-探测技术和吸收光谱相结合，广泛应用于生物、物理、化学、材料等方面的研究，可以追踪一些基本的物理、化学过程，如溶液或固体中的激子能量或电子转移、溶剂化、化学反应、构象变化等。

2. 瞬态荧光光谱

瞬态荧光光谱包括荧光衰减谱（固定激发波长和发射波长，测试激发停止后荧光强度随时间的变化）、时间分辨发射谱（固定激发波长，在某一延迟时间和一定时间窗口内，测试荧光强度随发射波长变化）和时间分辨激发谱（固定发射波长，在一定的时间窗口内，测试荧光强度随激发波长的变化）。在稳态激发下测量的光谱是对时间的平均，掩盖了与辐射跃迁竞争的一种或多种光化学、光物理中的无辐射跃迁过程，而时间分辨光谱正是研究这些动力学机制的有力工具。测量荧光发射的参数，特别是荧光发射寿命，在研究原子、分子、固体的激发态性质方面获得许多重要的信息，比如跟踪光物理、光化学和光生物学的快速变化过程，探测生物大分子的构像变化，测定能量转移和分子间互作用等。

荧光光谱的时间分辨率达到飞秒级别，即为超快时间分辨荧光光谱。与瞬态吸收光谱相比，瞬态荧光光谱的数据解释很简单，因为只测量荧光发射，具有探测纯粹荧光动力学的优点。

3. 飞秒受激拉曼光谱

当以高强度的相干激光入射到物质上时，相干光被散射的同时产生受激声子，受激声子继续参与相干散射过程，形成一种产生受激声子的雪崩过程。相干的入射激光与受激声子相互作用产生相干的拉曼光，即受激拉曼散射过程。与自发拉曼光相比，受激拉曼产生的拉曼光有方向性好、单色性好、强度高、脉宽压缩等优点。

飞秒受激拉曼光谱仪（femtosecond stimulated Reman spectrometer，FSRS）是一种超快非线性光学技术，使用三束光作用于待测样品。使用脉冲激发光激发样品，使样品吸收激发光子能量跃迁至激发态。然后使用频域上超窄带的一束拉曼泵浦光脉冲与一束频域上超连续且时域脉宽是飞秒量级的拉曼探测光脉冲相结合，产生受激拉曼信号。其中拉曼泵浦光脉冲的波长连续可调，当其光子能量满足激发态向更高能级跃迁的能量差时，可共振激发拉曼信号。共振受激拉曼信号远强于非共振情况下的拉曼信号强度。调整激发光与另外两束光之间的延时，可得到不同时刻样品的拉曼信号。通过拉曼信号的弛豫变化，可以解析出样品所发生的结构变化，从而清晰地解构出其结构动力学。它能采集样品的基态和时间分辨激发态拉曼光谱，既可探测分子电子基态的振动动力学，也可探测分子电子激发态的振动动力学，比如同质异构类反应。即使荧光背景很强的分子，也可以用 FSRS 来研究。

思 考 题

1. 简述紫外-可见-近红外分光光度计的基本原理和结构。
2. 如果积分球不小心掉入带颜色的粉末，对光谱测量有何影响？
3. 为什么物质的吸收光谱通常呈宽带状？
4. 采用分光光度计测试甲基橙水溶液吸收吸收光谱时，应怎样选择参比样品？
5. 测试溶液的吸收光谱时，比色皿应选择什么材质，为什么？
6. 采用分光光度计测试样品时，为什么要戴手套拿取样品？

7. 利用分光光度计测试溶液浓度的原理是什么？

8. 利用分光光度计测试半导体禁带宽度的原理是什么？思考测试薄膜和粉末样品禁带宽度测试的基本过程。

9. 傅里叶红外光谱仪由几个部分组成，分别是什么？

10. 产生红外吸收的条件是什么？是否所有的分子振动都会产生红外吸收？

11. 红外光谱区中官能团区和指纹区如何划分？有何实际意义？

12. 红外光谱为何非常适合进行催化材料的研究？

13. 解释下列名词：单重态；三重态；量子效率；荧光寿命。

14. 试分析下列跃迁过程：荧光；磷光；振动弛豫；系间跨跃。

15. 试区分下转移、上转换、下转换发光过程。

16. 如何测定激发光谱和发射光谱？

17. 以掺杂金属离子的半导体材料为例描述各个发光过程。

18. 什么是瑞利散射？什么是斯托克斯散射和反斯托克斯散射？它们的相对强度大小如何？

19. 拉曼频移的概念是什么？它与什么有关？常用单位是什么？

20. 简述拉曼光谱技术的优点。

21. 简述 X 射线光电子能谱的基本原理和应用。

22. X 射线光电子能谱图中横坐标、纵坐标的含义是什么？

23. X 射线光电子能谱的化学位移是什么？简述氧化和还原过程的化学位移规律。

24. 简述 X 射线光电子能谱精细谱的分析步骤以及分峰拟合时需遵守的主要原则。

25. 请列出核磁共振与电子自旋共振测试的异同点。

26. 什么是核磁共振测试中的化学位移，影响化学位移的主要因素有哪些？

27. 简述自旋捕获对电子自旋共振测试的意义？

参 考 文 献

[1] 李昌厚. 紫外可见分光光度计及其应用 ［M］. 北京：化学工业出版社，2010.

[2] 柯以侃. ATC 007 紫外-可见吸收光谱分析技术 ［M］. 北京：中国标准出版社，2013.

[3] 高志敏. 磁性铁酸锰复合材料活化过硫酸盐处理水中有机污染物的实验研究 ［J］. 南昌：华东交通大学，2021.

[4] XIA C，WU W，YU T et al. Size-dependent band-gap and molar absorption coefficients of colloidal CuInS$_2$ quantum dots ［J］. ACS nano，2018，12：8350-8361.

[5] 翁诗甫，徐怡庄. 傅里叶变换红外光谱分析 ［M］. 3 版. 北京：化学工业出版社，2016.

[6] 孙素琴，周群，陈建波. ATC 009 红外光谱分析技术 ［M］. 北京：中国标准出版社，2013.

[7] 胡坪，王氢. 仪器分析 ［M］. 5 版. 北京：高等教育出版社，2019.

[8] YUAN Y，ZAHNG L，XING J，et al. High-yield synthesis and optical properties of g-C$_3$N$_4$ ［J］. Nanoscale，2015，7：12343-12350.

[9] 董慧茹. 仪器分析 ［M］. 4 版. 北京：化学工业出版社，2022.

[10] HANDIFI D A，BRONSTEIN N D，KOSCHER B A，et al. Redefining near-unity luminescence in quantum dots with photothermal threshold quantum yield ［J］. Science，2019，363：1199-1202.

[11] MILSTEIN T J，KROUPA D M，GAMELIN D R. Picosecond quantum cutting generates photoluminescence quantum yields over 100% in ytterbium-doped CsPbCl$_3$ nanocrystals ［J］. Nano letters，2018，18：3792-3799.

[12] WU J, LIN M, CONG X, et al. Raman spectroscopy of graphene-based materials and its applications in related devices [J]. Chemical society reviews, 2018, 47: 1822-1873.

[13] NI Z, WANG Y, YU T, et al. Raman spectroscopy and imaging of graphene [J]. Nano research, 2008, 1: 273-291.

[14] 刘世宏, 王当憨, 潘成璜. X 射线光电子能谱分析 [M]. 北京: 科学出版社, 1988.

[15] 左志军. X 光电子能谱及其应用 [M]. 北京: 中国石化出版社, 2013.

[16] 张霞. 材料物理实验 [M]. 上海: 华东理工大学出版社, 2014.

[17] 宋廷鲁, 邹美帅, 鲁德凤. X 射线光电子能谱数据分析 [M]. 北京: 北京理工大学出版社, 2022.

[18] 卢洋藩, 王君. XPS 结合亚离子溅射剖析 Si/C 多层膜的化学状态 [J]. 材料科学与工程学报, 2022, 40 (1): 46-50.

[19] 徐建, 郝萍, 周莹. 利用 XPS 平行成像技术进行材料表面微区分析 [J]. 上海计量测试, 2017, 44 (5): 9-12.

[20] WATTS J F, WOLSTENHOLME J. An introduction to surface analysis by XPS and AES [M], New York: John Wiley & Sons Ltd, 2019.

[21] VICKERMAN J C, GILMORE I S. 表面分析技术 [M]. 陈建, 谢方艳, 李展平, 等译. 广州: 中山大学出版社, 2020.

[22] 王永昌. 近代物理学 [M]. 北京: 高等教育出版社, 2006.

[23] 卢希庭. 原子核物理 [M]. 修订版. 北京: 原子能出版社, 2000.

[24] 杨玉林, 张健, 张立珠, 等. 材料测试技术与分析方法 [M]. 3 版. 哈尔滨工业大学出版社, 2023.

[25] 赵保路. 电子自旋共振技术在生物和医学中的应用 [M]. 合肥: 中国科学技术大学出版社, 2009.

[26] JIANG R, MAO Li, ZHAO Y, et al. 1D/2D CeO_2/$ZnIn_2S_4$ Z-scheme heterojunction photocatalysts for efficient H_2 evolution under visible light [J]. Science China materials, 2023, 66 (1): 139-149.

实　　验

实验1　X射线衍射实验

[实验操作]

1. 样品的准备

X射线衍射（XRD）实验结果的准确性和可靠性与样品制备有很大关系，因此需要合理制备样品。常规XRD实验中，样品主要分为粉末样品和块状类样品两大类。

（1）粉末样品　粉末样品可通过研磨/球磨和过筛的方法获取。样品颗粒度应在320目（约40μm）以内，以避免衍射线展宽，获得高质量的衍射图谱。在粉末样品的用量方面，需准备的样品量一般为3g左右，最小不少于5mg。

（2）块状样品　对于块状金属样品，需尽可能将其磨成平面并简单抛光，这样不仅能去除金属表面的氧化膜，而且可以消除表面应变层，然后通过超声清洗去除表面杂质。金属块状样品面积一般不低于10mm×10mm，若面积太小，可将几块样品粘贴在一起进行测试。对于薄膜样品，其厚度一般应大于20nm，并在测试前检验确定基片的取向，如果表面十分不平整，根据实际情况可用导电胶或橡皮泥对样品进行固定，使样品表面尽可能平整。

2. X射线衍射仪的基本操作

（1）样品装载

1）粉末样品的装载通常采用正压法，即将粉末样品洒在样品架的窗口内，如附图1-1所示，均匀铺开，松散样品粉末略高于样品架平面，用小铲或载玻片将粉末轻轻压实，使粉末样品表面与样品架平面一致，以免引起XRD峰的整体偏移，再将多余的不在凹槽内的粉末刮掉。如果样品量不多，可以用小窗口的样品架进行装填。

2）按下衍射仪面板上的Door按钮，指示灯闪烁、蜂鸣器响鸣，缓慢拉开衍射仪保护门，将样品表面朝上水平安置到样品台的卡槽，再轻轻关闭保护门，警报停止。

（2）设置仪器参数

1）进入测试软件控制界面，在测量条件的设置界面处，根据所测试样品要求，设置起始角（start angle）、终止角（stop angle）、扫描速度（scan speed），步长（step size）和计数时间等。（起始角一般大于3°，终止角小于140°，防止测角仪的旋转臂碰撞到其他部件，具体以实验管理员的要求为准）

附图 1-1　粉末样品的装载

2）仔细检查测试条件准确无误后，单击开始按钮，测试窗口弹出，测试完成后会有系统提示。

3）将测试数据命名，并存储至硬盘中，转换为所需文件格式（一般用 .raw 文件，该文件可以用 Jade 软件打开），并使用 CD 光盘复制数据。应尽可能避免使用 U 盘，以防止设备计算机感染病毒。

4）测试完成后，小心取出样品架，注意避免倾洒样品造成污染。清洁样品腔室和样品台，清除所有测试过程中所产生的废物。

5）确保按照制造商的指南和实验室的安全规程正确关闭 X 射线衍射仪。如使用水冷系统，应确保水冷系统正确关闭且循环水没有泄露。

（3）常见问题和解决方法

1）提高信噪比。影响信噪比的主要因素是步长、扫描速度和计数时间。步长决定了衍射仪在扫描过程中测量的角度间隔。较小的步长可提供更高的数据分辨率，使得衍射峰的细节更清晰，有助于区分峰位比较接近的峰或检测出强度较低的衍射峰。但同时也意味着在每个角度上停留的时间更长，从而增加了数据采集的总时间。扫描速度指衍射角变化的速率，降低扫描速度可以增加在每个角度上的计数时间，从而提高信噪比。计数时间是指在每个步长或特定衍射角上，探测器收集 X 射线信号的时间长度。这个参数对实验的信噪比和数据质量有重要影响。增加计数时间可以增加在每个角度点上的信号强度，从而提高信噪比。

因此在设置参数时，需平衡考虑数据质量、测试时间和设备能力，根据实验目的和样品特性，综合选择合适的参数。

2）背底信号太强。由于样品用量太少，背底信号掩盖了样品的衍射信号，可以累积足量的样品后进行测试。若样品太少，特别是对于贵金属催化剂类的样品，可考虑使用单晶硅零背底的样品架，以尽量避免背底对测试结果的影响。

3）衍射峰整体偏移。除了样品本身的缺陷、掺杂和应力效应，还需要排除样品装载和仪器设备的问题。比如，样品的放置高度对于获得高准确度的数据结果非常重要，高度偏移会造成衍射峰的位移以及衍射峰强度的变化。通过附图 1-2 可以看出，低于正确的高度，衍射峰向左偏移，同时峰强降低；如果高于正确的高度，衍射峰向右偏移，样品表面与防散射刀片的间隙更小，衍射峰强明显降低。因此，样品装载时要尽可能与样品架平面持平。此外，衍射仪样品架卡槽的频繁使用可能导致卡槽松弛，造成样品高度变化。此时，可使用标样进行判定，及时对设备进行维护。

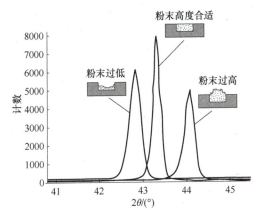

附图 1-2　样品高度对实验测试数据的影响

[实验数据分析]

　　XRD 进行物相鉴定是根据所测样品图谱与给定检索条件后 PDF 卡片库中的"标准卡片"进行对照，然后根据其三强峰峰位、峰强及样品中的元素进行判定是否是这种物相。

　　利用物相分析软件（如 Jade、EVA、Highscore，PDXL 等）和标准卡片数据库联用，才能快速对实验测试图谱进行数据处理，包括物相检索、物相定性定量分析、晶粒尺寸和微观应变计算、全谱拟合和 Rietveld 精修以及数据平滑和背景扣除等。

实验 2　透射电子显微镜实验

[实验操作]

1. 样品的准备

　　透射电子显微镜（TEM）的样品准备较为复杂，对于块体材料需要先切成直径为 3mm、厚度为 0.3mm 以下的薄片，然后进行减薄，在样品上制备出适合 TEM 观察到的薄区。通常采用电解双喷和离子减薄的方法。对于一些具有特殊需求的样品，还可以选择聚焦离子束方法制样。对于纳米材料，TEM 样品的制备则简单许多，只需选择合适的溶液（通常是水或者乙醇），将样品在溶液中超声分散，溶液浓度通常是 1 ~ 10mg/ml。超声分散的时间为 10min 以上。然后将分散好的溶液直接滴加在 TEM 专用载网上，待溶液完全干透就可以装样观察。

　　本实验将以金属纳米颗粒为对象进行实验，具体使用的金属纳米颗粒可视实验室情况而定，推荐使用金纳米颗粒或者铂纳米颗粒。

2. 透射电子显微镜的基本操作

（1）装样

　　1）将单倾杆从恒温、恒湿箱内取出，放于实验桌上。装卸样品时样品有可能会掉落，为免其滚动，可在样品杆下垫一块无尘布。

　　2）将样品杆从样品座上取下。

3）用相应螺钉旋具稍用力按住样品座上的螺钉，旋松样品固定器螺钉，移开样品固定器。

4）从样品盒内取出样品微栅，微栅有样品面朝上放入样品固定器。

5）将样品固定器旋回原来位置，并旋上螺钉（不可过紧或过松）。

6）将样品固定器放入样品杆中，夹紧。

7）有些样品杆是一体式的设计，没有独立的样品座。样品固定器固定的方式除了使用螺钉，还可使用弹簧固定。针对这种方式，样品杆装样流程就非常简单，只要掀开样品固定器，放入样品，合上样品固定器即可。

8）样品装好后即可将样品杆装入 TEM。插样品杆之前检查确认物镜光栏插入、电子枪阀门关闭、样品杆位置均已清零。插杆之前再次检查确认样品已固定好。

9）将样品杆缓慢插入至预设位置触发预抽。有些 TEM 设计中预抽气由手动开关控制，需要样品杆插入预设位置手动打开预抽开关。

10）等待 5min 左右（具体时间视电镜型号而定），预抽结束，可继续进样。将样品杆完全插入，在电子显微镜控制软件中选择对应样品杆型号。

（2）拍摄明场像

1）检查样品腔真空度。打开电子枪与镜筒之间的分隔阀门，让电子束照射到样品上。

2）插入不同大小的聚光镜光栏，一般用最大的光栏。调节聚光镜对中。

3）插入不同大小的物镜光栏。光栏越小，明场像的衬度差异越明显，但光会变得越弱。

4）按面板上的控制按钮切换为相机观察，设置合适的参数拍照。

5）拍照结束后，按下 OPEN 退出物镜光栏。

（3）拍摄高分辨像

1）寻找合适的样品区域并调焦。调焦时，首先物镜电流设到标准值，用高度按钮粗调，再用物镜调焦旋钮细调。如样品离焦较大，可先在低倍（如 40k）下基本调好聚焦，再在高倍下调焦。

2）移动样品到感兴趣区域附近的非晶区，调节放大倍数至 300k 或以上。在电子显微镜控制软件（一般是 Digital Micrograph）中，观察图像的傅里叶变换（FFT）图像。正焦状态下 FFT 为一弥散的圆环；如果欠焦或是过焦时，为同心多圆环。当 FFT 图像为椭圆时表明有像散，需调节物镜像散，调至 FFT 图像为正圆。

3）消除物镜像散，调节至正焦后，在电子显微镜控制软件设置合适的图像尺寸和拍照时间，进行拍照。

（4）拍摄多晶样品的电子衍射

1）选定要拍衍射的样品区域并移动至视场中央，改变放大倍数使其占据约两个同心圆大小，同时光斑大小一般保持在最大同心参考圆大小。拍选区衍射时，放大倍数一般为 40k～100k。

2）插入合适大小的选区光阑，选择感兴趣的样品区域。

3）尽量散开电子束光斑，切换电子显微镜至衍射模式。插入电子束挡针，以保护 CCD 相机，同时也能显出较弱的衍射点或环。

4）调节相机常数（即衍射花样的放大倍数）。根据样品的晶胞参数选择，既要利用相机的全部区域，又要能拍到所有感兴趣的衍射环或点。

5) 调节衍射聚焦，使得衍射环最为明锐。

6) 设置合适的拍照参数，获得多晶衍射照片。

7) 将电子显微镜切换回到正常成像模式，退出电子束挡针，撤出选区光阑。

[实验测量与数据处理]

1. 实验测量——样品的明场像、晶格像和电子衍射的获取

按照实验室要求将实验室提供的纳米颗粒溶液分散在电子显微镜载网上，按照步骤（1）中的方法将样品装载于 TEM 样品杆中。装样后使用 TEM 观察粉末样品的形貌并按照步骤（2）和（3）拍摄明场像和晶格像。测量中应成光阑居中的调节，消除物镜像散，保证至少在 400 万倍下可得到清晰的晶格像照片。选择合适的位置按照步骤（4）中的方式获取样品的多晶衍射环，拍摄中应注意及时插入电子束挡针，防止透射电子束损伤电子显微镜 CCD。

2. 数据处理

1) 计算纳米颗粒的粒径分布。TEM 照片中都有标尺，根据照片中标尺的长度测量粉末样品的粒径分布，测量不少于 100 个颗粒的直径，并使用绘图软件给出粒径分布曲线。根据照片标尺测量晶格像中的晶面间距，对比晶体结构数据库标定出对应晶面。

2) 多晶衍射的标定。根据电子衍射图片中的标尺测量多晶圆环中的半径。计算多晶衍射环的半径之比，给出样品的晶系。对比晶体结构数据库标定出每个衍射环对应晶面。

实验3 扫描电子显微镜实验

[实验操作]

1. 样品的准备

扫描电子显微镜样品准备并不复杂，对于块材样品，直接使用导电胶带粘贴在小的样品台上即可，如附图 3-1 所示；对于粉末样品，先在样品台上粘好导电胶带，再用工具将粉末样品在导电胶带上薄薄地铺一层即可。同时，为了防止样品被污染，制样时需佩戴口罩和橡胶手套。如果样品表面附着有灰尘或油污，可使用乙醇或丙酮在超声波清洗器中进行超声清洗。对于导电性不好的样品，可在使用扫描电子显微镜观察前用蒸镀设备在样品表面喷镀一层金（Au）或碳（C）的导电层，导电层的厚度控制在 5~10nm。然后将粘贴有样品的小样品台安装在样品座上，如附图 3-2 所示（以德国蔡司公司的 SUPAR 55 型扫描电子显微镜为例），将小样品台插入样品座后，还需使用专用螺钉旋具旋紧固定螺钉，将其固定在样品座上。

2. 扫描电子显微镜的基本操作

（1）装样

1) 在扫描电子显微镜的软件上确认高压处于关闭状态，打开监视器检查插入式探测器状态。

2) 单击软件界面上的 Vent 按钮对样品室进行充气（Vent 一般译为通气口，在大多电子显微镜操作界面中表示给样品室通气），此时需检查通入的氮气气路处于开启状态，出口气压应设定在 0.05MPa 左右。等待 5min 左右，待充气完成。

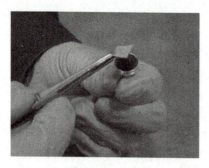

附图 3-1　制样

附图 3-2　样品安装在样品座上

3）轻轻打开样品室舱门，在样品室中安装样品座并关闭舱门。注意：拿取样品座时须佩戴手套，避免用手直接碰触样品及样品室内部部件，关闭舱门时注意舱门上的胶圈是否安装到位，并且勿夹到异物而影响密闭性。

4）单击软件界面上的 Pump 按钮抽真空（Pump 一般译为泵，在大多电子显微镜操作界面中表示真空泵，单击该按钮，真空泵开启，开始对样品室抽真空），并等待真空状态就绪。

（2）样品形貌观察

1）定位样品。打开监视器，移动样品座。升至工作距离（WD 值，表示样品表面到探测器的距离）在 5~10mm 处，并平移样品座，使镜筒对准样品。

2）开启高压。检查样品室内的真空度，当其真空值达到 10^{-6}mBar 量级时即可开启高压。根据检测要求和样品特性，一般设定 EHT 在 15kV 左右，如果样品的导电性不好，可适当减小电压值。对于低原子序数的样品，一般选择 EHT 为 5k~10kV；对于中等原子序数以上的样品，一般选择 EHT 为 10k~20kV；高分辨观察时，一般选择 EHT 为 20k~30kV，（放大倍数不足 30 万倍时，应避免使用高于 20kV 的 EHT 电压）；做能谱分析时，一般选择 EHT 为 15k~20kV。

3）选择合适的探头。以德国蔡司公司的 SUPAR 55 型扫描电子显微镜为例，可以选择 In-lens 或 SE2 探头，SE2 探头适用于十万倍以下的样品观察，Inlens 探头适用于十万倍以上的样品观察，如果要定性观察样品的元素分布可以选择 AsB 探头。

4）将放大倍数缩小至最小，聚焦并调整亮度和对比度；聚焦后可读取 WD 数值，必要时可升降样品台。

5）选择光阑。较小的光阑可以提高设备的分辨率，但是减小了电子束流，造成成像时的噪点增多，一般标准光阑为 30μm；较大的光阑如 60μm 或 120μm，对应设备的分辨率变差，但会得到更强的电子束流，更适合用于拍摄低放大倍数的图像和 EDS 测量。

6）消除像散。在软件上选择"选区扫描"，此时电子束只在指定范围内进行扫描，依次调聚焦和像散调节，直到图像边缘最清晰。

7）合轴对中调节。进行选区快速扫描，并在软件上选择 Wobble 功能（Wobble 一般译为晃动，一般的电子显微镜操作软件中是指在合轴对中调节中，随着设备聚焦散焦的过程图像在不停晃动的现象，代指合轴对中调节功能），调整光阑的位置，调整至参考点呈原位缩放状态，完成后取消 Wobble 功能。

8）观察样品形貌。进一步放大至约 5 万倍并进一步聚焦和消像散，适当调节亮度和对比度，调整样品位置，输入所需放大倍数，在扫描功能面板中选择消噪模式并选择扫描速度和参数等，单击 Freeze（Freeze 译为冻结，这里指电子束将在此次扫描后停止，待再次按下 Unfreeze 后将继续扫描），等待扫描完成。

9）保存图像。保存后单击 Unfreeze 恢复扫描，再观察其他位置的形貌继续完成其他实验操作。

［实验测量与数据处理］

1. 实验测量——样品的形貌观察与粒径分析

按照实验室要求将实验室提供的粉末样品（钴酸钙粉末）黏附在小样品台上，按照步骤（1）中的方法将黏有样品的小样品台安装在样品座上。装样后使用扫描电子显微镜观察粉末样品的形貌，测量中应消除像散的影响，并完成合轴对中调节，保证至少在 1 万倍下可得到清晰的显微照片。

2. 数据处理

计算粉末样品的粒径分布，扫描电子显微镜的显微照片中都有标尺，根据照片中标尺的长度测量粉末样品的粒径分布，测量不少于 100 个颗粒的直径，并使用绘图软件给出粒径分布曲线。需要指出的是，科学研究中，为了得到的数据更具统计性，统计颗粒粒径分布时，一般需保证测量直径的颗粒不少于 1000 个。

实验4　扫描探针显微镜实验

［实验操作］

1. 样品的准备与安装

扫描探针显微镜（SPM）是灵敏的表面测试手段，测试时要求全程佩戴口罩和橡胶手套，避免污染。样品要求表面平整，表面高度起伏不超过 200nm。同时，要求样品表面清洁，不能有黏附物或液体污染。用双面胶带将制备好的样品粘在 SPM 的样品台上，并放置一段时间，使胶带中的应力释放。如需电学类 SPM 测试，则要使用导电胶带或银胶粘贴样品。将粘好样品的磁性样品台吸附于仪器的磁性样品座上，并轻微转动样品台，确认放样稳定。

2. 探针的安装

将仪器顶盖翻开，露出探针支架。可以看到夹持探针的是一个金属簧片。将楔形探针安装工件插入探针夹持簧片下面，将簧片抬起一定的高度。利用专用镊子将探针小心地放入簧片下方，取出楔形探针安装工件，使簧片将探针稳定地夹持住，如附图 4-1 所示。小心地关闭顶盖，使夹持好的探针置于样品上方。同时仔细观察关闭过程中探针与样品表面的间距，防止样品过高撞坏探针。装好探针后，在仪器软件的探针设置界面输入探针的基本参数。

3. 调整样品和探针位置

光学显微镜可以同时看到探针悬臂和样品。旋转样品台上的 X、Y 平移旋钮，水平移动样品。使探针对准要测量的样品区域。利用步进电动机向上抬升样品，同时利用光学显微镜对焦观察，使探针和样品表面距离尽量靠近。

附图 4-1　扫描探针显微镜样品与探针的安装

4. 调整激光光路

打开激光器电源，在光学显微镜视场中可以看到激光在悬臂的光斑位置。旋转激光器方向旋钮，将光斑调整到悬臂靠近针尖的位置。同时观察 PSD 输出的光强信号，使光强最强。此时入射光路调整完毕。旋转 PSD 位置调整旋钮，使反射的激光束打在 PSD 的正中心，如附图 4-2 所示，即 PSD 的水平和竖直电压信号均为 0V。此时光路已调整好。

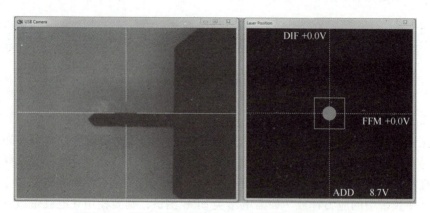

附图 4-2　利用光学显微镜和 PSD 调节针尖与激光位置

5. 扫描探针的共振曲线

在测试软件中打开"共振曲线扫描"窗口，在其中输入扫描的频率范围和驱动电压幅度等信息，并勾选"相位"扫描。单击"开始"后，仪器自动扫描探针的幅频和相频特性曲线，并获得测试可用的探针振动频率。这些曲线将作为后续测试数据处理的依据。

6. 设置扫描参数

打开"扫描控制台"窗口，根据实验样品和探针条件，输入测试所需的扫描范围大小、图像分辨率、探针振幅、扫描速度、反馈响应的 PID 值等参数。

7. 进针

利用步进电动机和扫描器将针尖靠近样品表面，达到可工作的距离，称为"进针"。单击软件上的"自动进针"按钮，计算机将控制样品不断靠近针尖，并实时反馈样品-针尖的距离。当探测到的距离符合要求时，停止进针。进针虽然是全自动的，但也是本实验最危险的步骤。进针过程中，需要在光学显微镜中实时观察悬臂状态。如果发现悬臂撞断等情况，要及时停止进针。

8. 图像扫描与数据保存

进针完成后，单击"扫描"按钮，仪器自动对表面区域进行逐行扫描。扫描结果实时显示在软件界面上。扫描完成后，选择需要保存的图像，单击"保存"按钮，将图像文件以原始数据格式进行保存。

［实验测量与数据处理］

1. 实验测量——氧化硅薄膜样品的形貌观察

按照要求将实验室提供的氧化硅薄膜样品黏附在磁性样品台上，并将样品台和针尖装入仪器。按照操作步骤调节样品、探针、激光状态，扫描探针的共振曲线。

将仪器调整到工作状态，扫描氧化硅薄膜样品表面形貌。将形貌图和相位图保存在计算机中。

2. 数据处理

利用专用软件对测到的原始数据进行处理，包括将倾斜的表面转动平整，去除噪声较大的坏线条，调整对比度使图像清晰，画出表面形貌的二维图和三维图，并利用软件的数据处理功能，计算晶粒分布，画出晶粒分布的直方图。

实验5　紫外-可见-近红外吸收光谱实验

［实验操作］

1. 样品的准备

紫外-可见-近红外分光光度计可进行液体、薄膜、块体、粉末等样品吸收光谱的测试。本次实验进行罗丹明 B（RhB）溶液浓度的测试，透明石英衬底上半导体薄膜的禁带宽度测试以及粉末状半导体禁带宽度的测试。对于在近红外区无光吸收的材料（例如宽禁带半导体），可使用紫外-可见分光光度计。样品制备和测试过程需戴橡胶手套。

1）配置浓度为 10mg/L 的 RhB 水溶液，标记为 RhB-S；将 10mg/L 的 RhB 水溶液加入适量去离子水进行稀释，标记为 RhB-X；待测溶液体积应大于 2ml。准备两个相同尺寸的石英比色皿，用酒精和去离子水清洗干净，并干燥。

2）半导体薄膜样品的制备。将沉积在光滑透明石英衬底上的半导体薄膜（薄膜厚度需要事先确定）裁剪成 1cm ×1cm 左右的方片。另备两片同样尺寸和材质的石英片作为参比样品。

3）粉末样品的制备。取待测试粉末样品不少于 100mg，固定在块状 $BaSO_4$ 或者 MgO 样品托的凹槽内，样品表面用平板玻璃压平。另备两块 $BaSO_4$ 或者 MgO 压片作为参比样品。粉末样品应确保完全干燥，并且充分研磨避免固体粉末中有大颗粒存在。

2. 紫外-可见-近红外吸收光谱测试

本实验以双光束分光光度计为例给出操作步骤。

（1）RhB 溶液吸收光谱测试

1）仪器开机。打开仪器电源预热 20min，打开计算机电源，打开工作软件，仪器自检，自检结束后进行测试。

2）测试参数设置。由于仪器厂家和型号不同，测试参数的设定页面各不相同，设定参数为：

① 数据模式（date mode）。选择 Abs 模式。

② 波长范围。根据所测溶液的性质选择测试的波长范围，RhB 溶液选择 400~650nm。

③ 扫描模式。选择波长扫描（wavelength scan）。

④ 扫描速度。选择 300nm/min。

⑤ 测量点间距。选择 1nm。

⑥ 纵坐标 Y 值。该数值用于设定所得图谱纵坐标最大显示范围，视溶液浓度而变，本次 Y 值可设定为 2。注意：样品浓度应在仪器检测范围内，避免过稀或过浓，以确保能够准确读取光吸收特性。

3）基线校正。将两个装有去离子水（参比样品）的比色皿放入样品室（放置时注意使光源打到比色皿透明石英面上而非磨砂面），单击"基线校正"，吸光度自动校零。

4）测量。将标记"测试"样品的比色皿取出，倒出去离子水进行干燥处理，取适量 RhB-S 溶液盛放入比色皿，放入样品室。注意：测试前检查样品池确保未吸附气泡。

单击"测试开始"按钮，开始测量。

5）数据保存。测试结果保存成图谱数据（UDS 格式）和文本数据（txt）两种格式。

6）取出装有 RhB-S 溶液的比色皿，清洗干净并干燥，之后取适量 RhB-A 溶液装入比色皿，重复第 4）步测量。

（2）半导体薄膜透过谱测试

1）半导体薄膜的测试步骤及测试参数与溶液浓度测试相同，只需将数据模式改为 T%，纵坐标 Y 值改为 100，以两片石英作为参比样品进行基线校正。

2）测试完毕后，关闭工作软件，光源关闭后，关闭仪器电源。

（3）半导体粉末漫反射光谱测试

1）把溶液和薄膜测试模块拆卸，安装积分球测试模块。

2）按照第（1）步将仪器开机。

3）数据模式。将谱仪的测试模式选择为 R 模式。测试步骤及测试参数与溶液浓度测试相同，只需将数据模式改为 R%，纵坐标 Y 值设置为 100，以块状 $BaSO_4$ 或者 MgO 为参比样品进行基线校正。

4）测试完毕后，关闭工作软件，光源关闭后，关闭仪器电源。

[数据处理]

1. RhB 溶液浓度计算

1）绘制 RhB-S 和 RhB-X 溶液的吸收光谱。

2）计算 RhB-X 溶液的浓度。

读取两条吸收光谱的最大吸光度 A_S 和 A_X，按照 $C_X = C_S A_X / A_S$ 计算 RhB-X 的浓度（$C_S = 10mg/L$）。

2. 半导体薄膜的禁带宽度计算

1）绘制薄膜的透过光谱。

2）绘制 Tauc-plot。

以 $\alpha = d^{-1}\ln(1/T)$ 计算 α。以 $(\alpha h\nu)^m$ 为纵坐标，$h\nu$ 为横坐标作图。

3）计算禁带宽度。

在 2）中曲线单调上升部分找到线性区域作切线，将切线外推和 x 轴相交，交点即为禁带宽度 E_g。

3. 粉末状半导体禁带宽度计算

1）绘制半导体粉末的漫反射光谱。

2）绘制 Tauc-plot。

以 $F(R) = (1-R)^2/(2R)$ 计算 $F(R)$。以 $[F(R)h\nu]^m$ 为纵坐标，$h\nu$ 为横坐标作图。

3）计算禁带宽度。

在 2）中曲线单调上升部分找到线性区域作切线，将切线外推和 x 轴相交，交点即为禁带宽度 E_g。